HERZLICHEN GLÜCKWUNSCH

Und Dankeschön für den Kauf dieses Buches. Als besonderes Schmankerl* finden Sie unten Ihren persönlichen Code, mit dem Sie das Buch exklusiv und kostenlos als eBook erhalten.

Beachten Sie bitte die Systemvoraussetzungen auf der letzten Umschlagseite!

47cw6-p56r0-18000-rc9lk

D1690099

Registrieren Sie sich einfach in nur zwei Schritten unter **www.hanser.de/ciando** und laden Sie Ihr eBook direkt auf Ihren Rechner.

KOMPETENZ · HANSER · GEWINNT

*Bayrisch für eine leckere Kleinigkeit; ein Leckerbissen

Alt
Modellbasierte Systementwicklung
mit SysML

Bleiben Sie einfach auf dem Laufenden:
www.hanser.de/newsletter
Sofort anmelden und Monat für Monat
die neuesten Infos und Updates erhalten.

Oliver Alt

Modellbasierte Systementwicklung
mit SysML

HANSER

Der Autor:
Dr.-Ing. Oliver Alt, Dreieich

Alle in diesem Buch enthaltenen Informationen, Verfahren und Darstellungen wurden nach bestem Wissen zusammengestellt und mit Sorgfalt getestet. Dennoch sind Fehler nicht ganz auszuschließen. Aus diesem Grund sind die im vorliegenden Buch enthaltenen Informationen mit keiner Verpflichtung oder Garantie irgendeiner Art verbunden. Autoren und Verlag übernehmen infolgedessen keine juristische Verantwortung und werden keine daraus folgende oder sonstige Haftung übernehmen, die auf irgendeine Art aus der Benutzung dieser Informationen – oder Teilen davon – entsteht. Ebenso übernehmen Autoren und Verlag keine Gewähr dafür, dass beschriebene Verfahren usw. frei von Schutzrechten Dritter sind. Die Wiedergabe von Gebrauchsnamen, Handelsnamen, Warenbezeichnungen usw. in diesem Buch berechtigt deshalb auch ohne besondere Kennzeichnung nicht zu der Annahme, dass solche Namen im Sinne der Warenzeichen- und Markenschutz-Gesetzgebung als frei zu betrachten wären und daher von jedermann benutzt werden dürften.

Bibliografische Information der Deutschen Nationalbibliothek:
Die Deutsche Nationalbibliothek verzeichnet diese Publikation in der Deutschen Nationalbibliografie; detaillierte bibliografische Daten sind im Internet über http://dnb.d-nb.de abrufbar.

Dieses Werk ist urheberrechtlich geschützt.
Alle Rechte, auch die der Übersetzung, des Nachdruckes und der Vervielfältigung des Buches, oder Teilen daraus, vorbehalten. Kein Teil des Werkes darf ohne schriftliche Genehmigung des Verlages in irgendeiner Form (Fotokopie, Mikrofilm oder ein anderes Verfahren) – auch nicht für Zwecke der Unterrichtsgestaltung – reproduziert oder unter Verwendung elektronischer Systeme verarbeitet, vervielfältigt oder verbreitet werden.

© 2012 Carl Hanser Verlag München, www.hanser.de
Lektorat: Margarete Metzger
Herstellung: Irene Weilhart
Copy editing: Jürgen Dubau, Freiburg/Elbe
Layout: der Autor mit LaTeX
Umschlagdesign: Marc Müller-Bremer, www.rebranding.de, München
Umschlagrealisation: Stephan Rönigk
Datenbelichtung, Druck und Bindung: Kösel, Krugzell
Ausstattung patentrechtlich geschützt. Kösel FD 351, Patent-Nr. 0748702
Printed in Germany

print-ISBN: 978-3-446-43066-2
e-book-ISBN: 978-3-446-43127-0

Inhalt

Vorwort	XI
1 Einleitung	1
1.1 Wer sollte dieses Buch lesen?	3
1.2 Wie geht es weiter?	4
1.3 Webseite zum Buch	4
Teil I: Grundlagen	5
2 Systems Engineering	7
2.1 Was ist ein System?	7
2.2 Systems Engineering	8
2.2.1 Architektur	9
2.2.2 Anforderungen	10
2.2.2.1 Funktionale Anforderungen	10
2.2.2.2 Nichtfunktionale Anforderungen	11
2.2.2.3 Anforderungen und Architektur gehören immer zusammen	11
2.2.2.4 Gute Anforderungen formulieren	13
2.2.3 Systemverhalten	14
2.3 Das Systems-Engineering-Schema	16
3 Modellbasierte Entwicklung	19
3.1 Modell, Abstraktion und Sicht	19
3.2 Modellgetriebene Architektur	22
3.3 Metamodelle	24
3.4 Domänenspezifische Modellierung	25
3.5 Profile	26
3.6 Arbeitsprodukte der modellbasierten Entwicklung	28

4	**SysML**	**29**
4.1	Was ist SysML?	29
4.2	SysML ist die Basis der Systementwicklung	30
4.3	SysML und UML	32
4.4	Grundkonzepte der Objektorientierung	32
	4.4.1 Klassen und Objekte	33
	4.4.2 Vererbung	34
	4.4.3 Spezielle Instanzen: Parts	36
	4.4.4 Blöcke und Properties	36
4.5	Trennung von Modell und Sicht	38
4.6	SysML-Diagramme	40
	4.6.1 Diagrammrahmen	41
	4.6.2 Das Paketdiagramm	41
	4.6.3 Das Blockdefinitionsdiagramm	42
	4.6.4 Das interne Blockdiagramm	46
	4.6.5 Das parametrische Zusicherungsdiagramm	47
	4.6.6 Das Anwendungsfalldiagramm	49
	4.6.7 Das Anforderungsdiagramm	51
	4.6.8 Das Sequenzdiagramm	53
	4.6.9 Das Aktivitätsdiagramm	54
	4.6.9.1 Das Tokenkonzept der Aktivitätsdiagramme	56
	4.6.9.2 Der Kontrolloperator	58
	4.6.10 Das Zustandsdiagramm	59
4.7	Weitere SysML-Konstrukte	60
	4.7.1 Die Allokation	60
	4.7.2 Viewpoints und Views	61
	4.7.3 Profile	62
	4.7.4 Elemente, die nur auf Diagrammen und nicht im Modell vorkommen	62
4.8	Was SysML nicht ist	63
Teil II: Praktische Anwendung		**65**
5	**Werkzeugauswahl und -einsatz**	**67**
5.1	Kriterien für die Werkzeugauswahl	68
5.2	Werkzeuginfrastruktur	71
5.3	Werkzeugtest und -freigabe	71
5.4	Enterprise Architect	72
	5.4.1 Bearbeitung der Modelle	74

		5.4.2	Erweiterte Funktionen	75
			5.4.2.1 Erstellung von Profilen	75
			5.4.2.2 Erstellung von Add-ins	79
	5.4.3		Die Rolle von Add-ins und Werkzeugen im Entwicklungskontext	82

6 Definition des Entwicklungskontexts 83

6.1	Prozesse sind zwingend notwendig	83
6.2	Das allgemeine V-Modell	85
6.3	Prozessmodelle und Entwicklungsnormen	86
	6.3.1 CMMI, SPICE und Automotive SPICE	87
	6.3.2 Systems-Engineering-Handbuch des INCOSE	90
	6.3.3 ISO 61508 und ISO 26262	91
6.4	Funktionale und technische Entwicklung	92
	6.4.1 Funktionale Entwicklung	93
	6.4.2 Technische Entwicklung	94
	6.4.2.1 Technisch-physikalische Architektur	95
	6.4.2.2 Technische Wirkkettenarchitektur	96
6.5	Architekturbaukasten	101
6.6	Abstraktionsebenen	102
6.7	Validierung und Verifikation	106
6.8	Nachverfolgbarkeit	107

7 Beispielhafte Anwendung 109

7.1	Ein neuer Entwicklungsauftrag	109
7.2	Eine erste Kontextabgrenzung	110
7.3	Technisches Wirkkettenmodell	112
	7.3.1 Kapselung von Komponenten	114
	7.3.2 Dekompositionssicht	116
	7.3.3 Architekturbasierte Anforderungsfindung	117
	7.3.4 Integration des Tests	119
7.4	Physikalisches Modell	121
7.5	Allokation	123
7.6	Erweiterung der Kundenwünsche	125
	7.6.1 Technisches Wirkkettenmodell	125
	7.6.2 Physikalisches Modell	126
7.7	Verhaltensmodellierung	127
7.8	Fazit	132

8 Unterstützende Prozesse und Konzepte ... 133
8.1 Versionierung und Baselining ... 134
    8.1.1 Versionierung und Baselining von Modellen ... 135
    8.1.2 Versionierung von Hilfswerkzeugen ... 136
8.2 Wiederverwendungskonzepte ... 136
8.3 Variantenmanagement ... 139
    8.3.1 Featuremodellierung ... 140
    8.3.2 Variantengenerierung ... 141
8.4 Werkzeugintegration ... 144
    8.4.1 Integration von Anforderungen ... 145
    8.4.2 Einbindung der FMEA ... 145
    8.4.3 Einbindung funktionsorientierter Entwicklung ... 148
8.5 Dokumentengenerierung ... 149
8.6 Modellüberprüfung und Metriken ... 150
    8.6.1 Formale Modellierungsregeln ... 150
    8.6.2 Metriken ... 151

9 Modelldetails ... 153
9.1 Modellstruktur ... 153
9.2 Auftrennung des Systems in Bausteine ... 157

10 Einführung von modellbasierter Systementwicklung ... 161
10.1 Paradigmenwechsel erforderlich ... 161
10.2 Managementunterstützung ... 162
10.3 Besetzung der Rollen mit den richtigen Mitarbeitern ... 163
10.4 Schulungen ... 163
10.5 Durchgängige Werkzeugkette ... 164
10.6 Praxiserfahrung ist wichtig ... 165

11 Ausblick ... 167
11.1 Metamodellierung ... 167
11.2 Modelltransformation ... 171
    11.2.1 QVT ... 172
    11.2.2 Modell-zu-Text-Transformation ... 176
11.3 Object Constraint Language ... 178
11.4 Modellsimulation ... 179
11.5 Modellbasiertes Testen ... 179
11.6 Modellvisualisierung als Stadtplan ... 180
11.7 Starke Verknüpfung von Anforderungen und Architektur ... 181
11.8 Nutzung neuer Benutzerschnittstellen ... 182
11.9 Schlussbemerkung ... 183

A	**Modellierungsregeln**	185
A.1	Namenskonventionen für Modellelemente	186
A.2	Architekturkomponenten	186
A.3	Architekturschnittstellen (Flow Ports)	187
A.4	Verknüpfungen	187
A.5	Modellstruktur	188
B	**Einordnung in SPICE**	189
C	**Schnellreferenz Systemmodellierung**	193
	Literatur	199
	Stichwortverzeichnis	203

Vorwort

Das vorliegende Buch basiert auf Erfahrungen, die ich in den letzten fünf Jahren im Rahmen meiner Tätigkeit bei der Continental Teves AG & Co. oHG in der praktischen Anwendung von modellbasierter Entwicklung und modellbasiertem Testen unter Nutzung der 2007 international standardisierten Modellierungssprache SysML (Systems Modeling Language) gesammelt habe. Hierbei hat sich gezeigt, dass modellbasierte Entwicklung mit SysML kein praxisfernes Konstrukt ist, sondern dass man es erfolgreich in der industriellen Praxis einführen und nutzen kann.

Die Erfahrungen und Erkenntnisse, die ich sammeln konnte, wurden auch dadurch bereichert, dass ich die nun in diesem Buch zusammengefassten Inhalte in internen Schulungen bereits mehr als 250 Kollegen nähergebracht habe. Rückmeldungen aus den Schulungen und der täglichen Praxis sind gleichermaßen in den Inhalt des Buches eingeflossen. Somit eignet sich das Buch nicht nur dazu, im Selbststudium die modellbasierte Entwicklung mit SysML kennenzulernen, sondern es kann auch begleitend als Schulungsunterlage für eine SysML-Schulung oder -Vorlesung verwendet werden.

Ich hoffe, mit dem vorliegenden Buch eine Lücke schließen zu können. Denn dieses Buch bietet mehr als eine reine Darstellung und Aufzählung des SysML-Standards und seiner Elemente. Alle im Buch vorgestellten Konzepte und Methodiken sind nicht nur theoretisch erdacht, sondern auch bereits in der Praxis erprobt und angewandt worden.

Mit der Auswahl von SysML und der Entscheidung, dies nun in einem Projekt oder im ganzen Unternehmen einzusetzen, ist es allein nicht getan. Es gehört auch immer eine Methodik dazu, die definiert, welche Modellierungselemente und Verfahren für die Entwicklungspraxis tatsächlich relevant sind. Der SysML-Standard macht hierzu keine Aussage.

Vielmehr ist es Aufgabe der Methodikdefinition und Prozessvorgabe, SysML praxistauglich anzupassen. Die hier im Buch vorgestellte und verwendete Methodik wurde über anderthalb Jahre hinweg entwickelt und erarbeitet. Im Rahmen dieser Entwicklung wurde durchaus zunächst auch einmal eine Lösung erarbeitet, die sich später als nicht optimal herausgestellt hat und dann entsprechend korrigiert wurde.

Die hier vorgestellten Erkenntnisse und Lösungen wurden nun aber ohne weitere Anpassung bereits seit über drei Jahren in dieser Form in mehreren Entwicklungsprojekten erfolgreich eingesetzt, sodass man davon ausgehen kann, dass die Methodik in dieser Art stabil ist.

Mein Dank richtet sich daher zunächst an meine direkten Kollegen Thomas Kranzdorf, Wolfgang Kling und Andreas Franz, die mit mir gemeinsam an der Methodikentwicklung beteiligt waren und sind, und ohne die manche im Buch beschriebenen Inhalte sicher teilweise nicht da wären oder anders aussehen würden. Bedanken möchte ich mich auch bei allen Kollegen und Teilnehmern meiner SysML-Schulungen, die mit ihren Fragen und ihren Rückmeldungen zur kontinuierlichen Verbesserung des Einsatzes von modellbasierter Entwicklung mit SysML im Unternehmen beigetragen haben und beitragen.

Zu guter Letzt möchte ich mich bei all denen bedanken, die direkt oder indirekt zur Entstehung und zum Gelingen dieses Buches beigetragen haben: bei Ilka Raab für Korrekturlesen und Anmerkungen, bei meiner Frau Katja für Geduld und Zuspruch und bei Frau Metzger und Frau Weilhart, stellvertretend für alle beim Hanser-Verlag, für die sehr hilfreiche Unterstützung, Anregungen und Korrekturen.

Oliver Alt
Januar 2012

1 Einleitung

Die Entwicklung von technischen Systemen stellt heutzutage eine große Herausforderung dar, da die Komplexität mit dem Einzug von Elektronik und Software in den letzten Jahren stetig zugenommen hat.

Erforderte beispielsweise die Entwicklung eines Fahrzeugs in der Vergangenheit vor allem Kenntnisse in Maschinenbau, d.h. Konstruktion, Mechanik, Montage, so sind heute zusätzlich Kenntnisse in Elektronikentwicklung, Softwaretechnik und Systemintegration gefragt.

Hinzu kommt, dass mit Zunahme der Komplexität der Systeme auch die Größe der Entwicklungsmannschaften gestiegen ist. Dies erfordert weitergehende Maßnahmen im Projektmanagement und in der Koordination der einzelnen Mitarbeiter untereinander, als dies in der Vergangenheit bei kleinen Teams notwendig war.

Moderne Prozessmodelle wie z.B. CMMI oder SPICE sind gute Leitfäden, diese Herausforderungen anzugehen und zu meistern. Solche Prozessmodelle definieren Arbeitsprodukte, Rollen und Aktivitäten, die durchzuführen sind, um ein System zu entwickeln. Allerdings schreiben diese Prozessmodelle nicht vor, wie im konkreten Einzelfall diese Dinge umgesetzt werden sollen. Dies bleibt jedem Unternehmen überlassen.

Typischerweise werden Systeme heute noch dokumentenzentriert entwickelt. Dies bedeutet, dass die verschiedenen Entwicklungsbereiche Spezifikationen in Form eines Dokuments verfassen, die dann als Eingangsprodukt und Grundlage für die nachgeschalteten Entwicklungsabteilungen dienen.

Bild 1.1 zeigt beispielhaft, wie dokumentenzentrierte Entwicklung funktioniert. Zunächst werden für das Gesamtsystem Anforderungen aufgestellt, und aus diesen wird eine Systemarchitektur, also eine grobe Systemstruktur entwickelt. Als Ausgangsprodukt entsteht eine Anforderungs- bzw. Systemarchitekturspezifikation, welche als Eingangsprodukt in die einzelnen Teilentwicklungsbereiche Software, Mechanik (engl. *Mechanical Engineering, ME*) und Elektronikentwicklung (engl. *Electrical Engineering, EE*) eingeht. Aufgrund der Spezifikationen, die in den Teilentwicklungsbereichen erstellt werden, können dann die Systemkomponenten entwickelt werden.

Dokumentenzentriertes Arbeiten hat den Nachteil, dass Informationen oftmals tief in den Texten versteckt sind und auf den ersten Blick nicht offensichtlich werden. Weiterhin erfordert es einen erheblichen Aufwand nachzuvollziehen, warum eine Anforderung oder eine Systemkomponente gerade so geschrieben bzw. entworfen wurde, wie sie ist. Dies liegt daran, dass diese Informationen in diversen Dokumenten verteilt sein können und oftmals kei-

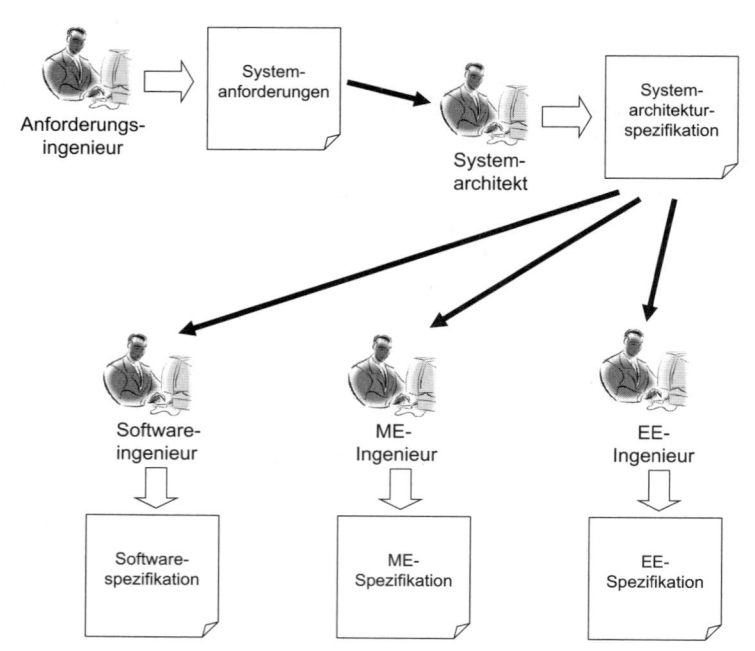

BILD 1.1 Dokumentenzentrierte Entwicklung

ne expliziten Querverweise existieren. Solche Querverweise können zwar erstellt werden, die Pflege solcher Verweise in Dokumenten ist jedoch sehr arbeitsaufwendig.

Einen anderen, im Bereich der technischen Systementwicklung neuen Ansatz verfolgt die modellzentrierte bzw. modellbasierte Systementwicklung. Hierbei bilden nicht mehr Dokumente den Mittelpunkt der Entwicklung, sondern ein gemeinsam genutztes Systemmodell. Die Idee, Modelle in den Mittelpunkt der Entwicklung zu stellen, ist nicht neu. Beispielsweise verwenden das Bauingenieurwesen und die Architektur schon immer Modelle des zu realisierenden Bauwerkes. Die Architektur ist auch oftmals Vorbild für die modellbasierte Entwicklung von technischen Systemen. Dies zeigt sich auch vielfach daran, dass Begriffe aus der Architektur übernommen werden.

Bild 1.2 zeigt das Prinzip der modellbasierten Systementwicklung für technische Systeme. Die Entwicklungsingenieure benutzen das Modell gemeinsam und ziehen sowohl Informationen aus dem Modell heraus, fügen aber gleichermaßen auch neue Informationen dem Modell hinzu. Die Arbeiten erfolgen dabei in einer ähnlichen Reihenfolge wie auch bei der dokumentenzentrierten Entwicklung. Nur gibt es nun keinen Medienbruch mehr, sondern die Informationen, die während der Entwicklung entstehen, werden zentral im Modell verwaltet und gepflegt.

Da alle Informationen zusammen verfügbar sind, lassen sich im Modell auch leicht Querverbindungen zwischen den Arbeitsergebnissen der verschiedenen Entwicklungsbereiche herstellen.

Dass nun ein Modell als zentrales Element im Mittelpunkt der Entwicklung steht, heißt nicht, dass es keine Spezifikationen oder textuelle Dokumente mehr gibt oder geben kann, sondern nur, dass die Informationen für solche Dokumente aus dem Modell heraus gewonnen werden

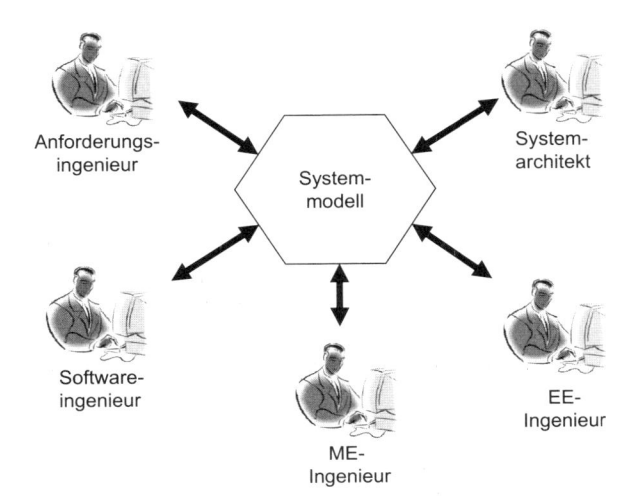

BILD 1.2 Modellbasierte Entwicklung

können. Im Falle eines werkzeuggestützten Modells lassen sich dann Dokumente auch aus dem Modell voll- oder teilautomatisiert generieren.

Mit der OMG Systems Modeling Language (SysML) existiert nun seit Kurzem ein Standard, um eine solche, durchgängige modellbasierte Systementwicklung in der Praxis zu realisieren. Dieses Buch fasst Erkenntnisse und Methodiken zusammen, die in den letzten drei Jahren bei der Einführung und praktischen Anwendung von modellbasierter Systementwicklung mit SysML in der industriellen Praxis gesammelt wurden und sich bewährt haben. Gleichzeitig versteht es sich aber auch als eine Einführung in die Thematik der modellbasierten Entwicklung von technischen Systemen.

1.1 Wer sollte dieses Buch lesen?

Das Buch richtet sich an alle, die mit modellbasierter Systementwicklung mit SysML zu tun haben bzw. zukünftig zu tun haben werden oder sich mit der Thematik auseinandersetzen wollen. Es richtet sich bewusst auch an Ingenieure und Entwickler, die über keine Vorkenntnisse in Software- und Systemmodellierung verfügen. Da die Sprache SysML von der Softwaremodellierungssprache UML abstammt, wurden viele der „informatiklastigen" Begrifflichkeiten in die SysML übernommen. Gerade in der Praxis der Industrie arbeiten fast immer Ingenieure und Techniker mit unterschiedlichen Ausbildungen zusammen (Maschinenbau, Elektrotechnik, Kybernetik, Informatik). Für die Nichtinformatiker ist der Einsatz von SysML daher zunächst eine Hürde. Dieses Buch versucht dabei zu helfen, die Hürde so klein wie möglich zu gestalten und sie zu überwinden.

Weiterhin wendet sich das Buch auch an Manager, die sich einen Überblick über den praktischen Einsatz von SysML verschaffen wollen und Hilfe bei der Entscheidung suchen, ob die Nutzung von SysML sinnvoll ist. Hierbei hilft das Buch sicherlich, indem es entsprechend über die Einsatzmöglichkeiten und auch Grenzen informiert.

Sollten bereits Entscheidungen zugunsten von SysML getroffen worden sein, so soll das Buch auch eine Hilfe für diejenigen sein, die modellbasierte Systementwicklung mit SysML in der Unternehmensorganisation etablieren sollen. Dies sind normalerweise Mitarbeiter, die sich um Prozesse, Methodiken, Werkzeuge und deren Einführung und Umsetzung kümmern.

Des Weiteren können die Inhalte des Buches auch in einer mehrtägigen Schulung oder im Rahmen einer Vorlesung an Fachhochschule oder Universität vermittelt werden. Daher richtet sich das Buch auch an Ingenieure, die Teilnehmer einer Schulung über Systementwicklung mit SysML sind, sowie Studenten oder Dozenten, die eine entsprechende Vorlesung besuchen oder anbieten.

■ 1.2 Wie geht es weiter?

Das Buch gliedert sich in zwei Teile: Teil I wendet sich an Neueinsteiger auf dem Gebiet der modellbasierten Systementwicklung. Neben einer Einführung in Systems Engineering und modellbasierte Entwicklung gibt es hier auch eine praxisnahe Einführung in die SysML und ihre Diagrammarten. Es werden wichtige Begriffe der Objektorientierung sowie Fachbegriffe der UML und SysML eingeführt, die in der täglichen Arbeit immer wieder vorkommen werden.

In Teil II wird dann konkret auf die Anwendung der SysML für die Entwicklung technischer Systeme – insbesondere auch Sensor/Aktuator-Systeme – eingegangen. Neben einer ausführlichen Erläuterung des notwendigen Entwicklungskontexts und eines durchgängigen Beispiels wird auch auf die Themenbereiche der Werkzeugauswahl und -einführung, unterstützende notwendige Prozesse wie Versionierung sowie Werkzeugintegration eingegangen. Ein Kapitel mit Tipps und Erfahrungen, was bei der Einführung von modellbasierter Entwicklung zu beachten ist, sowie ein Kapitel mit einem Ausblick auf aktuelle Trends der modellbasierten Entwicklung schließen den Teil ab.

■ 1.3 Webseite zum Buch

Unter der Adresse http://www.sysml-praxis.de finden Sie die Webseite zu diesem Buch. Hier gibt es Informationen zum Buch, nützliche Links rund um das Thema SysML sowie das Modell des in Kapitel 7 beschriebenen Anwendungsbeispiels zum Herunterladen. Mit Hilfe des Modells sollte es möglich sein, die im Buch beschriebenen Konzepte und Ansätze noch besser nachzuvollziehen und zu verinnerlichen. Schauen Sie daher mal auf der Seite vorbei.

Teil I
Grundlagen

Die Themen dieses Teils:
- Einführung in Systems Engineering
- Einführung in modellbasierte Entwicklung
- Grundlagen der Modellierungssprache SysML

2 Systems Engineering

Fragen, die dieses Kapitel beantwortet:
- Was ist ein System?
- Was ist Systems Engineering?

2.1 Was ist ein System?

Die Frage, was man genau unter einem System versteht, ist schwer zu beantworten. Es kommt dabei immer auf die Sichtweise an und darauf, wie man seinen Entwicklungskontext abgrenzt.

Beispielsweise ist für einen Automobilzulieferer ein Steuergerät, welches er zu entwickeln und zu liefern hat, sein System. Für den Auftraggeber, also den Automobilhersteller hingegen ist dieses Steuergerät sicherlich maximal ein Teilsystem, wenn nicht sogar nur eine Systemkomponente.

Für den Begriff des **Systems** finden sich, je nachdem für welchen Anwendungsbereich die Definition gemacht wurde, verschiedene Festlegungen, die jedoch Gemeinsamkeiten aufweisen.

Unter der deutschen Wikipedia-Seite findet sich folgende Definition [Wik11a]:

> Ein **System** (von griechisch $\sigma\nu\sigma\tau\eta\mu\alpha$, [...] „das Gebilde, Zusammengestellte, Verbundene"; Plural Systeme) ist eine Gesamtheit von Elementen, die so aufeinander bezogen sind und in einer Weise wechselwirken, dass sie als eine aufgaben-, sinn- oder zweckgebundene Einheit angesehen werden können und sich in dieser Hinsicht gegenüber der sie umgebenden Umwelt abgrenzen.

In der ISO 26262, einer neuen Norm für die Entwicklung von sicherheitskritischen Systemen in der Automobilindustrie (vgl. Abschnitt 6.3.3), findet sich folgende Definition[1]:

> **System**: Menge von Elementen (Systemelementen), mindestens Sensoren, Verarbeitungseinheiten und Aktuatoren, die gemäß einem Entwurf in einer Beziehung zueinander stehen.
> *Anmerkung:* Ein Systemelement kann auch selbst wieder ein System sein.

Die zweite Definition ist schon sehr technisch gehalten, da hier bereits von Sensoren usw. gesprochen wird. Es kommt bei solchen Definitionen eben immer auch darauf an, in welchem Entwicklungskontext man sich bewegt. Sicherlich ist ein System eine Ansammlung von einzelnen Teilen, welche durch ihre besondere Art der Kombination eine neue Funktionalität oder Aufgabe erfüllen können, die die Einzelteile so nicht erfüllen konnten.

Diese besondere Kombination der Einzelteile zu finden, darin liegt die geistige Leistung der Ingenieure, die das System entwickeln. Das Systems Engineering steckt dabei den Rahmen ab, der hilft, auf systematische Art und Weise Systeme erfolgreich zu entwickeln.

Wichtig aus der zweiten oben aufgeführten Definition ist sicherlich die Anmerkung, dass ein Systemelement auch selbst ein System sein kann, also auch wieder aus Systemelementen bestehen kann. Damit ist ein System eine rekursive Struktur. Deshalb ist eine genaue Definition des Betrachtungs- bzw. Entwicklungskontextes so wichtig. Wenn man klar den Kontext abgegrenzt und definiert hat, weiß man immer genau, auf welchen Teil des Systems man sich bezieht, was Teil und auch was nicht Teil des betrachteten Systems ist.

Findet diese Kontextabgrenzung nicht oder nur unzureichend präzise statt, so kann dies zu Missverständnissen zwischen verschiedenen, an der Entwicklung beteiligten Personen führen, da man über bestimmte Systemteile oder Systemkontexte spricht, aber das Gegenüber vielleicht völlig andere darunter versteht.

Um solche Probleme zu lösen oder zu minimieren, wurden Techniken und Methodiken entwickelt, die unter dem Begriff *Systems Engineering* zusammengefasst wurden.

■ 2.2 Systems Engineering

Systems Engineering kann man vielleicht am besten mit Systemtechnik oder auch Systementwicklung ins Deutsche übersetzen. Beide Begriffe drücken jedoch nicht ganz das aus, was man weithin unter Systems Engineering versteht, nämlich die Gesamtheit der Entwicklungsaktivitäten, die notwendig sind, um ein System zu entwickeln. Daher soll der englischsprachige Begriff hier auch noch weiterhin Verwendung finden.

---

[1] Originaltext:
system set of elements, at least sensor, controller, and actuator, in relation with each other in accordance with a design
NOTE: An element of a system can be another system at the same time.

Systems Engineering besteht aus drei Bausteinen. In Bild 2.1 sind diese drei Bausteine illustriert. Es sind:

- Systemarchitektur
- Systemanforderungen
- Systemverhalten

Diese drei Bausteine zusammengenommen ergeben ein Bild bzw. eine Sammlung von Arbeitsprodukten, welches das System im Rahmen des Systems Engineering vollständig definiert.

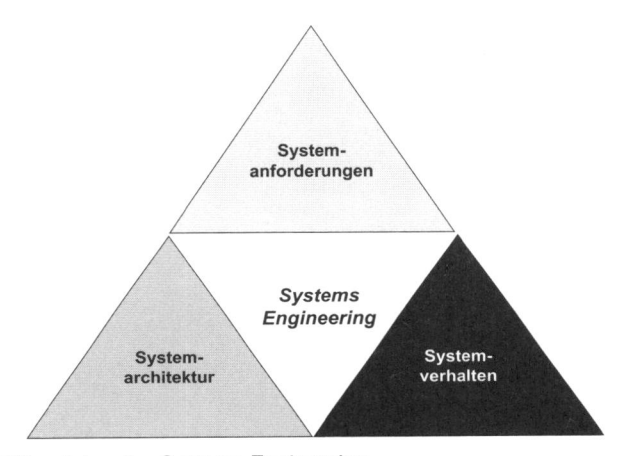

BILD 2.1 Die drei Bausteine des Systems Engineering

Im Folgenden möchte ich die einzelnen Bausteine kurz erläutern, damit Sie einen Eindruck gewinnen, was man konkret darunter versteht.

2.2.1 Architektur

Der erste Baustein ist die Systemarchitektur. Sie beschreibt die Struktur des Systems und legt die Komponenten fest, aus denen das System besteht. Außerdem definiert sie deren Schnittstellen intern zu anderen Systemkomponenten, aber auch die Schnittstellen zu den Systemgrenzen. Damit grenzt man durch die Architektur den Systemkontext ganz präzise ab. Darüber hinaus legt die Architektur fest, welche Schnittstellen einer Systemkomponente mit welcher Schnittstelle einer anderen Systemkomponente Daten, Material oder Energie austauscht.

Über die Architektur allein lässt sich ein System noch nicht ausreichend definieren. Es fehlen weitere Informationen darüber, welche Funktion das System mit dieser Architektur erfüllen soll. Die Architektur ist eine statische Sicht auf das System, aus der nicht hervorgeht, *welche* Daten oder Materialien über die Schnittstellen *wann* ausgetauscht werden sollen.

Um diesen Sachverhalt noch einmal zu verdeutlichen, wollen wir eine Analogie nutzen. Versetzen Sie sich einmal in die Rolle eines Archäologen, der eine Ausgrabung macht. Er stößt vielleicht auf ein altes Gebäude oder Gemäuer, welches eine merkwürdige Raumausrichtung und Aufteilung aufweist. Die Architektur des Gebäudes kann zu 100 % rekonstruiert werden, jedoch wird deren genauer Zweck Raum für Spekulation bieten oder unbekannt bleiben.

Es fehlt hier die Funktionsbeschreibung, aus der hervorgeht, warum das entdeckte Gebäude in dieser Weise erbaut wurde. Wenn man diese Funktion kennt, wird auch klar, warum genau diese Architektur als Lösung gewählt wurde.

Architektur, egal ob im Bauwesen oder in der Systementwicklung, ist immer nur eine mögliche Lösung für ein gegebenes Problem. Ein gutes Beispiel aus dem Alltag für unterschiedliche Lösungen für dasselbe Problem sind Korkenzieher für Weinflaschen. Die Funktion ist dabei immer dieselbe, nämlich die Aufgabe, den Korken rückstandsfrei und ohne die Flasche zu zerstören aus dieser zu entfernen. Sicherlich kennen Sie auch verschiedene Modelle von Korkenziehern, die diese Aufgabe auf unterschiedliche Arten erledigen. Sie alle haben andere Architekturen bzw. ein anderes Design[2], lösen das gegebene Problem aber alle, vielleicht mehr oder weniger gut.

Insgesamt kann die Architektur die folgenden Fragen beantworten oder bei deren Beantwortung hilfreich sein:

- Auf welche Art und Weise wird eine geforderte Funktionalität realisiert?
- Aus welchen Teilen besteht das zu realisierende System?
- Ist das System mit der gewählten Architektur in der Lage, eine geforderte (neue) Funktionalität zu erfüllen?

Abschließend zur Architektur noch eine Bemerkung: In der Architektur gibt es keine Funktionen. Das heißt, man darf nicht versuchen, Funktion mit Hilfe der Architektur zu beschreiben. Vielmehr haben die Architekturkomponenten ein Verhalten, durch das diese eine Funktionalität erfüllen. Eine Architektur dokumentiert eine Lösung, die gewählt wurde, damit das System am Ende eine bestimmte Funktion hat. Die Architektur beschreibt das „Wie ist es gelöst?".

Die aus der Architektur nicht hervorgehenden Informationen über das dynamische Systemverhalten stecken in den anderen beiden Bausteinen des Systems Engineering, nämlich den (System-)Anforderungen bzw. der Definition des Systemverhaltens.

2.2.2 Anforderungen

Anforderungen (engl. *Requirements*) sind Texte, die definieren, was das zu entwickelnde System können und leisten muss. Dabei unterscheidet man oftmals zwischen funktionalen Anforderungen und nichtfunktionalen Anforderungen.

2.2.2.1 Funktionale Anforderungen

Funktionale Anforderungen spezifizieren das Verhalten des Systems, bzw. der Systemkomponenten. Sie machen Aussagen über dynamisches Verhalten und definieren damit auch, wann

---

[2] In diesem Buch wird zwischen Architektur und Design kein Unterschied gemacht. Prinzipiell sind die Arbeitsschritte bei beiden Tätigkeiten identisch, wobei man oftmals unter Design mehr Details erwartet als bei Architektur. Daher lässt sich eine Grenze zwischen Architektur und Design auch nicht allgemein definieren, und damit sind die beiden Begrifflichkeiten immer Definitionssache.

und in welcher Weise Daten bzw. Materialien vom System verarbeitet und über Schnittstellen mit anderen Systemkomponenten oder externen Systemen ausgetauscht werden. Funktionale Anforderungen und die Architektur zusammen definieren daher ein System vollständig, da Struktur und Verhalten nun definiert sind. Immer vorausgesetzt die funktionalen Anforderungen sind vollständig, d.h. die Systemfunktionalität ist ausreichend komplett beschrieben.

2.2.2.2 Nichtfunktionale Anforderungen

Neben den funktionalen Anforderungen benötigt man auch die nichtfunktionalen Anforderungen. Diese Art Anforderungen sind nur indirekt für die Funktion des Systems entscheidend, da sie typischerweise Qualitätsanforderungen sind. In der neueren Literatur (z.B. [Poh08]) wird inzwischen häufiger von *Qualitätsanforderungen* anstelle von nichtfunktionalen Anforderungen gesprochen. Die beiden Begriffe können synonym verwendet werden. Da man in der Praxis so gut wie überall noch von nichtfunktionalen Anforderungen spricht, soll auch hier der Begriff weiter verwendet werden.

Nichtfunktionale Anforderungen spezifizieren gemäß DIN/ISO 9126 die folgenden Eigenschaften eines Systems oder einer Systemkomponente:

- Zuverlässigkeit, engl. *Reliability* (z.B. Fehlertoleranz)
- Benutzbarkeit, engl. *Usability* (z.B. Bedienbarkeit, Wartbarkeit)
- Effizienz, engl. *Efficiency* (z.B. Reaktionszeiten, Verbrauch)
- Änderbarkeit, engl. *Maintainability* (z.B. Modifizierbarkeit, Testbarkeit)
- Übertragbarkeit, engl. *Portability* (z.B. Anpassen an neue Umgebung, leichter Austausch von Komponenten)

All diese nichtfunktionalen Anforderungen haben einen Einfluss auf die Systemarchitektur. Wird beispielsweise gefordert, dass ein System leicht wartbar sein muss, so kann dies dadurch sichergestellt werden, dass das Gehäuse ohne besonderes Werkzeug geöffnet werden kann. Dies hat auf die Funktion des Systems keinen Einfluss, jedoch erfüllt die Architektur damit diese Qualitätsanforderung.

Auch die anderen oben genannten Arten von Qualitätsanforderungen beeinflussen die Architektur entsprechend. Dabei muss immer im Auge behalten werden, dass durch die Änderung der Architektur aufgrund nichtfunktionaler Anforderungen die Funktionalität (also die Erfüllung der funktionalen Anforderungen) nicht beeinträchtigt werden darf.

Auch Anforderungen wie Preis oder die Forderung, dass das System nach einer bestimmten Entwicklungsnorm zu entwickeln ist, gehören zu den nichtfunktionalen Anforderungen. Auch diese haben Einfluss auf die Systemarchitektur, da der vorgegebene Preis den Freiraum in der Entwicklung z.B. in Bezug auf Materialauswahl einschränkt. Weiterhin könnte die geforderte Einhaltung einer Entwicklungsnorm auch Einfluss auf die Architektur haben, wenn diese Norm z.B. bestimmte Architekturvorgaben macht.

2.2.2.3 Anforderungen und Architektur gehören immer zusammen

Anforderungen und Architektur gehören stets zusammen. Einerseits kann man keine Architektur erstellen, wenn man keine Anforderungen an das System hat, da die Architektur eine Lösung darstellt, welche die Anforderung erfüllt.

Andererseits kann man keine Anforderungen ohne Architektur schreiben. Sehen Sie sich beispielsweise folgende Anforderung an:

> *Im Falle eines Fehlers muss das System den Benutzer akustisch auf den Fehler aufmerksam machen.*

Diese vielleicht etwas unpräzise formulierte Anforderung beinhaltet jedoch bereits implizit mehrere Architekturentscheidungen, die der Schreiber der Anforderung bereits getroffen hat:

1. Die Komponente, die diese Anforderung erfüllt, wird hier mit dem Namen „System" bezeichnet. Der Schreiber der Anforderung hat also ein Bild von etwas im Kopf, das er mit System bezeichnet hat. Ein solches Bild braucht man immer, wenn man eine Anforderung schreibt. Dokumentiert man ein solches Bild auf Papier oder in einem Systemmodell, so ist dies ein (erstes) Bild der Architektur. Im Fall unserer Beispielanforderung kann man zumindest etwas als Architektur dokumentieren, was man mit „System" bezeichnet.
2. Das System braucht eine Möglichkeit, dem Benutzer akustische Warnmeldungen auszugeben. Dies könnte durch ein Subsystem geschehen, das in der Lage ist, auf Anforderung hin akustische Signale abzugeben. Dies ist wiederum eine Architekturentscheidung, und diese kann auch als Architektur dokumentiert werden.
3. Es muss es eine Fehlererkennung geben, damit ein Fehler zunächst einmal erkannt werden kann. Auch dies kann als Architektur dokumentiert werden.
4. Und zuletzt impliziert diese Anforderung auch noch, dass das System und ein Benutzer miteinander kommunizieren. Damit hat man bereits eine erste externe Systemschnittstelle und einen Kommunikationspfad gefunden, den man auch in der Architektur darstellen kann.

Sie sehen: Aus einer einzelnen Anforderung lassen sich diverse Architekturinformationen ableiten. Der Schreiber einer Anforderung hat also immer schon ein mehr oder weniger konkretes Bild des zu entwickelnden Systems im Kopf, wenn er eine Anforderung aufschreibt.

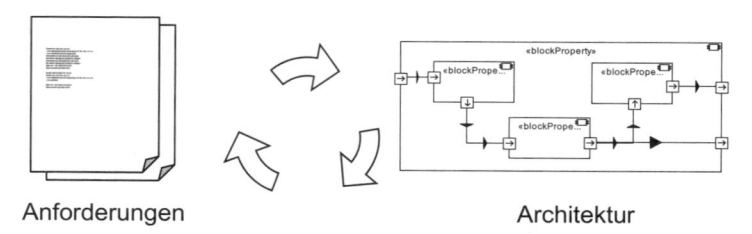

BILD 2.2 Anforderungen und Architektur als iterativer Prozess

Man kann also Anforderungen immer nur in Zusammenhang mit der Architektur schreiben. Dabei macht es zunächst keinen Unterschied, ob man die Architektur bereits zu Papier gebracht, oder nur im Kopf hat. Im Laufe der Systementwicklung muss man selbstverständlich das Wissen über Anforderungen und Architektur auch dokumentieren.

Aus Anforderungen entsteht eine Architektur als Lösung, und aufgrund dieser können sich wiederum neue Anforderungen ergeben. Beispielsweise können dies dann Anforderungen an die in der Architektur definierten Unterkomponenten und deren Schnittstellen sein. Bild 2.2 veranschaulicht diesen Sachverhalt nochmals.

In Abschnitt 7.3.3 wird das gemeinsame Entwickeln von Architektur und Anforderungen anhand des in diesem Kapitel genutzten Beispiels noch einmal ausführlich gezeigt.

2.2.2.4 Gute Anforderungen formulieren

Es gibt viele Möglichkeiten, Anforderungen aufzuschreiben. Sie können ein Lasten- oder Pflichtenheft als zusammenhängenden Text wie einen Aufsatz schreiben. Sie können aber auch Anforderungen nach bestimmten Richtlinien formulieren, um damit bereits bei der Anforderungsspezifikation eine Formalität einzuhalten, die später gewisse Vorteile bei der Systementwicklung bietet.

Bekannt geworden durch die SOPHIST-Group und Chris Rupp ist ein Vorschlag zum Formulieren von natürlichsprachlichen Anforderungen[3], der es erlaubt, auf einfache Art und Weise mit Hilfe einer Formulierungsschablone Anforderungen zu formulieren, die dann bereits eine Reihe von Qualitätskriterien an Anforderungen erfüllen [R+09].

Dieses Formulierungsschema wird im Übrigen auch für die international anerkannte Prüfung zum Certified Requirements Engineer [PR09] (www.certified-re.de) vorgeschlagen. Daher soll es an dieser Stelle auch noch einmal als Hilfestellung für die tägliche Arbeit mit Anforderungen gezeigt und genutzt werden.

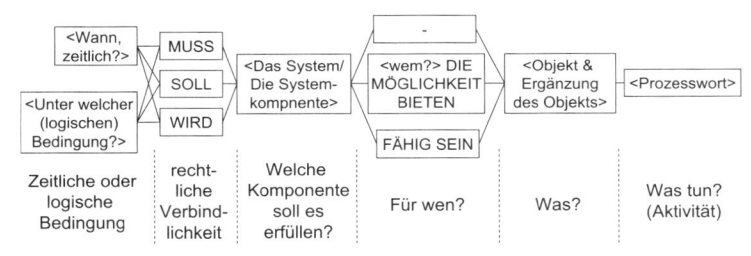

BILD 2.3 Formulierungsschablone für Anforderungen nach [R+09]

Bild 2.3 zeigt das Formulierungsschema für textuelle Anforderungen. Jede Anforderung beginnt mit einer zeitlichen (Wann soll etwas getan werden?) oder logischen Bedingung. Diese Bedingung kann dann auch wegfallen, wenn die Anforderung bedingungslos unter allen möglichen Umständen immer gilt.

Nach der Bedingung folgt die rechtliche Verbindlichkeit, also die Aussage, ob es zwingend erforderlich, nur optional bzw. zukünftig geplant ist, diese Anforderung zu erfüllen. Nun folgt die Systemkomponente, für die diese Anforderung bestimmt ist. Dies ist eine Abwandlung vom ursprünglichen Schema, wo nur immer vom *System* die Rede ist. Da der Begriff des Systems aber wie bereits oben erläutert stark kontextabhängig ist, sollte hier immer der Name der Systemkomponente stehen, auf die sich die Anforderung bezieht.[4]

Der Rest der Anforderung beschreibt dann was diese Systemkomponente tun soll, bzw. leisten muss.

Die Verwendung der Formulierungsschablone bietet eine Reihe von Vorteilen. Ich möchte Ihnen hier nur die wichtigsten aufführen. Die vollständige ausführliche Erläuterung der Schablone sowie die Schablone für englischsprachige Anforderungen finden Sie beispielsweise in [R+09].

---

[3] Auch bekannt als Teil des „SOPHIST REgelwerk"
[4] Auf neueren Präsentationen der SOPHIST-Group aus dem Jahr 2011 wird nun auch der Begriff <Systemname> als Erweiterung des ursprünglich veröffentlichten Schemas verwendet. (Quelle: GI e.V. RE-Fachgruppentreffen 2011, Hamburg)

Die wichtigsten Vorteile durch den Einsatz der Schablone sind:

- Eindeutigkeit der Anforderung (weniger Missverständnisse)
- Vollständigkeit der Anforderung (präzise Formulierung)
- Testbarkeit der Anforderung (einfachere Testfallerstellung)
- Jede Anforderung besteht aus nur einem Satz (keine Kettenanforderungen und dadurch bessere Zuordnung der Anforderungen zu Testfällen und Architekturkomponenten möglich)
- Semiformaler Charakter durch Schablone erleichtert die spätere Formalisierung bzw. Erstellung von formalen Verhaltensmodellen

2.2.3 Systemverhalten

Als letzter Baustein des Systems Engineering fehlt noch die Beschreibung des Systemverhaltens. Vielleicht fragen sich nun einige von Ihnen, warum man denn noch einmal das Verhalten beschreiben soll. Dies ist doch eigentlich mit den funktionalen Anforderungen bereits beschrieben.

Sie haben zunächst vollkommen recht! Die funktionalen Anforderungen beschreiben das Verhalten des Systems und seiner Unterkomponenten. Diese Anforderungen beschreiben das Verhalten als Text, also nicht formal. Das heißt, diese Anforderungen müssen von einem Techniker oder Ingenieur gelesen und entsprechend in eine Realisierung des Systems umgesetzt werden.

Beschreibt man das Verhalten des Systems nicht nur informell mit Hilfe von funktionalen Anforderungen, sondern formal, so kann man daraus automatisiert Arbeitsprodukte ableiten, die ansonsten manuell erstellt werden müssen. Typische Beispiele für solch eine Vorgehensweise sind Codegenerierung oder auch die Ableitung von Testinformationen.

Unter einer formalen Verhaltensbeschreibung soll hier verstanden werden, dass sich daraus Arbeitsprodukte und Informationen rechnergestützt mit Hilfe von Algorithmen ableiten lassen. Eine solche formale Verhaltensbeschreibung des Systems kann daher die Arbeit der Entwicklungsingenieure vereinfachen oder entlasten, da zumindest Standardaufgaben nun rechnergestützt durchgeführt werden können.

Durch eine solche rechnergestützte Entwicklung wird der Entwicklungsingenieur in keinster Weise überflüssig oder ersetzt. Es findet in einem solchen Fall nur eine Verlagerung der Entwicklungsaktivitäten auf eine andere Ebene statt. Wenn beispielsweise Code aus einer formalen Verhaltensbeschreibung generiert wird, so ist die geistige inhaltliche Arbeit immer noch die gleiche. Sie steckt nun aber nicht mehr in der Aufgabe der Erstellung des Programmcodes, sondern liegt in der Erstellung der Verhaltensbeschreibung und in den Algorithmen, die der Codegenerator benutzt.

Konzepte und Technologien, um Verhalten von Systemen formal zu beschreiben, sind zahlreich und vielfältig. Viele davon entstammen aus spezifischen Anwendungsbereichen, sogenannten Domänen, und eignen sich daher besonders gut, um Verhalten von Systemen, die aus dieser Domäne stammen, zu spezifizieren.

Dieses Buch befasst sich mit der SysML als Beschreibungssprache für Systeme. Trotzdem sollen auch kurz einige andere Methodiken zur Verhaltensbeschreibung erwähnt werden. Diese können im Systems Engineering neben oder zusätzlich zu SysML angewandt werden:

- **Specification and Description Language (SDL)**
  Die SDL-Sprache [SDL11] entstammt dem Umfeld der Telekommunikationsindustrie und wurde entwickelt, um das Verhalten von Telekommunikationssystemen zu beschreiben. Große Teile der SDL-Sprache sind inzwischen auch in die UML- und SysML-Sprachen als Teile der Aktivitäts- und Sequenzdiagramme übernommen worden, da sich gezeigt hat, dass sich die Konzepte auch über den Telekommunikationsbereich hinaus eignen, um Verhalten von technischen Systemen zu beschreiben.
- **Petri-Netze**
  Petri-Netze [Pet62] eignen sich besonders gut, um nebenläufige Prozesse zu beschreiben und zu spezifizieren. Es gibt eine Reihe von Erweiterungen des ursprünglichen Konzepts. Damit lassen sich bestimmte Dinge des Systemverhaltens besser ausdrücken. Auch Teile des Konzeptes der Petri-Netze sind inzwischen in die UML und auch SysML eingeflossen. Die Aktivitätsdiagramme definieren ihre Semantik, also wie sie zu interpretieren sind, analog zu den Petri-Netzen[5].
- **Grafische Funktionsentwicklung**
  Grafische Funktionsentwicklung wird dort eingesetzt, wo vorwiegend regelungstechnische Systeme beschrieben werden müssen. Typische Vertreter von Werkzeugen zur Funktionsentwicklung sind Matlab/Simulink [The11] und ASCET SD [ETA11]. Diese Beschreibungssprachen, die dort zum Einsatz kommen, basieren darauf, dass man Blöcke mit klar definiertem Verhalten miteinander verschaltet. Solche Blöcke sind typischerweise Dinge, die aus der Systemtheorie und der Regelungstechnik stammen, wie Übertragungsfunktionen, Addierer, Integrierer etc.

Die Liste lässt sich sicherlich noch weiter fortsetzten. Es existiert bestimmt auch eine Reihe von weniger bekannten Verhaltensbeschreibungen, die für spezielle Zwecke entworfen und eingesetzt werden. Wichtig soll nur an dieser Stelle sein, Ihnen ein Gefühl für solche formalen Verhaltensbeschreibungen zu geben.

Man kann die formale Verhaltensbeschreibung im Systems Engineering auch erst in einem zweiten Schritt in Angriff nehmen. Startpunkt sind immer die Anforderungen und die Architektur, die man auf jeden Fall braucht. Dies ist dann zunächst eine informelle Beschreibung des Systems.

Ohne formale Verhaltensbeschreibung ist die Erstellung der Arbeitsprodukte und der Realisierung eine komplett manuelle Aufgabe. Mit formaler Verhaltensbeschreibung können Aufgaben automatisiert oder auch Systemverhalten simuliert werden, um bereits in einer frühen Phase der Systementwicklung Fehler zu finden oder auch Konzepte kostengünstig zu erstellen oder bei Bedarf auch einmal zu verwerfen.

---

[5] Das Tokenkonzept wird aus Petri-Netzen übernommen.

■ 2.3 Das Systems-Engineering-Schema

Systems Engineering ist ein iterativer, das heißt fortlaufender Prozess. Im Laufe der Entwicklung entstehen meist mehrere Perspektiven, die bestimmte Aspekte des zu entwickelnden Systems zeigen und definieren. Diese verschiedenen sogenannten Abstraktionsebenen (siehe auch Abschnitt 6.6) definieren jeweils Architektur, Anforderungen und bei Bedarf Verhalten und bauen jeweils aufeinander auf.

Bild 2.4 zeigt das *Systems-Engineering-Schema*, das die Zusammenhänge des Systems Engineering schematisch darstellt. Wichtig dabei ist noch einmal, dass Anforderungen, Architektur und eine eventuelle formale Verhaltensbeschreibung Hand in Hand gehen, jeweils aufeinander aufsetzen und sich iterativ weiter entwickeln.

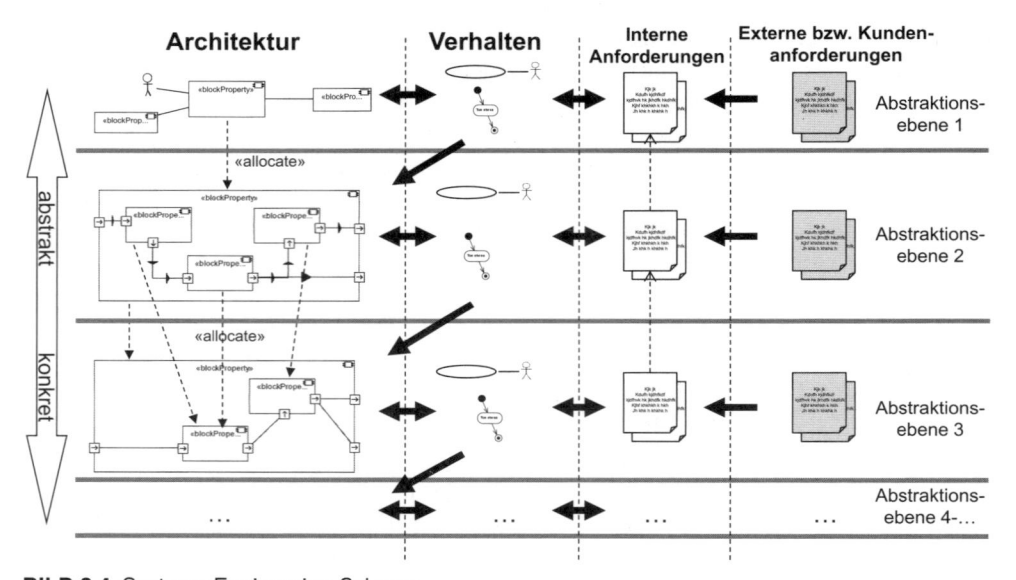

BILD 2.4 Systems-Engineering-Schema

Die Systementwicklung beginnt zum Beispiel mit einem neuen Entwicklungsauftrag des Managements, der besagt, dass das neue System eine Weiterentwicklung des bestehenden, aber mit größerem Leistungsumfang und geringerem Gewicht sein soll.

Mit dieser ersten Anforderung kann nun die Entwicklungsaktivität beginnen. Zunächst wird man damit starten, eine Kontextabgrenzung durchzuführen, um herauszufinden, was man selbst entwickeln muss und was nicht Teil des Systems ist. Eventuell nutzt man dann auch Konzepte wie Anwendungsfälle, Mind Mapping und Brainstorming. Mit dieser ersten Kontextabgrenzung findet man weitere, erste Anforderungen, die die Anforderungen des Managements verfeinern.

In der nächsten Entwicklungsstufe wird dann eine weitere Detaillierung der Architektur, der Anforderungen und des Verhaltens vorgenommen. Dies geht so lange weiter, bis das neue System soweit beschrieben und definiert ist, dass es in Produktion gehen kann.

Außerdem zeigt das Systems-Engineering-Schema noch, dass Kundenanforderungen, Marktanforderungen oder auch gesetzliche Anforderungen als externe Anforderungen in die Entwicklung eingehen. Externe Anforderungen sollten aber nie direkt als Entwicklungsgrundlage dienen, da sie eventuell zu ungenau spezifiziert oder aber für die etablierten Entwicklungsmethoden des Unternehmens nicht passend sein können.

Daher werden externe Anforderungen immer in interne Anforderungen umgewandelt bzw. auf interne Anforderungen abgebildet. Typischerweise enthalten Lastenhefte externe Anforderungen und Pflichtenhefte interne Anforderungen. Diese Pflichtenhefte werden oftmals auch als rechtsverbindliche Entwicklungsgrundlage zwischen Auftraggeber und Auftragnehmer verhandelt und abgestimmt.

Das System-Engineering-Schema stellt den Prozess des Systems Engineering bewusst sehr allgemein und abstrakt dar. Dadurch wird es möglich, damit die Arbeitsweise von verschiedenen konkreten Realisierungen des Systems Engineering zu beschreiben. Mit dem Schema als Vorgabe allein lässt sich Systems Engineering im realen Umfeld nicht oder nur schlecht etablieren. Es bedarf weitere Konkretisierungen, wie man das Schema nun in der Praxis anwenden soll. Dies können Festlegungen sein, welche Abstraktionsebenen benötigt werden, um das zu entwickelnde System zu beschreiben, und wie die konkreten Arbeitsprodukte aussehen sollen. Auch ist es wichtig zu entscheiden, mit welchen Werkzeugen Systems Engineering durchgeführt werden soll.

Ein konkreter Vorschlag zur Umsetzung des Systems-Engineering-Schema findet sich weiter hinten in Teil II des Buches. Die dort beschriebenen Konzepte wurden für die Praxis entwickelt und haben sich dort in langjähriger Anwendung auch bewährt.

Qualitätssicherung gehört immer auch dazu

Das Systems-Engineering-Schema in Bild 2.4 stellt nur den Entwicklungsteil der Systementwicklung bzw. des Systems Engineering dar[6]. Natürlich ist klar, dass jedem Entwicklungsschritt auch qualitätssichernde Maßnahmen folgen müssen und diese entsprechend im Systems Engineering verankert sein müssen. Solche Qualitätsmaßnahmen können Reviews, statische und dynamische Tests sowie Prüfung und Erprobung sein – je nachdem, wie sich die Qualität eines Arbeitsprodukts überprüfen lässt.

---

[6] Man könnte auch sagen, es stellt nur die linke Seite des allgemeinen V-Modells (vgl. Abschnitt 6.2) dar.

3 Modellbasierte Entwicklung

Fragen, die dieses Kapitel beantwortet:
- Was sind die Grundideen hinter modellbasierter Entwicklung?
- Was ist modellgetriebene Architektur?
- Wie werden Modellierungssprachen definiert?
- Was sind die Arbeitsprodukte der modellbasierten Entwicklung?

Im Gegensatz zur dokumentenzentrierten Entwicklung steht bei der modellbasierten Entwicklung ein Modell des Systems im Mittelpunkt, aus dem dann die gewünschten Produkte, also zum Beispiel Quellcode, Dokumentation oder auch weitere Modelle weitgehend automatisiert abgeleitet werden sollen. Damit Verbunden ist ein Paradigmenwechsel in der System- und Softwareentwicklung, da nun das gewünschte Ergebnis bzw. die gestellte Aufgabe mit Hilfe von Modellierung erzielt bzw. gelöst werden soll.

■ 3.1 Modell, Abstraktion und Sicht

Grundsätzlich müssen zunächst ein paar Begriffe geklärt werden, die immer wieder im Zusammenhang mit modellbasierter Entwicklung stehen. Dies sind die Begriffe Abstraktion, Sicht und Modell.

Der Begriff **Abstraktion** wird wie folgt definiert:

> Bei einer **Abstraktion** werden aus einer bestimmten Sicht die wesentlichen Merkmale einer Einheit (beispielsweise eines Gegenstandes oder Begriffs) ausgesondert. Abhängig von der Sicht können ganz unterschiedliche Merkmale abstrahiert werden.

Eine **Sicht** wiederum ist folgendermaßen definiert:

> Eine **Sicht** ist eine Projektion eines Modells, die es von einer bestimmten Perspektive oder einem Standpunkt aus zeigt und Dinge weglässt, die für diese Perspektive nicht relevant sind.

Für den Begriff **Modell** soll folgende Definition verwendet werden:

> Ein **Modell** ist eine abstrakte Beschreibung der Realität.

Diese Definition für ein Modell ist sehr allgemein und lässt es zu, sehr viele Dinge als Modell zu bezeichnen, welche etwas Reales auf irgendeine abstrakte Art und Weise beschreiben. Im Sinne dieser Definition sind beispielsweise im Rahmen der Systementwicklung auch Texte, die das zu entwickelnde System beschreiben, Modelle.

Oftmals spricht man im Umfeld der modellbasierten Systementwicklung allerdings erst dann von einem Modell, wenn dieses Modell eine gewisse formale Form einhält, die es beispielsweise erlaubt, aus dem Modell andere Dinge automatisiert abzuleiten. Das heißt, man geht davon aus, dass man die Modelldaten mit Hilfe von Rechnern weiterverarbeiten kann – und das nicht nur in der Form, dass man die Daten elektronisch bearbeitet und speichert. Eine Anforderungsspezifikation in Textform ist ein Modell, das erst durch einen Menschen „verarbeitet" werden kann. Daher gilt ein solches Dokument auch nicht als ein Modell im Sinne der modellbasierten Entwicklung. Die modellbasierte Systementwicklung stützt sich letztendlich auf das Konzept der formalen, rechnerverarbeitbaren Modelle.

Alle drei oben genannten und definierten Begriffe und Definitionen bauen aufeinander auf. Daher sollen diese nun jeweils an Beispielen erläutert werden. Sehr gut kann man die Begriffe anhand von Beispielen aus der Architektur und dem Bauingenieurwesen erläutern, wo die Konzepte der Modellierung, Abstraktion und Sichtenbildung schon lange Einzug gehalten haben[1].

Architektur ist auch deshalb ein gutes Beispiel, da die Modellierungstechniken, also Symbole, Darstellungsart etc. sehr weit bekannt sind. So sind Grundrisse und technische Zeichnungen etwas, was fast jeder schon einmal gesehen hat und damit in der Lage ist, es zu verstehen.

Um ein Modell zu verstehen, müssen die Modellierungssprache sowohl in Syntax (Notation) als auch in Semantik (Bedeutung) bekannt sein, sonst bleibt das Modell für den Benutzer unverständlich.

Bild 3.1 zeigt nun ein Modell aus dem Bereich der Architektur. Es handelt sich um ein Modell, da es nicht das reale Haus, sondern eine abstrahierte Darstellung davon zeigt.

Weiterhin wird nicht nur modelliert, sondern es werden auch verschiedene Sichten gebildet. In der linken Hälfte von Bild 3.1 sieht man eine Außenansicht des Hauses und in der rechten einen Grundriss eines Stockwerks. Beides sind Sichten auf das gleiche Modell, nämlich das des Hauses, aber sie zeigen unterschiedliche Aspekte und Perspektiven auf.

---

[1] Da die Systeme des Bauingenieurwesens – also Häuser, Brücken oder Straßen – heutzutage immer noch vor allem manuell oder halbautomatisch errichtet werden, haben wir es hier genau genommen auch nicht mit formalen Modellen zu tun.

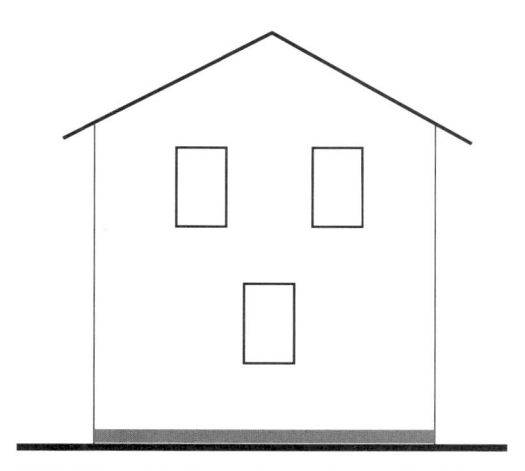

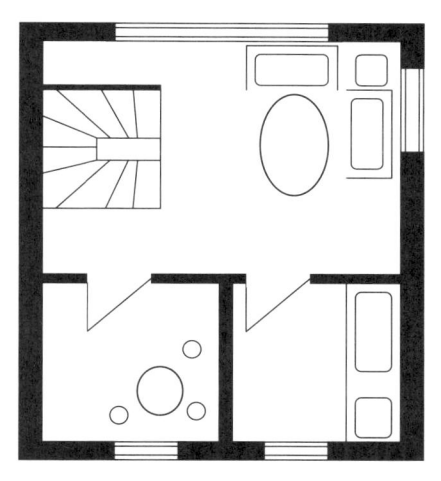

BILD 3.1 Architektur als Beispiel eines Modells

Dass dieses Modell das Konzept der Abstraktion verwendet, ist offensichtlich. Nehmen wir einmal an, das Haus soll aus Stein gemauert werden. Im Modell sind die einzelnen Steine und deren Lage nicht explizit dargestellt. Sie wurden abstrahiert. Wenn man einen anderen Abstraktionsgrad wählt, kann man dort zum Beispiel die genaue Lage der Mauersteine darstellen. Dies ist dann ein zweites Modell des gleichen realen Gegenstandes auf einer anderen Abstraktionsebene.

Eventuell ist ein solches detaillierteres Modell des Mauerwerkes aber gar nicht unbedingt nötig, da die Handwerker durch ihre Ausbildung und ihre Erfahrung auch mit einem abstrakteren Modell eine Realisierung korrekt ausführen können.

Dies macht deutlich, dass je nachdem, welches implizite Wissen ein Benutzer des Modells mitbringt, ganz unterschiedliche Abstraktionen nötig sein können, um das gewünschte Resultat zu erhalten.

Zu einem Modell gehört auch immer eine Realisierung. Mit Hilfe der Angaben des Modells kann man eine Realisierung davon herstellen. Im obigen Beispiel des Architekturmodells kann man mit Hilfe des Modells ein Haus bauen, das dann eine Realisierung des Modells ist.

Auch bei anderen Arten von Modellen gilt dieses Prinzip. Beispielsweise stellen auch Musiknoten eine spezielle Art von Modell dar. Die darin enthaltenen Symbole beschreiben abstrakt, wie ein Musikstück aufgebaut ist und welche Noten in welcher Dauer und Reihenfolge gespielt oder gesungen werden müssen, um das Stück aufzuführen. Die Aufführung durch einen Chor oder ein Orchester stellt dann die Realisierung dieses Modells dar.

3.2 Modellgetriebene Architektur

Modellgetriebene Architektur (engl. *Model-driven Architecture (MDA)*) ist ein Standard der Object Management Group (OMG) [MM03]. Die OMG ist ein internationales Standardisierungsgremium mit Mitgliedern aus Industrie und Wissenschaft, das sich die Entwicklung von Standards zum Ziel gemacht hat, die helfen sollen, Technologien und Entwicklungsaktivitäten im Umfeld der modellbasierten Entwicklung und Objektorientierung in Unternehmen zu integrieren. Ursprünglich lag dabei der Fokus auf Standards für die objektorientierte Softwareentwicklung. Inzwischen liegt der Schwerpunkt auf modellbasierter Software- und Systementwicklung. Bekannte Standards der OMG sind neben MDA auch die Softwaremodellierungssprache UML [OMG11b] sowie die SysML.

Ziel des MDA-Standards ist, die verschiedenen Entwicklungsprodukte, die während der modellbasierten Software- und Systementwicklung entstehen, miteinander in Beziehung zu setzen und einen Weg aufzuzeigen, wie modellbasierte Entwicklung funktioniert. Der MDA-Standard bleibt dabei jedoch technisch abstrakt, das heißt, er gibt keine konkrete technische Lösung vor, sondern steckt lediglich den Rahmen ab.

Der Hauptgedanke hinter MDA ist, ein Modell in den Mittelpunkt der Entwicklung zu stellen und mit Hilfe einer sogenannten Modelltransformation neue Modelle daraus zu erzeugen. Das Ganze sollte dabei möglichst automatisiert ablaufen. Mit MDA wird damit auch der zentrale Gedanke hinter der modellbasierten Systementwicklung beschrieben: Mit Hilfe von Werkzeugen sollen aus rechnerverarbeitbaren Modellen andere Daten für die Systementwicklung abgeleitet werden.

Bild 3.2 zeigt das Konzept der modellgetriebenen Architektur. Aus einem Ausgangsmodell wird mit Hilfe einer Modelltransformation, also einer Umwandlung, ein neues Ausgangsmodell erzeugt. Wie die Umwandlungsschritte dabei aussehen, ist in Transformationsregeln definiert.

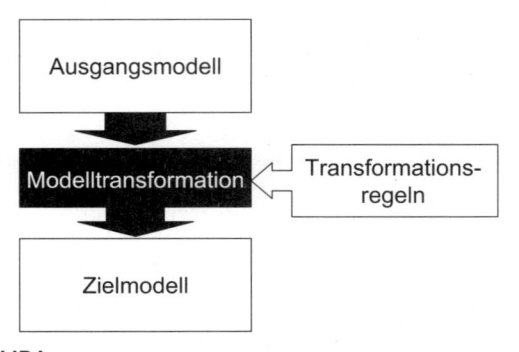

BILD 3.2 Konzept der MDA

Dieses Konzept der Transformation ist nicht neu. Beispielsweise erzeugt ein Compiler aus Quellcode, der in einer Programmiersprache erstellt wurde, maschinennahen Assemblercode, der dann durch einen Rechner ausgeführt wird. Dies entspricht im Prinzip genau dem MDA-Konzept. Die Modelle, die bei einem Compiler Ausgangs- und Zielmodell sind, sind dabei textuelle Modelle. Die Transformationsregeln sind implizit im Compilerprogramm enthalten und wurden durch den Programmierer des Compilers festgelegt.

Der MDA-Ansatz schließt explizit textuelle Modelle wie z.B. Quellcode nicht aus, jedoch sollen grafische Modelle eine zentrale Rolle als Ausgangsmodell einnehmen. Innerhalb der Entwicklung kann eine solche Transformation eines Ausgangsmodells in ein Zielmodell auch mehrfach erfolgen. Das heißt, man kann auch Modelle als Zwischenschritte erzeugen, die dann wiederum in weiteren Transformationen letztendlich in das gewünschte Ausgangsprodukt verwandelt werden.

Wie bereits erwähnt sagt der MDA-Standard nichts darüber aus, wie das Ausgangsmodell, die Transformationsregeln und das Zielmodell aussehen sollen. Jedoch definiert die OMG Standards, die für die MDA verwendet werden können. Als Modellierungssprachen können dabei zum Beispiel die UML und/oder SysML verwendet werden. Zur Definition der Transformationen bietet sich zum Beispiel der OMG-Standard QVT (Query/View/Transformation) [OMG08a], [Alt09] (vgl. Abschnitt 11.2) an.

Neben dem Grundkonzept der Anwendung von Modelltransformation gibt der MDA-Standard auch noch eine Vorgabe für Modelle und deren Abstraktionsgrad. Der Standard definiert dabei Folgendes:

- Das **plattformunabhängige Modell** (engl. *Platform-independent Model (PIM)*) beschreibt das System und sein Verhalten auf einer realisierungsunabhängigen Ebene. Aus einem solchen Modell können dann mit entsprechenden Transformationen funktional gleiche Zielmodelle für verschiedene Plattformen bzw. technische Realisierungen erzeugt werden.
- Das **plattformspezifische Modell** (engl. *Platform-specific Model (PSM)*) ist das Ergebnis einer Transformation aus einem plattformunabhängigen Modell auf eine konkrete Plattform bzw. technische Realisierung. Es kann dabei auch noch ein Zwischenschritt hin zum endgültigen Endprodukt sein.
- Als Drittes definiert der MDA-Standard auch noch ein **Kontextmodell**, genannt *Computation-independent Model (CIM)*, welches den Systemkontext und damit das System gegen seine Umgebung abgrenzt. Informationen aus einem solchen Kontextmodell können für die Transformationsschritte nützlich und nötig sein.

Zusammenfassend spielen bei modellbasierter Entwicklung und MDA folgende Faktoren eine zentrale Rolle:

1. Die Entwicklungsdaten liegen als **rechnerverarbeitbares Modell** vor.
2. Mit Hilfe von Werkzeugen können die Modelldaten in andere Formen gebracht werden (**Modelltransformation**).
3. Typischerweise hat man im Entwicklungsumfeld nicht nur ein einziges Werkzeug in Gebrauch, sondern eine ganze Werkzeugkette. Hier kommt es dann darauf an, die verschiedenen Werkzeuge und das Modell so aneinander anzupassen, dass sich Daten aus dem Modell oder Daten für das Modell mit den verschiedenen Werkzeugen verarbeiten lassen. Diesen Integrationsschritt nennt man **Werkzeugdatenintegration**. Er kann wiederum mit Hilfe von Modelltransformationen erfolgen.

3.3 Metamodelle

Um ein Modell zu erstellen, benötigt man eine Modellierungssprache. Ein Architekt benutzt beispielsweise die Sprache und Symboliken des technischen Zeichnens, um Baupläne für Gebäude zu erstellen. Neben solchen grafischen Sprachen gibt es auch Modellierungssprachen, die rein textuell aufgebaut sind.

Wie kann man aber nun definieren, welche Symbole bzw. Wörter zur Modellierungssprache gehören und wie diese miteinander zu verwenden sind, damit ein korrektes Arbeitsprodukt dabei heraus kommt?

Die deutsche Sprache definiert sich über Wörter, zum Beispiel durch Wörterbücher, und Regeln der Grammatik. Gemeinsam legt dies fest, welche Wortfolgen bestehend aus deutschen Wörtern sinnvolle Sätze ergeben.

Im Prinzip ist dies auch bei Modellierungssprachen nicht anders. Eine Möglichkeit, solche Sprachen zu definieren, sind die sogenannten Metamodelle[2]. Ein Metamodell ist dabei selbst ein Modell, das dazu verwendet wird, eine Modellierungssprache zu beschreiben. Damit nutzt man Konzepte der Modellierung, um die Modellierung selbst zu definieren.

Ein praktisches Beispiel ist das UML-Metamodell [OMG11b] [OMG11a]. Es beschreibt die UML-Sprache und benutzt dabei Modelle und Konzepte, die per Definition selbst Teil der UML sind, nämlich die UML-Klassendiagramme.

Auch ein Metamodell lässt sich wiederum durch ein Modell definieren. Ein solches Metamodell eines Metamodells bezeichnet man daher auch als Meta-Metamodell.

Diese Reihe lässt sich beliebig fortsetzen. Es hat sich jedoch gezeigt, dass ein Meta-Metamodell vollständig durch sich selbst beschreibbar ist. Daher endet hier die Metaebenenhierarchie.

Bild 3.3 illustriert dieses Konzept noch einmal unter Verwendung von Symbolen aus der SysML. Ein Modell wird dabei als ein Paket mit einem Dreieck neben dem Namen dargestellt. Dies ist die Standardnotation für ein Modell im Umfeld von UML und SysML. Diese definierende Modellstruktur lässt sich prinzipiell beliebig fortsetzen, da das Modell selbst wieder Definition für ein weiteres Modell sein kann.

Wo werden Metamodelle verwendet?

Um die oben beschriebenen Konzepte der MDA und dabei insbesondere die Modelltransformation anwenden zu können, benötigt man präzise Beschreibungen von Ausgangs- und Zielmodell. Genau hier werden dann Metamodelle als Grundlage der Sprach- und Transformationsregeldefinition eingesetzt.

Als Anwender von modellbasierter Entwicklung brauchen Sie Metamodelle nur dann im Detail zu kennen, wenn Sie selbst Sprachen bzw. Datenstrukturen definieren oder Transformationsregeln erstellen wollen. Als Modellierer, also als Anwender der Modellierungssprache kommen Sie nicht oder nur am Rande in Kontakt mit dem Metamodell. Das Metamodell bleibt für den Benutzer unsichtbar, ist jedoch für das Modellierungswerkzeug entscheidend, da es festlegt, welche Modellierungselemente es gibt und wie diese verwendet werden. Die

---

[2] *Meta* kommt aus dem Griechischen und bedeutet *über, hinter*.

```
              ┌─────────────────┐
              │ Meta-Metamodell △│
              ├─────────────────┤
              │                 │
              └─────────────────┘
                      ╎
                  «definiert»
                      ╎
                      ▽
              ┌─────────────────┐
              │ Metamodell    △ │
              ├─────────────────┤
              │                 │
              └─────────────────┘
                      ╎
                  «definiert»
                      ╎
                      ▽
              ┌─────────────────┐
              │ Modell        △ │
              ├─────────────────┤
              │                 │
              └─────────────────┘
```

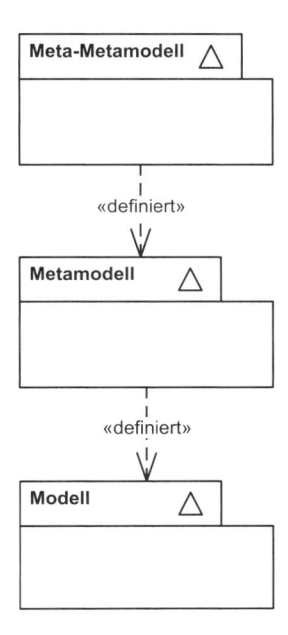

BILD 3.3 Metamodellhierarchie

Werkzeuge nutzen diese Informationen im Hintergrund, um Datenbanken für Modelle aufzubauen und die Korrektheit der Modellierung zu überprüfen.

Eine weitergehende Einführung zum Thema Metamodellierung und Modelltransformation finden Sie in den Abschnitten 11.1 und 11.2.

■ 3.4 Domänenspezifische Modellierung

Eine besondere Form von Modellen sind domänenspezifische Modelle. Als eine Domäne bezeichnet man einen speziellen Anwendungsbereich bzw. ein spezielles Fachgebiet. Unter domänenspezifischer Modellierung versteht man die Benutzung von Modellierungssprachen und Modellen, die genau auf eine Domäne und deren Bedürfnisse zugeschnitten sind.

Die meisten Modellierungssprachen sind zugegebenermaßen domänenspezifisch. Jedoch gibt es Sprachen, die weitere, und einige, die begrenztere Bereiche abdecken. Die UML-Sprache wurde zum Beispiel dafür entwickelt, um Zusammenhänge in der objektorientierten Softwareentwicklung darzustellen. Sie hat einen sehr großen Umfang, und oftmals erlauben es die Sprachmittel, das Gleiche auf verschiedene Weise auszudrücken und zu modellieren. Außerdem ist die UML nicht auf eine bestimmte technische Lösung oder eine Programmiersprache speziell abgestimmt. Dies erschwert manchmal beispielsweise die Codegenerierung aus UML-Modellen und auch die Realisierung von MDA.

Es gibt jedoch einige Beispiele, wo nur Teile der UML-Sprache, kombiniert mit neuen Konzepten aus der jeweiligen Anwendungsdomäne verwendet werden. Diese domänenspezifisch angepasste Sprache erleichtert dann die Anwendung von MDA und Modelltransformationen bis hin zur Realisierung von vollautomatischer Codegenerierung (vgl. [SVE07], [Fis05]).

Man muss also immer abwägen, was man erreichen will, wenn man eine Modellierungssprache entwirft. Hier noch ein paar Beispiele von domänenspezifischen Sprachen außerhalb des Umfeldes der Softwareentwicklung:

- die Sprache zur Erstellung von technischen Zeichnungen
- Blockschaltbilder aus der Systemtheorie und der Regelungstechnik zur Modellierung von Regelkreisen
- die Notensprache als Modellierungssprache für Musikstücke

Die Reihe lässt sich weiter fortsetzen.

Um eine domänenspezifische Sprache zu definieren, muss man ein Metamodell der Sprache erstellen. Durch entsprechende Werkzeuge, die dieses Metamodell als Grundlage zur Erstellung solcher Modelle verwenden, kann dann die Anwendung der domänenspezifischen Sprache in der täglichen Arbeit unterstützt werden.

■ 3.5 Profile

Die Definition einer domänenspezifischen Sprache von Grund auf und die damit verbundene Erstellung des Metamodells kann sehr aufwendig werden. Daher definiert die OMG den sogenannten Profilmechanismus, der es erlaubt, ein bestehendes Metamodell unverändert zu lassen und die durch das Metamodell definierten Elemente so zu erweitern, dass damit domänenspezifische Aspekte modelliert werden können. Das heißt, man verwendet im Prinzip eine schon vorhandene Modellierungssprache und erweitert diese um domänenspezifische Elemente und Aspekte.

Wenn man also nun ein Modellierungswerkzeug hat, welches eine Modellierungssprache eines gewissen Metamodells unterstützt und gleichzeitig auch den Profilmechanismus, so kann man dann damit auch eine domänenspezifische Modellierung vornehmen.

Dies ist der große Vorteil des Profilmechanismus: Man kann bestehende Werkzeuge ohne Änderung des Werkzeugs auch für neue, domänenspezifische Sprachen nutzen.

Stereotypen, Attribute und Tagged Values

Der Profilmechanismus der OMG basiert darauf, dass Elemente des Metamodells durch sogenannte *Stereotypen* erweitert werden und dadurch eine zusätzliche neue Bedeutung erhalten.

Bild 3.4 zeigt das Prinzip der Profildefinition und die Anwendung des profilierten Elements. Auf der linken Seite in Bild 3.4 wird das Profil definiert. Das Element mit dem Namen *Class* (Klasse) aus dem Metamodell wird durch einen Stereotyp mit Namen anforderung erweitert. Damit wird aus einer Klasse ein Element zur Modellierung einer Anforderung gemacht.

Nun will man aber vielleicht seinen neuen Elementen auch noch neue Attribute, also veränderliche Eigenschaften mitgeben. Dazu kann man im Element, welches in der Profildefini-

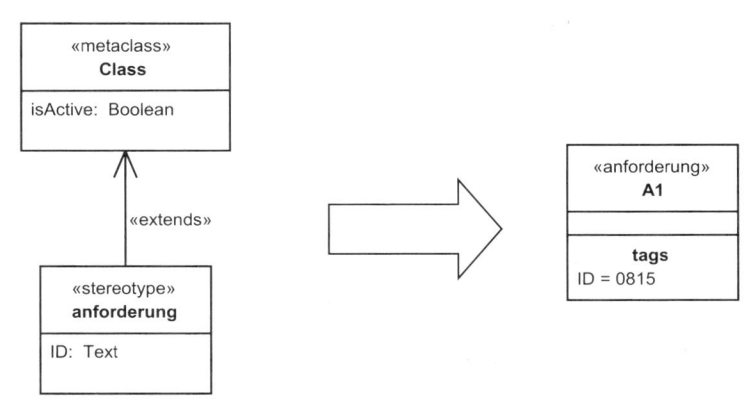

BILD 3.4 Prinzip des OMG-Profilmechanismus

tion durch «stereotype» gekennzeichnet ist, neue Attribute hinzu definieren. Hier wurde ein Attribut mit Namen ID vom Typ Text definiert.

Die Anwendung des Profils ist in der rechten Hälfte von Bild 3.4 dargestellt. Das Modellierungswerkzeug benutzt die gleiche Darstellung, die es auch normalerweise für die Darstellung von Klassen verwendet. Nur ist diese Klasse nun mit unserem Stereotyp «anforderung» versehen. Stereotypen erkennt man daran, dass sie in französischen Anführungszeichen eingeschlossen dargestellt werden («»).

Im Profil definierte Attribute werden in der Anwendung als sogenannte *Tagged Values* oder kurz *Tags* dargestellt. Sie lassen sich dann durch den Benutzer entsprechend mit Werten versehen.

Viele Werkzeuge, die den Profilmechanismus der OMG unterstützen, erlauben darüber hinaus auch noch, die Darstellungsform des neuen stereotypisierten Elements zu beeinflussen. Damit können völlig neuartig aussehende Modellelemente für eine domänenspezifische Modellierung definiert werden. Die Veränderung der Standarddarstellung geht über die Definition der OMG hinaus, jedoch scheint es nur eine Frage der Zeit, wann der Profilmechanismus um solche Konzepte erweitert wird, da sie sich in der Praxis vielfach bewährt haben.

Weitere Informationen und konkrete Anwendungsbeispiele für den Profilmechanismus finden sich in Abschnitt 5.4.2.1.

■ 3.6 Arbeitsprodukte der modellbasierten Entwicklung

Innerhalb der modellbasierten Entwicklung hat man es mit verschiedenen Arbeitsprodukten zu tun. Prinzipiell sind alle Arbeitsprodukte erst einmal Modelle im Sinne der Definition vom Anfang des Kapitels. Sie sind nämlich eine abstrakte Beschreibung der Realisierung des zu entwickelnden Systems.

Legt man diese Definition zu Grunde, so ist wie bereits oben beschrieben auch eine als Text ausformulierte Systemspezifikation ein Systemmodell, denn sie beschreibt das zu realisierende System. Da man mit einer solchen Prosaspezifikation formal nichts anfangen kann, d.h. man kann nicht die Konzepte der MDA anwenden oder ohne Weiteres rechnergestützt neue Informationen daraus gewinnen, spricht man hier in der modellbasierten Entwicklung nicht von einem Modell.

Ein Modell für die modellbasierte Entwicklung muss daher immer eine gewisse Formalität erfüllen.

Weiterhin kann man zwei Formen von Modellen unterscheiden: grafische Modelle und textuelle Modelle. Typische Vertreter grafischer Modelle sind Regelkreise, UML- oder SysML-Modelle etc.

Textuelle Modelle sind Code, aber auch Dokumentationen, die eventuell aus einem Modell generiert werden.

Grafische Modelle haben sich in den letzten Jahren weithin etabliert. Hier gilt das alte Sprichwort „Ein Bild sagt mehr als tausend Worte.". Trotzdem wird es wohl immer auch textuelle Modelle geben, auch wenn diese vielleicht nur ein Zwischenschritt bei der Produkterstellung sind. Eine gesunde Mischung aus grafischer und textueller Darstellung ist wohl die beste Lösung bei der Modellierung von Systemen. Einige Dinge kann man besser grafisch und andere besser textuell beschreiben, daher sollten die beiden Modellformen immer sinnvoll kombiniert werden.

4 SysML

Fragen, die dieses Kapitel beantwortet:

- Was ist SysML?
- Welche Konzepte und Ideen stecken dahinter?
- Welche Diagrammarten gibt es und was zeigen diese?
- Wozu ist SysML gedacht und wozu nicht?

Dieses Kapitel führt in die Modellierungssprache SysML ein, beschreibt diese dabei aber nicht komplett in allen Einzelheiten. Stattdessen werden die Konzepte beschrieben, die man kennen sollte, um SysML im Rahmen einer modellbasierten Systementwicklung praxisorientiert einzusetzen. Eine vollständige Beschreibung der gesamten SysML-Elemente und Konzepte ist nicht Zielsetzung dieses Buches. Dazu sind bereits mehrere deutsch- und englischsprachige Titel auf dem Markt erhältlich. Wenn Sie also nach einer Beschreibung der kompletten SysML suchen, so finden Sie eine solche in [Wei08] und [Kor08] als deutsche Literatur und [FMS08] sowie im frei erhältlichen SysML-Standard selbst [OMG10] in englischer Sprache.

4.1 Was ist SysML?

Nachdem der Begriff SysML schon mehrfach benutzt wurde, möchte ich Ihnen nun genau erklären, was sich dahinter verbirgt: Die Systems Modeling Language (SysML) ist eine grafische Sprache, konzipiert zur Modellierung von technischen Systemen aller Art. SysML ist ein offizieller Standard, der im März 2007 in der Version 1.0 durch die Object Management Group (OMG) verabschiedet und freigegeben wurde. Damit ist SysML verglichen mit anderen Techniken und Standards der Systementwicklung noch ein recht neuer Standard.

Inzwischen gibt es die Version 1.2 [OMG10], die ein paar Änderungen im Vergleich mit der ersten Version mit sich bringt. Da die zum Zeitpunkt der Erstellung dieses Buches oben genannte weiterführende Literatur zur SysML sich zumeist auf die Version 1.0 stützt, werde ich

Sie dort, wo es notwendig ist, auf die Veränderungen zwischen den SysML-Versionen hinweisen.

Mit Hilfe von SysML lassen sich

- die Strukturen
- das Verhalten
- die Anforderungen

eines Systems auf formale Art und Weise beschreiben und miteinander in Beziehung setzen. Damit unterstützt die SysML das Systems Engineering in allen Bereichen bzw. alle Bausteine des Systems Engineering (vgl. Abschnitt 2.2).

Die Idee hinter SysML und ihrer Standardisierung ist, dass durch die Verwendung von SysML eine einheitliche Notation für die Darstellung von Systemzusammenhängen in der Praxis verwendet wird, die dazu beiträgt, dass alle Projektbeteiligten (engl. *Stakeholder*) die Systemzusammenhänge gleichermaßen verstehen und kommunizieren können. Um dieses Ziel zu erreichen, ist es notwendig, dass die Projektbeteiligten die Syntax und Semantik der SysML verstehen und anwenden können. Man hat also das Ziel, ein „babylonisches Sprachengewirr im Systems Engineering" durch die SysML aufzulösen.

Neben diesem mehr informativen Charakter ist die SysML auch in der Lage, Systemzusammenhänge formal zu beschreiben und zu spezifizieren. Dies ermöglicht es, langfristig aus den Modellen mit Hilfe von MDA-Technologie (vgl. Abschnitt 3.2) Arbeitsprodukte zu generieren. Dies kann Beispielsweise die Generierung von Code, aber auch von Testfällen oder Dokumentation sein.

SysML kann damit auf zwei Arten in der Systementwicklung eingesetzt werden: zum einen als Dokumentationssprache, z.B. dann wenn Altsysteme nachträglich dokumentiert werden müssen (Reengineering). Zum anderen als entwicklungsbegleitendes Werkzeug während der laufenden Systementwicklung. Natürlich entfaltet die SysML ihre Vorteile nur voll, wenn sie entwicklungsbegleitend eingesetzt und die Modelle iterativ weiter entwickelt werden. Dies sollte auch immer gestecktes Ziel sein und bleiben. Damit hat man nicht nur eine einheitliche Diskussionsgrundlage während der Entwicklung, sondern erzeugt implizit auch die sowieso notwendige Entwicklungsdokumentation praktisch nebenbei mit.

■ 4.2 SysML ist die Basis der Systementwicklung

SysML ist nicht als Ersatz für bestehende Systementwicklungswerkzeuge zu sehen, sondern als sinnvolle Ergänzung. In der Systementwicklung arbeiten die verschiedenen Disziplinen wie Anforderungsmanagement, Elektronikentwicklung, Konstruktion, Systemanalyse etc. gemeinsam daran, ein System zu entwickeln. SysML dient dabei nicht als Ersatz für die dort bereits verwendeten Entwicklungswerkzeuge, sondern zur Definition einer gemeinsam genutzten Basis und eines gemeinsamen Fundaments.

Bild 4.1 zeigt einige Disziplinen der Systementwicklung dargestellt als Säulen. Das Systemmodell, welches mit SysML die Architektur, das Verhalten und die Anforderungen des Systems beschreibt und miteinander in Beziehung setzt, bildet die gemeinsame Entwicklungs-

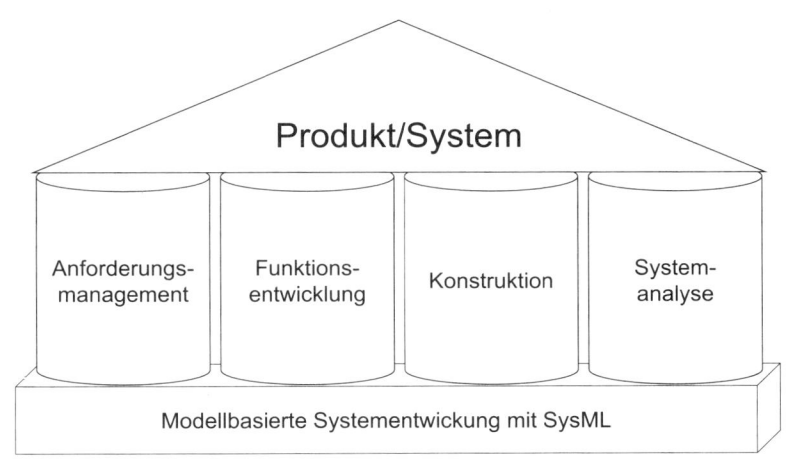

BILD 4.1 SysML bildet das Fundament der Systementwicklung

grundlage für die einzelnen Entwicklungsdisziplinen. Diese nutzen das Modell als Spezifikation, Details werden aber ab einem gewissen Punkt mit spezialisierten Werkzeugen weiter entwickelt und bearbeitet.

Prinzipiell wäre es zum Beispiel möglich, einen elektronischen Schaltplan bis zum letzten Bauelement und bis ins letzte Detail mit Hilfe von SysML-Notation zu beschreiben. Dies macht jedoch keinen Sinn, da es oftmals dafür besser geeignete und spezialisiertere Werkzeuge gibt. Diese erlauben beispielsweise auch die Erstellung von Platinen oder Chipdesigns.

Daher muss man immer auch abwägen, bis zu welchen Grad der Einsatz von SysML noch sinnvoll und hilfreich ist, und ab wann man besser auf ein anderes Werkzeug im Rahmen der weiteren Entwicklung umsteigt. Selbstverständlich sollte eine Querverbindung zwischen dem SysML-Modell und den Entwicklungsprodukten hergestellt werden, die mit anderen Werkzeugen erstellt werden, damit die Systementwicklung durchgängig nachvollzogen werden kann (Stichwort: *Total Traceability*, vgl. Abschnitt 6.8). Eine solche Nachvollziehbarkeit kann beispielsweise über gleiche Komponentennamen und/oder Verlinkung der Arbeitsprodukte untereinander erfolgen.

Somit gibt SysML die Grundlage vor, auf der aufbauend dann die weitere Entwicklung stattfindet. Diese Entwicklung kann durchaus parallel erfolgen. Man spricht dann auch oft von *Simultaneous Engineering*. Dass die dort parallel entstehenden Systemkomponenten dann am Ende der Entwicklung ein funktionierendes Ganzes ergeben, dafür sorgt das SysML-Modell, welches die gemeinsame Grundlage für alle bildet und dazu beiträgt, dass bei allen Projektbeteiligten ein Verständnis des Gesamtsystems vorhanden ist.

■ 4.3 SysML und UML

Die Sprache SysML wurde nicht von Grund auf neu entwickelt und entworfen, sondern basiert auf der Softwaremodellierungssprache UML (Unified Modeling Language) [OMG11b]. Sie benutzt davon viele Teile wieder, fügt aber auch neue Konzepte hinzu, die es so in der UML nicht gibt, die sich aber in der Vergangenheit bei der Entwicklung von technischen Systemen bewährt hatten.

SysML ist als ein UML-Profil definiert, das heißt, das UML-Metamodell wird durch neue Stereotypen und Attribute so angepasst, das dadurch die Sprache SysML entsteht (vgl. Abschnitt 3.5). Die SysML verwendet aber nicht die gesamte UML wieder, sondern lässt auch Teile davon weg. Dies sind Teile, die sehr spezifisch für die Softwareentwicklung sind und daher in dieser Form für die Modellierung von allgemeinen technischen Systemen nicht relevant sind.

Dieses Ausblenden von Teilen des UML-Metamodells in der SysML-Spezifikation geht über die ursprüngliche Definition hinaus, was ein Profil ist und kann. Normalerweise erweitert ein Profil ein bestehendes Metamodell nur, ist aber nicht in der Lage, Teile davon auszublenden.

Auch hier ist es nur eine Frage der Zeit, bis die OMG ihren Profilmechanismus dementsprechend anpasst, da fast alle Modellierungswerkzeuge dies heute auch schon unterstützen.

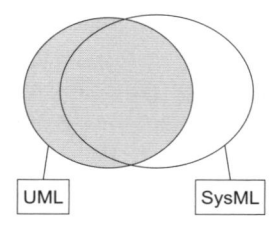

BILD 4.2 Zusammenhang UML und SysML

Bild 4.2 zeigt den Zusammenhang zwischen UML und SysML noch einmal schematisch. Neben einer großen Schnittmenge zwischen beiden Modellierungssprachen gibt es in jeder Sprache Teile, die nicht Teil der anderen Sprache sind. Die Schnittmenge zwischen UML und SysML wird im Standard häufig auch mit *UML for SysML* (UML für SysML) oder kurz *UML4SysML* bezeichnet.

■ 4.4 Grundkonzepte der Objektorientierung

Da die SysML auf der UML basiert und die UML eine Sprache für die Beschreibung objektorientierter Software ist, werden die grundlegenden Konzepte der Objektorientierung auch in der SysML angewendet. Aus diesem Grund ist es zum Verständnis der Sprache notwendig, zumindest die Grundzüge der Objektorientierung zu kennen, insbesondere die Begrifflichkeiten. Daher werden im Folgenden die wichtigsten Begriffe und Konzepte kurz erläutert. Hierzu nutzen wir auch kurz Elemente der UML. Dies bietet sich an, da die UML ja definiert wurde, um Dinge der Objektorientierung zu beschreiben und daher viele Begriffe der Objektorientierung sich auch als Sprachelemente wiederfinden.

4.4.1 Klassen und Objekte

Starten wir mit den Begriffen **Klasse** und **Objekt**. Der Begriff der **Klasse** wird dazu verwendet, um eine Einordnung von

- Dingen
- Personen
- Daten

mit gleichen Eigenschaften vorzunehmen. Man spricht daher hier auch umgangssprachlich von einer Klassifizierung.

Klassen gibt es auch im täglichen Leben. Der Begriff der Klasse kommt ja sogar in der Sprache vor:

- Schulklassen sind eine definierte Sammlung von Schülern mit gleichen Eigenschaften. Sie haben das gleiche Alter, den gleichen Stundenplan und den gleichen Unterricht.
- Sie als Leser dieses Buches bilden eine Klasse, da Sie alle diesen Text in diesem Buch lesen, um sich über die SysML und ihre Anwendung zu informieren. Das haben Sie alle gemeinsam.
- Studenten bilden eine Klasse von Personen, die studieren.

Das Beispiel der Studenten soll im Folgenden weiter verfolgt werden, um die Konzepte der Objektorientierung zu illustrieren. Die Objektorientierung geht her und definiert solche Klassen und deren Eigenschaften. Es ist dann möglich, **Objekte** dieser Klassen, also spezielle Mitglieder zu bilden. Man spricht dann von einer *Instanziierung*: Ein Objekt bildet eine Instanz einer Klasse.

Um dies etwas konkreter zu verdeutlichen, soll nun zunächst die Klasse der Studenten definiert werden. Dazu ist es notwendig, sich zu fragen, welche Eigenschaften die Klasse der Studenten definieren. Dies sind:

- Name
- Vorname
- Matrikel-Nr.
- Studienfach
- Fachsemester

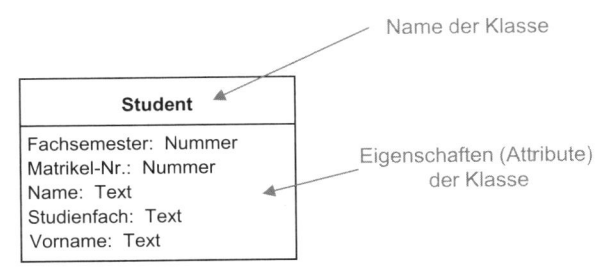

```
                    Student              ← Name der Klasse
    ┌─────────────────────────────┐
    │ Fachsemester: Nummer        │
    │ Matrikel-Nr.: Nummer        │ ← Eigenschaften (Attribute)
    │ Name: Text                  │      der Klasse
    │ Studienfach: Text           │
    │ Vorname: Text               │
    └─────────────────────────────┘
```

BILD 4.3 Die Klasse Student, dargestellt mit UML

Man kann nun mit Hilfe der UML solche Klassen grafisch darstellen. Bild 4.3 zeigt die Klasse Student mit ihren Eigenschaften. Eine Klasse wird in UML als Rechteck dargestellt, welches vertikal in mehrere Unterbereiche unterteilt sein kann. Es hat dabei immer mindestens einen Bereich, der ganz oben steht und den Namen der Klasse enthält. Klassennamen werden dabei immer in der Einzahl vergeben, also Student und nicht Studenten, da, wie Sie bald sehen werden, aus einer Klasse mehrere Objekte gebildet werden können.

Die Eigenschaften der Klasse, sogenannte Attribute, werden im Klassensymbol im Segment unterhalb des Namens dargestellt. Die oben aufgeführten Eigenschaften der Klasse Student sind im Klassensymbol zu erkennen und haben außerdem schon eine Definition erfahren, von welcher Art sie sind (Nummer oder Text). Ein Doppelpunkt trennt dabei den Namen der Eigenschaft von der Art bzw. vom Typ der Eigenschaft (z.B. `Name:Text`).

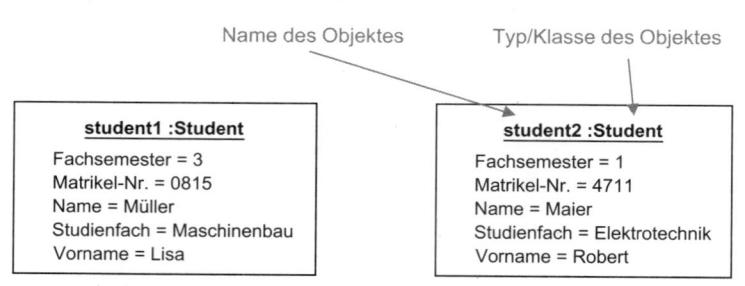

```
                 Name des Objektes          Typ/Klasse des Objektes

         ┌─────────────────────────────┐  ┌─────────────────────────────┐
         │      student1 :Student      │  │      student2 :Student      │
         ├─────────────────────────────┤  ├─────────────────────────────┤
         │ Fachsemester = 3            │  │ Fachsemester = 1            │
         │ Matrikel-Nr. = 0815         │  │ Matrikel-Nr. = 4711         │
         │ Name = Müller               │  │ Name = Maier                │
         │ Studienfach = Maschinenbau  │  │ Studienfach = Elektrotechnik│
         │ Vorname = Lisa              │  │ Vorname = Robert            │
         └─────────────────────────────┘  └─────────────────────────────┘
```

BILD 4.4 Zwei Objekte der Klasse Student

Von dieser Klasse lassen sich nun Instanzen bzw. Objekte bilden. Beide Begriffe sind äquivalent. Bild 4.4 zeigt zwei Objekte der Klasse Student. Die Darstellung von Objekten hat gewisse Ähnlichkeit mit der Darstellung von Klassen. Auch Objekte sind rechteckig, allerdings nicht mehr in Segmente unterteilt. Ganz oben im Objektsymbol steht der Name und der Typ des Objektes bzw. von welcher Klasse das Objekt gebildet wurde (z.B. `student1:Student`), wiederum durch Doppelpunkt getrennt. Um auf den ersten Blick sichtbar zu machen, dass es sich hier um ein Objekt handelt, werden der Name und Typ zusätzlich noch unterstrichen.

In einem Objekt kann man dann die innerhalb der Klasse definierten Eigenschaften mit konkreten Werten versehen. Dadurch werden die Objekte individuell definiert. Durch die Festlegung der Eigenschaften unterscheiden sich die Objekte. Trotzdem gehören beide zur selben Klasse, da beides Studenten und damit Objekte vom Typ Student sind.

4.4.2 Vererbung

Wenn man sich die Eigenschaften der Klasse Student so anschaut, fällt auf, dass zwei davon, nämlich Name und Vorname, Eigenschaften sind, die nicht nur auf Studenten zutreffen, sondern auf alle Personen.

Die Objektorientierung hat dieses Problem erkannt und bietet mit dem Konzept der *Vererbung* eine Möglichkeit, solche allgemeineren Eigenschaften in separate Klassen auszulagern und dann in spezielleren Klassen zu verwenden.

Vererbung heißt das Konzept deshalb, da Klassen Eigenschaften von anderen Klassen *erben* können – genau wie Kinder Eigenschaften ihrer Eltern erben. Deshalb findet oder verwendet man auch die Begriffe Vaterklasse und Kindklasse.

Um Vererbung nutzen zu können, muss man zunächst Klassen mit den allgemeinen Eigenschaften definieren. Daher wird nun eine Klasse Person definiert, welche die Eigenschaften

Name und Vorname definiert. Von dieser Klasse erbt dann die Klasse Student. Dabei ist wichtig, dass die Eigenschaften Name und Vorname nur noch in der Klasse Person und nicht mehr in der Klasse Student definiert werden müssen. Durch die Anwendung der Vererbung werden Studenten gleichzeitig auch zu Personen und bekommen daher auch deren Eigenschaften.

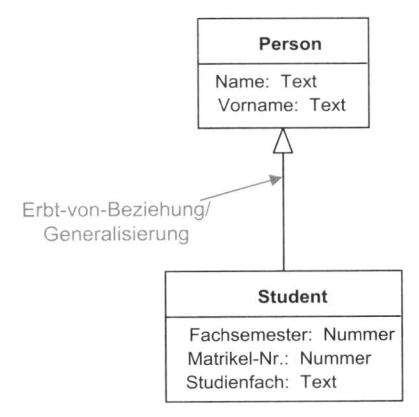

```
┌─────────────────┐
│     Person      │
├─────────────────┤
│  Name: Text     │
│  Vorname: Text  │
└─────────────────┘
         △
         │  Erbt-von-Beziehung/
         │  Generalisierung
┌──────────────────────┐
│       Student        │
├──────────────────────┤
│ Fachsemester: Nummer │
│ Matrikel-Nr.: Nummer │
│ Studienfach: Text    │
└──────────────────────┘
```

BILD 4.5 Das Konzept der Vererbung

Bild 4.5 zeigt das Konzept der Vererbung am Beispiel der Klassen Person und Student, dargestellt als UML-Diagramm. Die Beziehung, dargestellt als Verbindung zwischen den beiden Klassen, zwischen Student und Person, ist die Vererbungsbeziehung oder auch Generalisierung. Der nicht ausgefüllte Pfeil dieser Beziehung zeigt immer zu der Klasse hin, von der geerbt wird.

Wenn man nun Objekte der neuen Klasse Student aus Bild 4.5 bildet, so sind diese identisch mit denen aus Bild 4.4, da die Eigenschaften Name und Vorname zwar nicht mehr in der Klasse Student selbst definiert, jedoch von der Klasse Person geerbt wurden.

In der Modellierung technischer Systeme kann man die beschriebenen Konzepte natürlich gleichermaßen anwenden. Angenommen, Sie wollen Sensoren definieren. Dann können Sie zunächst eine Klasse *Sensor* erstellen, die die Eigenschaften definiert, die alle Sensoren gemeinsam haben. Von dieser Klasse kann man dann spezielle Sensorklassen per Vererbung ableiten, zum Beispiel Temperatursensoren, Geschwindigkeitssensoren etc. Spezielle Eigenschaften dieser Sensoren werden dann in den spezifischen Klassen definiert. Dies kann soweit gehen, dass man ganz spezielle Sensortypen, z.B. den Temperatursensor PT100, als eigene Klasse definiert.

Die Objektorientierung bietet an dieser Stelle immer beide Möglichkeiten: Entweder werden die Eigenschaften eines Objektes über Attribute definiert oder aber es gibt eine immer weitergehende Vererbung bis zu einem konkreten Typ von Klasse. Wann man Vererbung und wann man Eigenschaften über Attributwerte festlegt, hängt vom konkreten Anwendungsfall ab. Hier gibt es leider kein Patentrezept, wann das Eine und wann das Andere anzuwenden ist. Beides ist möglich und erst einmal richtig und sollte von Fall zu Fall entschieden werden.

4.4.3 Spezielle Instanzen: Parts

Neben den Objekten definiert die UML noch eine weitere Art von Instanzen: die Parts. Ein Part unterscheidet sich in der Darstellung von einem Objekt nur dadurch, dass der Name und Typ des Objektes nicht unterstrichen wird. Ansonsten stellen sich Parts genau so wie Objekte dar.

Der Unterschied zwischen Objekten und Part-Elementen liegt nun darin, dass Objekte eigenständig existieren können. Parts dagegen sind immer ein Teil von etwas und können damit nur existieren wenn auch das Element existiert, welches das Part-Element enthält.

Die UML definiert nun Klassen als diejenigen Elemente, die Parts enthalten können. Das heißt, ein Part kann nur in Zusammenhang mit einer Klasse als deren Unterelement bzw. Unterkomponente existieren.

4.4.4 Blöcke und Properties

In SysML gibt es keine Klassen, Objekte und Parts mehr! Sie werden sich jetzt sicher fragen, warum dann in den vorangegangenen Abschnitten diese Konzepte erläutert wurden. Die Antwort darauf ist einfach: Es gibt sie doch noch, sie haben nur einen anderen Namen bekommen.

Bei der Entwicklung des SysML-Standards hat man sich überlegt, dass die Begriffe Klasse und Objekt von vielen Leuten sehr stark mit der objektorientierten Softwareentwicklung in Zusammenhang gebracht werden. Da man aber die Absicht hatte, nicht nur Softwaresysteme, sondern allgemeine technische Systeme zu beschreiben, hat man die softwarelastigen Begriffe kurzerhand ersetzt. Aus Klassen wurden daher *Blöcke* und aus Parts wurden sogenannte *Properties* als Instanz der Blöcke und aus den Objekten wurden *Instance Specification*-Elemente.

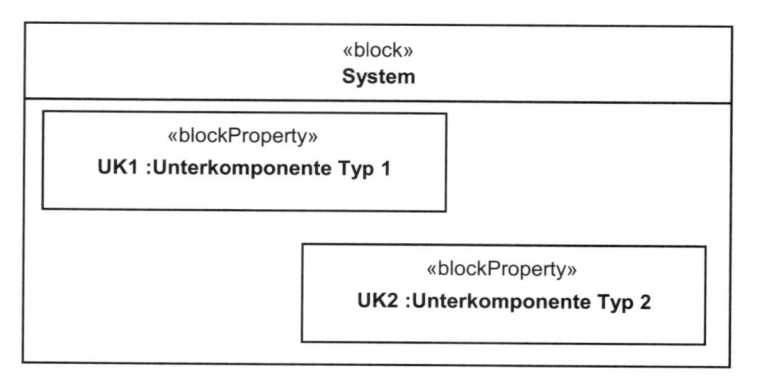

BILD 4.6 Blöcke und Properties in SysML

Ein Block bildet nun das oberste Element, welches untergeordnete Part-Elemente, nun Properties bzw. Block-Properties genannt, enthält. Die Idee dabei ist, die äußerste Systemgrenze als Block und die Komponenten des Systems mit Hilfe der Block-Properties zu modellieren. Dabei können Block-Property-Elemente weitere Property-Elemente als Unterelemente enthalten. In Bild 4.6 ist dieses Prinzip beispielhaft zu sehen. Der Block mit dem Namen „System" bildet den Kontext. Innerhalb des Systems gibt es zwei Unterkomponenten, die als Instanzen von Blöcken, also Block-Properties, modelliert sind.

> **Historie der Instanzen in den SysML-Standards**
>
> In Version 1.0 der SysML gab es keine Entsprechung des UML-Elements Objekt. Stattdessen definierte der Standard ausschließlich eine spezielle Form der Parts. Diese nun durch einen Stereotyp «blockProperty» erweiterten Parts wurden damit zu Block-Property-Elementen gemacht.
>
> In der aktuellen SysML-Version 1.2 gibt es hier zwei Änderungen: Zum einen gibt es nun auch „richtige" Objekte, nicht mehr nur auf Parts basierende Elemente. Diese heißen *Instance Specification* und werden genauso dargestellt wie Objekte in UML. Zum anderen wird der in SysML 1.0 noch verwendete Stereotyp «blockProperty» für Part-Elemente in SysML 1.2 nun nicht mehr verwendet, da normalerweise alle Parts sowieso Instanzen von Block-Elementen sind. Diese Parts werden in SysML *Properties* genannt.
>
> Da in diesem Buch, wie Sie weiter unten noch sehen, Konzepte vorgestellt werden, die an wenigen Stellen den SysML-Standard erweitern und hier spezielle Arten von Blöcken und Properties zum Einsatz kommen, werden hier im Buch die in SysML 1.0 üblichen «blockProperty»-Stereotypen für Parts auch weiterhin verwendet. Dies hilft, sie von anderen Arten selbstdefinierter Property-Elemente mit anderen Eigenschaften zu unterscheiden. Wenn Sie den SysML-Standard ohne diese Erweiterungen nutzen wollen, sehen dann die Diagramme im Prinzip genauso aus, nur dass der Stereotyp «blockProperty» in den dargestellten Elementen fehlt.

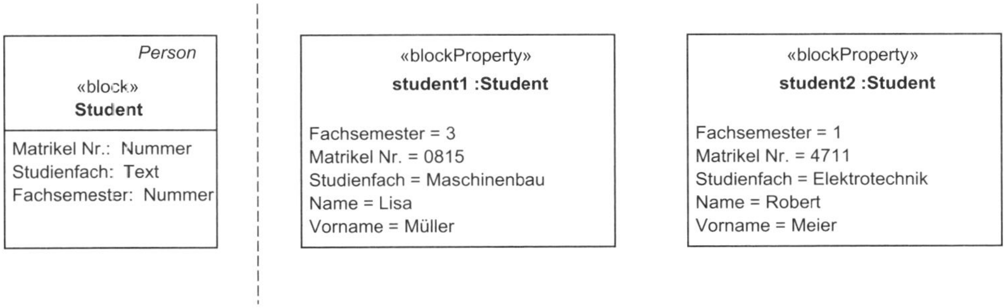

Person	«blockProperty»	«blockProperty»
«block» **Student**	**student1 :Student**	**student2 :Student**
Matrikel Nr.: Nummer Studienfach: Text Fachsemester: Nummer	Fachsemester = 3 Matrikel Nr. = 0815 Studienfach = Maschinenbau Name = Lisa Vorname = Müller	Fachsemester = 1 Matrikel Nr. = 4711 Studienfach = Elektrotechnik Name = Robert Vorname = Meier

BILD 4.7 Das Studentenbeispiel in SysML-Notation

In Bild 4.7 ist das Beispiel der Studenten mit Hilfe der SysML-Notation dargestellt. Aus der Klasse ist nun ein Block geworden (links), aus den Objekten als Instanzen der Klasse wurden Block-Properties. Man erkennt den Unterschied zur UML an den Stereotypen der Elemente.

Eigentlich bräuchten unsere beiden Studenten-Properties gemäß dem SysML-Standard noch ein kontextabgrenzendes übergeordnetes Block-Element, deren Unterelement sie sind. Dies zu definieren bzw. zu finden, ist nicht immer leicht – egal ob man die Eigenschaften von Personen oder von technischen Dingen beschreiben will. Daher gibt es auch im SysML-Standard Beispiele, wo ausschließlich Property-Elemente zur Modellierung verwendet wurden und auf einem Diagramm zu sehen sind. Weiterhin kann es auch vorkommen, dass sich im Laufe der

Entwicklung die Systemgrenze verschiebt. Dies hätte dann zur Folge, dass ein Block zu einem Block-Property oder umgekehrt geändert und ein neuer kontextabgrenzender Block gefunden werden müsste.

```
┌─────────────────────────────────────────────────────┐
│                  «blockProperty»                    │
│                Mein System :System                  │
│   ┌─────────────────────────────────────┐           │
│   │          «blockProperty»            │           │
│   │     UK1 :Unterkomponente Typ 1      │           │
│   └─────────────────────────────────────┘           │
│              ┌─────────────────────────────────────┐│
│              │          «blockProperty»            ││
│              │     UK2 :Unterkomponente Typ 2      ││
│              └─────────────────────────────────────┘│
└─────────────────────────────────────────────────────┘
```

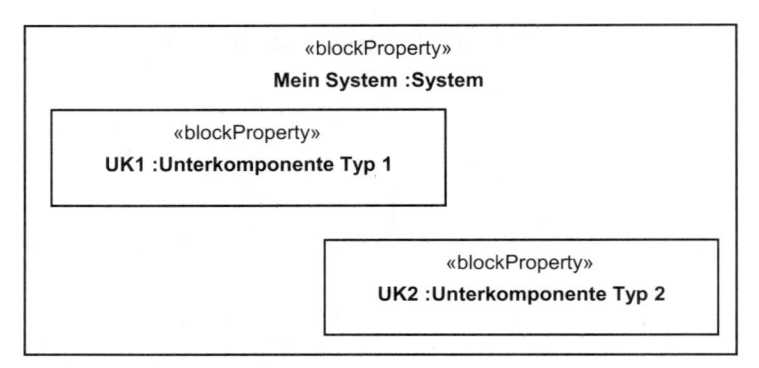

BILD 4.8 Kontextabgrenzung ausschließlich durch Properties

Aus diesem Grund werden, um eine einheitliche Darstellung zu gewährleisten, für alle Modellierungen in diesem Buch ausschließlich Property-Elemente als Instanzen von Blöcken verwendet. Bild 4.8 zeigt diese Art der Modellierung als Unterschied zum Diagramm aus Bild 4.6. Auch das äußerste, umschließende Element ist nun eine Instanz eines Blocks, also ein Block-Property-Element.

Die Werkzeuge erlauben heute die Definition von Properties auch ohne einen umschließenden Block – was zu Beginn der SysML-Unterstützung nicht immer der Fall war. Damit kann die Systemgrenze bei Bedarf beliebig angepasst werden, und es ergibt sich eine durchgängige Notation, welche nur Property-Elemente verwendet.

Abschließend noch ein Hinweis zu Parts und Objekten für den Fall, dass Sie für Ihre Anwendung eventuell ein eigenes SysML-Profil für Ihr spezielles Modellierungswerkzeug erstellen wollen: Man kann Parts in der Modellierung und im SysML-Profil technisch auch durch Objekte ersetzen und umgekehrt. Die Darstellung unterscheidet sich wie schon erwähnt nur in der Unterstreichung des Namens. Somit können Sie die hier gezeigten Beispiele auch mit Hilfe von Objekten nachvollziehen. In Anlehnung an den SysML-Standard werden die Beispiele hier in diesem Buch mit Parts bzw. Property-Elementen gezeigt.

■ 4.5 Trennung von Modell und Sicht

SysML verwendet das Prinzip der Trennung von Modell und Sicht. Dies bedeutet, dass es auf der einen Seite ein sogenanntes Repository gibt, welches das gesamte Modell enthält. Eine Datenbank kann beispielsweise als Speicher für ein solches Modellrepository eingesetzt werden. Neben dem Repository gibt es Sichten auf das Modell. Das heißt, es werden Ausschnitte des Modells in solch einer Sicht dargestellt. Solche Sichten werden in SysML als Diagramm bezeichnet.

Bild 4.9 zeigt das Prinzip. Die Sicht ist eine Projektion von einigen Modellelementen aus dem Repository. Der Modellanwender benutzt die Sicht, um mit dem Modell zu arbeiten. Da Modell und Sicht bei SysML getrennt sind, kann es vorkommen, dass Modellelemente im Repository in keiner Sicht dargestellt sind. Trotzdem sind diese im Modell vorhanden. Dessen muss man sich immer bewusst sein. Die Modellierungswerkzeuge bieten natürlich immer auch eine Möglichkeit, alle Modellelemente des Repository anzuzeigen. Typischerweise wird dafür ein Baum, vergleichbar in etwa mit dem Dateibaum im Windows Explorer, verwendet.

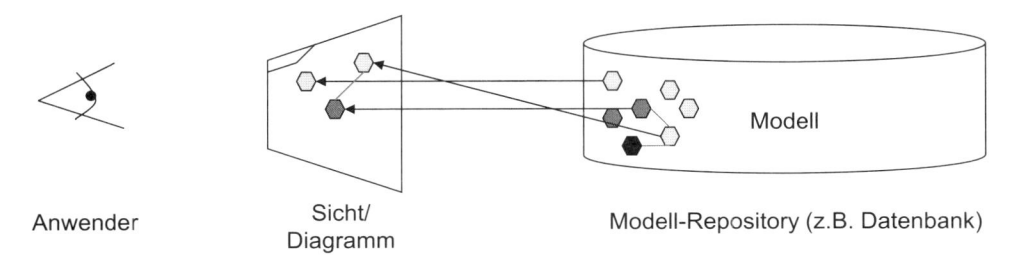

BILD 4.9 Modell und Sicht

Durch die Trennung von Modell und Sicht kann man ein und dasselbe Modellelement mehrfach in verschiedenen Sichten darstellen. Dies kann beispielsweise dazu dienen, verschiedene Sichten für verschiedene Projektbeteiligte zu erstellen, oder unterschiedliche Aspekte auf unterschiedlichen Sichten bzw. Diagrammen herauszuarbeiten.

Nicht alle Modellierungssprachen haben eine Trennung zwischen Modell und Sicht wie die SysML. Bei einigen gibt es eine 1-zu-1-Beziehung zwischen Repository und Sichten, d.h. was man in der Sicht sieht, gibt es auch im Modell. Eine bekannte Modellierungssprache ohne Trennung von Modell und Sicht ist Matlab/Simulink der Firma TheMathworks [The11].

> **Praxistipp: Machen Sie sich mit dem Konzept vertraut!**
>
> Das Konzept der Trennung von Modell und Sicht bringt viele Vorteile für die modellbasierte Entwicklung mit sich. Gleichzeitig ist das Konzept aber auch eine der großen potenziellen Fehlerquellen in der Praxis. Sofern das Konzept durch Benutzer noch nicht richtig verstanden wurde, kommt es häufig vor, dass beim Löschen oder Anlegen von Modellelementen Fehler gemacht werden. So werden oftmals Modellelemente mit der Absicht, diese komplett zu löschen, zwar aus der Sicht entfernt, jedoch nicht aus dem Modell. Damit ist dieses Element auch nicht gelöscht worden, sondern lediglich im Diagramm nicht sichtbar.
>
> Der umgekehrte Fall ist, wenn mit mehreren Sichten gearbeitet wird und Modellelemente fälschlich mehrfach angelegt werden, anstatt die vorhandenen Elemente zu verwenden und auf einer zweiten Sicht nur sichtbar zu machen.
>
> Die häufigsten Fehlerquellen aus der praktischen Erfahrung nehmen daher stark ab, wenn die Modellierer und Modellnutzer mit dem Konzept vertraut sind. Daher sollte dies als ein wichtiges Lernziel im Umgang mit modellbasierter Entwicklung und entsprechenden Werkzeugen verfolgt werden. ∎

■ 4.6 SysML-Diagramme

Die SysML-Sprache kennt insgesamt neun verschiedene Arten von Diagrammen. Diagramme bilden die Sicht auf das Modell und sind somit die Schnittstelle zwischen dem Modellanwender und dem Modell bzw. der Modelldatenbank.

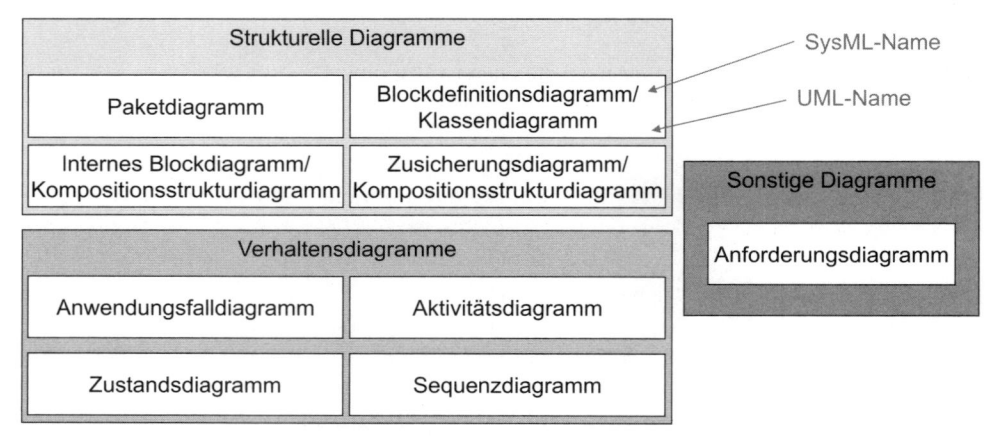

```
┌─────────────────────────────────────────────────────┐
│              Strukturelle Diagramme                 │     ── SysML-Name
│  ┌────────────────┐  ┌──────────────────────────┐   │
│  │ Paketdiagramm  │  │ Blockdefinitionsdiagramm/│   │     ── UML-Name
│  │                │  │    Klassendiagramm       │   │
│  └────────────────┘  └──────────────────────────┘   │
│  ┌────────────────────────┐ ┌──────────────────────┐│
│  │ Internes Blockdiagramm/│ │ Zusicherungsdiagramm/│     ┌─────────────────────────┐
│  │Kompositionsstruktur-   │ │Kompositionsstruktur- │     │    Sonstige Diagramme   │
│  │diagramm                │ │diagramm              │     │ ┌─────────────────────┐ │
│  └────────────────────────┘ └──────────────────────┘     │ │ Anforderungsdiagramm│ │
│              Verhaltensdiagramme                    │     │ └─────────────────────┘ │
│  ┌──────────────────────┐ ┌──────────────────────┐  │     └─────────────────────────┘
│  │ Anwendungsfalldiagramm│ │ Aktivitätsdiagramm   │  │
│  └──────────────────────┘ └──────────────────────┘  │
│  ┌──────────────────────┐ ┌──────────────────────┐  │
│  │  Zustandsdiagramm    │ │  Sequenzdiagramm     │  │
│  └──────────────────────┘ └──────────────────────┘  │
└─────────────────────────────────────────────────────┘
```

BILD 4.10 Diagrammarten in SysML

Bild 4.10 zeigt alle neun SysML-Diagramme im Überblick. Die Diagramme der SysML basieren auf den Diagrammen, die auch die UML kennt. Auch hier wurden, wie bei den Modellelementen auch, Diagramme unverändert übernommen, weggelassen, verändert übernommen oder neu hinzu gefügt.

Die Diagramme der SysML teilen sich dabei in drei Kategorien auf:

1. Die *strukturellen Diagramme* dienen dazu, statische Aspekte des Systems oder des Systemmodells darzustellen. Typischerweise werden sie für die Modellierung der Systemarchitektur eingesetzt.
2. Mit den *Verhaltensdiagrammen* lässt sich das Systemverhalten darstellen.
3. Als sonstiges Diagramm ist in der SysML das Anforderungsdiagramm hinzugekommen, mit dem sich alle Aspekte rund um die Systemanforderungen darstellen lassen.

Die UML kennt im Gegensatz zur SysML 14 Diagrammarten. Von diesen 14 wurden das Paketdiagramm und vier der Verhaltensdiagramme in die SysML übernommen. Drei strukturelle SysML-Diagramme sind modifizierte UML-Diagramme, und das Zusicherungsdiagramm sowie das Anforderungsdiagramm wurden in der SysML neu eingeführt. Besonders softwarelastige Diagramme aus der UML wurden nicht in die SysML übernommen.

Damit ist die SysML auch ein Stück weit einfacher zu erlernen als die UML, da nur noch 9 Diagramme anstatt 14 erlernt werden müssen.

Eigentlich müsste die SysML nicht mehr neun, sondern zehn Diagramme kennen. In UML Version 2.4 wurde als 14. Diagramm das Profildiagramm zur Modellierung von Profilen (vgl. Abschnitt 3.5) hinzu genommen. Bevor dieses Diagramm vorhanden war, wurden zu diesem Zweck einfach die Klassendiagramme genutzt, und es gab nur 13 UML Diagrammarten. Da auch die SysML den Profilmechanismus der UML übernimmt, wird sie wohl langfristig auch das Profildiagramm übernehmen.

In der Praxis werden Sie als Anwender aber vermutlich kaum oder gar nicht mit der Erstellung von Profilen in Berührung kommen. Von daher können wir uns auf die neun heute definierten SysML-Diagramme beschränken.

4.6.1 Diagrammrahmen

UML- und SysML-Diagramme besitzen normalerweise einen Rahmen, der ähnlich einem Zeichnungsrahmen bei technischen Zeichnungen Informationen über das Diagramm darstellt. Ein Diagrammrahmen umschließt dabei das Diagramm und enthält in der linken oberen Ecke ein Fünfeck, welches den Diagrammtyp und den Diagrammnamen beinhaltet (Bild 4.11). Gemäß dem SysML-Standard soll der Diagrammrahmen immer dargestellt werden, jedoch wird in diesem Buch dort darauf verzichtet, wo der Diagrammtyp aus dem Zusammenhang klar wird. Die meisten Modellierungswerkzeuge erlauben es, die Darstellung des Diagrammrahmens ein- und auszuschalten.

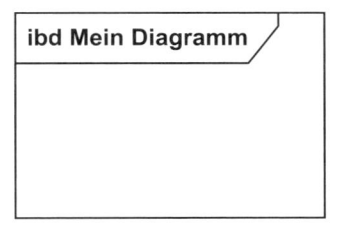

BILD 4.11 Ein SysML-Diagrammrahmen

In den folgenden Abschnitten werden die neun SysML-Diagramme vorgestellt. Dabei wird nicht auf alle Möglichkeiten oder Details der Diagramme eingegangen, sondern vorwiegend die Aspekte erläutert, die für die praktische Anwendung der SysML nützlich sind. Eine vollständige Beschreibung der Modellelemente und Diagramme findet sich im SysML-Standard [OMG10].

4.6.2 Das Paketdiagramm

Pakete sind Modellelemente, die dazu dienen, die Modellelemente in der Modelldatenbank zu strukturieren und zu sortieren. Sie sind vergleichbar mit den Ordnern im Dateisystem. So wie man dort auch nicht alle Dateien auf der untersten Ebene der Festplatte ablegt, sondern Ordner anlegt, kann man auch in einem SysML-Modell Pakete dazu nutzen, Modellelemente und Diagramme zu ordnen. Pakete werden wie Ordner im Dateisystem als Aktenordnersymbol dargestellt.

Einen Unterschied zwischen Dateisystem und einem SysML-Modell gibt es allerdings. Auch Modellelemente können weitere Modellelemente als Unterelemente enthalten. Dateien können dagegen keine weiteren Dateien enthalten. Ein Grund dafür ist, dass manche SysML-Elemente nur in Abhängigkeit von anderen Elementen existieren können. Ansonsten ist die Handhabung und Bedeutung von Paketen gleich der von Ordnern im Dateisystem.

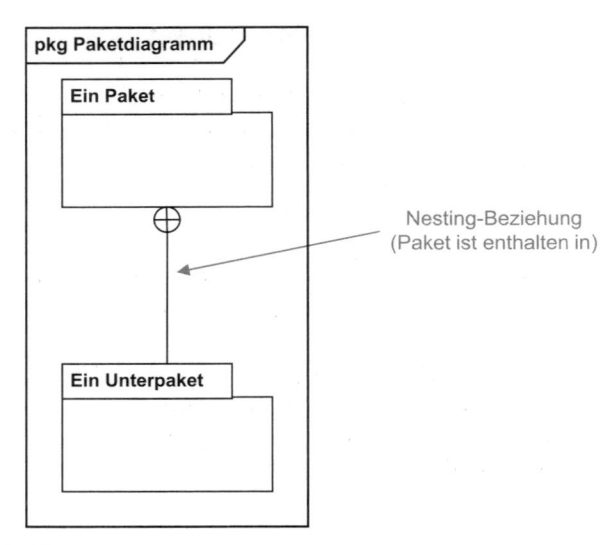

BILD 4.12 Ein Paketdiagramm

Das SysML-Paketdiagramm (engl. *Package Diagram*, Abk. *pkg*) dient nun dazu, solche Pakete, ihre Beziehungen zu anderen Paketen und Modellelementen darzustellen. Bild 4.12 zeigt ein Beispiel für ein Paketdiagramm. Es zeigt zwei Pakete zwischen denen eine sogenannte Nesting-Beziehung besteht. Diese Beziehung zeigt an, dass ein Paket in einem anderen enthalten ist oder enthalten sein soll.

Eine Nesting-Beziehung wird nicht automatisch erstellt, wenn ein Paket in der Modelldatenbank in ein anderes verschoben wird. Hierbei zeigt sich wiederum die Trennung zwischen Modell und Sicht. Beziehungen zwischen Elementen müssen immer explizit gezogen werden und hängen nicht davon ab, wo die Modellelemente oder Pakete im Modellbaum einsortiert sind.

Der Haupteinsatzzweck von Paketdiagrammen ist es, Übersichten über das Modell zu zeigen. Diese können beispielsweise Navigationszwecken dienen. Je nachdem, welche Inhalte innerhalb der Pakete modelliert sind, kann man z.B. auch Schichtenmodelle mit Hilfe von Paketen und Paketdiagrammen darstellen.

4.6.3 Das Blockdefinitionsdiagramm

Das Blockdefinitionsdiagramm (engl. *Block Definition Diagram*, Abk. *bdd*) dient, wie der Name schon sagt, zur Definition von Blöcken in SysML. Blöcke werden benötigt, da die Modelle Instanzen dieser Blöcke bilden und verwenden. Daher müssen zunächst Blöcke angelegt werden, bevor man damit modellieren kann. Solche Blöcke können dann in verschiedenen Modellen verwendet und instanziiert werden. Damit bilden die Blöcke eine Bibliothek, die für die Modellierung als gemeinsame Grundlage genutzt wird.

Neben den Blöcken, die zur Bildung von Komponenteninstanzen genutzt werden, gibt es auch noch Schnittstellen, die zur Modellierung ebenfalls das Konzept von Definition und Instanziierung verwenden. Daher werden auch diese Schnittstellendefinitionen in einer Bibliothek hinterlegt. Gleichermaßen nutzt man hier auch das Blockdefinitionsdiagramm zur Definition solcher Schnittstellentypen.

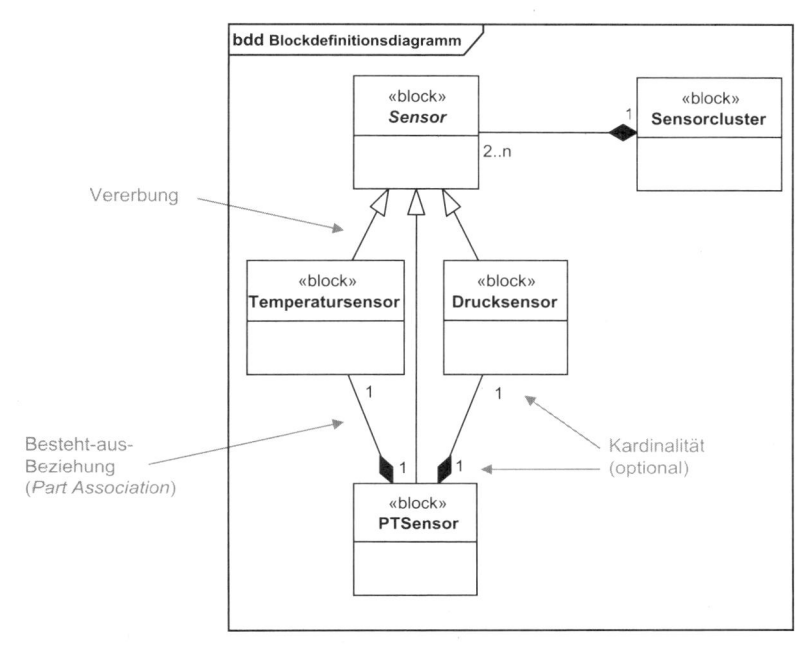

BILD 4.13 Ein Blockdefinitionsdiagramm

Ein Beispiel eines Blockdefinitionsdiagramms ist in Bild 4.13 gegeben. Es definiert Blöcke und nutzt die Vererbungsbeziehung und die Besteht-aus-Beziehung, um die Blöcke miteinander in Verbindung zu setzen. Von einem allgemeinen Block Sensor leiten sich die speziellen Sensoren für Temperatur und Druck ab. Ein PTSensor bildet ebenfalls eine Spezialisierung eines Sensors und besteht sowohl aus einem Druck- als auch einem Temperatursensor. Die Besteht-aus-Beziehung stellt diesen Sachverhalt grafisch dar.

Für diese Beziehung lassen sich außerdem noch Kardinalitätszahlen angeben, also wie oft ein Element in einem anderen enthalten ist. Die dabei benutzte Schreibweise lehnt sich an die von der Mathematik her bekannte an. So bedeutet ein ∗ Null bis beliebig viele und z.B. 0..2, dass das Element keinmal bis zu zwei Mal vorkommen kann. Kardinalitäten kann man neben der Definition auch später dazu verwenden, die Gültigkeit des Modells zu überprüfen. Wenn das Modell die durch die Beziehung spezifizierten Kardinalitäten verletzt, kann dies überprüft werden und möglicherweise Modellierungs- und/oder Spezifikationsfehler aufdecken. Beispielsweise muss gemäß Bild 4.13 ein Sensorcluster aus zwei bis n Sensoren bestehen. Dies kann für ein Modell später automatisiert geprüft werden.

Schnittstellendefinitionen

Neben der schon gezeigten Definition von Blöcken gibt es in SysML auch noch Definitionen für Schnittstellentypen. Dies sind spezielle Elemente, die dazu verwendet werden, Schnittstellen von Systemkomponenten genau zu spezifizieren.

Bild 4.14 zeigt beispielhaft die verschiedenen Möglichkeiten der SysML, um Schnittstellen zu definieren. Erstmals bietet SysML die Möglichkeit, physikalische Größen mit Einheit und Dimension zu spezifizieren. In UML war dies nicht möglich. Dafür definiert SysML Elemente zur Definition von physikalischen Größen (Stereotyp «quantityKind»), physikalischen Einheiten (Stereotyp «unit») und für spezielle technische oder spezifische Ausprägungen solcher Größen einen sogenannten Werttyp (engl. *ValueType*). Zur Definition von Schnittstellen, über die physikalische Größen mit Einheit und Dimension übertragen werden, sollte man immer einen Werttyp verwenden, da dieser spezielle Eigenschaften zur Definition von physikalischer Einheit und Größe als Tagged Values bietet.

Neben physikalischen Werten können Systeme auch noch andere Arten von Schnittstellen besitzen, die mit den oben genannten ValueType-Elementen nicht beschrieben werden können. Daher definiert SysML noch zwei weitere Arten von Schnittstellentypen: die *Enumeration* und die *Flow Specification*. Eine Enumeration kommt dann zum Einsatz, wenn über eine Schnittstelle eine festgelegte Anzahl von diskreten Werten bzw. Zuständen übertragen werden sollen. Dies kann wie im Beispiel ein Einschaltzustand oder auch die Ampelfarbe mit den Werten `rot`, `gelb` und `grün` sein. Die Werte werden bei der Definition der Enumeration hinterlegt.

Eine Flow Specification[1] kommt immer dann zum Einsatz, wenn alle anderen Schnittstellentypen nicht passen, also weder physikalische Werte noch diskrete Zustände übertragen werden. Es ist darüber hinaus auch noch möglich, komplexe Schnittstellentypen mit Hilfe von Flow Specifications zu definieren. Dies ist vergleichbar mit einer Struktur in der Programmiersprache C.

Um eine solche komplexe Schnittstelle zu definieren, werden die einzelnen Signale als Attribut der Flow Specification definiert. Über die Schnittstelle kann dann auch auf die einzelnen Unterschnittstellen zugegriffen werden. Durch Verwendung von Flow Specification als Attribut einer Flow Specification lassen sich dann beliebig komplexe Schnittstellen definieren und nutzen. Beispielsweise kann man einen Stecker als eine solche komplexe Schnittstelle modellieren. Die Flow Specification des Steckers enthält dann z.B. ein Attribut `SPI Bus` und ein Attribut `Spannungsversorgung`. Diese können wiederum als Flow Specification oder als einer der anderen Schnittstellentypen definiert sein.

In Bild 4.14 sind alle im Umfeld der Schnittstellendefinition nutzbaren Elemente aufgeführt, wobei man «unit»- und «quantityKind»-Elemente nur indirekt benutzt, um physikalische Einheiten und Dimensionen zu spezifizieren, die dann über die Tagged Values der Werttyp-Elemente auswählbar sind.

Zusammenfassend nutzt man also Werttypen, Enumerations und Flow Specifications, um Schnittstellen zu spezifizieren. Nutzen Sie dabei die Elemente wie folgt:

- Wollen Sie ein physikalisches Signal definieren, also z.B. Druck, Temperatur, Spannung, so nutzen Sie den Werttyp.
- Wollen Sie ein diskretes Signal definieren, also z.B. einen Systemzustand, so nutzen Sie die Enumeration.
- Wollen Sie einen logischen Datentyp oder eine logische Schnittstelle definieren, also z.B. einen Datenbus oder komplexe Datentypen, so nutzen Sie die Flow Specification.

---

[1] Oftmals als Flussspezifikation ins Deutsche übersetzt. Der Begriff ist jedoch nicht immer selbst erklärend. Daher wird der Originalbegriff verwendet.

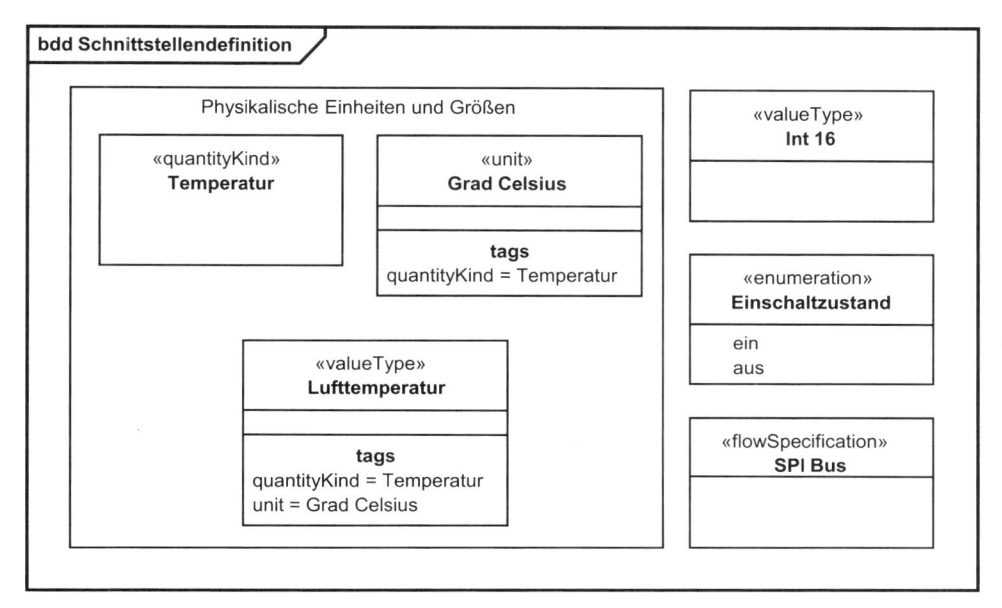

```
┌─ bdd Schnittstellendefinition ─────────────────────────────────────────────┐
│  ┌─ Physikalische Einheiten und Größen ──────────┐  ┌──────────────────┐  │
│  │  ┌───────────────────┐  ┌───────────────────┐ │  │   «valueType»    │  │
│  │  │   «quantityKind»  │  │      «unit»       │ │  │     Int 16       │  │
│  │  │     Temperatur    │  │   Grad Celsius    │ │  │                  │  │
│  │  │                   │  ├───────────────────┤ │  └──────────────────┘  │
│  │  │                   │  │       tags        │ │  ┌──────────────────┐  │
│  │  └───────────────────┘  │quantityKind =     │ │  │  «enumeration»   │  │
│  │                         │   Temperatur      │ │  │ Einschaltzustand │  │
│  │                         └───────────────────┘ │  ├──────────────────┤  │
│  │       ┌──────────────────────────┐            │  │      ein         │  │
│  │       │      «valueType»         │            │  │      aus         │  │
│  │       │      Lufttemperatur      │            │  └──────────────────┘  │
│  │       ├──────────────────────────┤            │  ┌──────────────────┐  │
│  │       │          tags            │            │  │ «flowSpecification»│ │
│  │       │ quantityKind = Temperatur│            │  │     SPI Bus      │  │
│  │       │ unit = Grad Celsius      │            │  │                  │  │
│  │       └──────────────────────────┘            │  └──────────────────┘  │
│  └───────────────────────────────────────────────┘                        │
└────────────────────────────────────────────────────────────────────────────┘
```

BILD 4.14 Blöcke zur Schnittstellendefinition in SysML

> **Änderung im SysML-Standard bei den Schnittstellendefinitionen**
>
> Zwischen Version 1.0 und 1.2 der SysML gab es mehrere Änderungen bei den Elementen zur Schnittstellendefinition:
>
> - In SysML 1.0 gab es ein Element *Dimension*, welches durch den Stereotyp «dimension» gekennzeichnet war und eine physikalische Dimension definierte, also zum Beispiel Temperatur, Druck, Gewicht, Länge. Dieser Stereotyp und damit auch das Element ist in SysML 1.2 umbenannt worden und heißt nun «quantityKind».
> - In SysML 1.0 gab es ein Element *Data Type* mit dem entsprechenden Stereotyp «dataType». Dieses Element wurde damals aus der UML übernommen und konnte hauptsächlich zur Definition von primitiven Datentypen wie int, double oder String verwendet werden.
>   In SysML 1.2 gibt es dieses Element nicht mehr, sondern es soll diesen Zweck nun auch das «valueType»-Element verwendet werden. Werttypen waren in SysML 1.0 ausschließlich zu Definition von physikalischen Werten vorgesehen, während sie nun breiter eingesetzt werden.
>
> Die Änderungen liegen wohl darin begründet, dass mit dem Wegfall des Data-Type-Elements die Anzahl der Elemente für Schnittstellendefinitionen kleiner geworden ist. Damit ist es für Sie als Benutzer der Sprache auch einfacher geworden, die richtigen Elemente auszuwählen.
>
> Im praktischen Umgang mit SysML 1.0 hat sich gerade im Bereich der Schnittstellendefinition immer wieder gezeigt, dass Benutzer Schwierigkeiten haben, die richtige Art von Element auszuwählen. Mit der SysML 1.2 wurde hier nun eine Vereinheitlichung geschaffen, die eine potenzielle Fehlerquelle abstellt. ∎

4.6.4 Das interne Blockdiagramm

Interne Blockdiagramme (engl. *Internal Block Diagram*, Abk. *ibd*) kommen immer dort zum Einsatz, wo die konkrete statische Struktur, also die Architektur eines Systems, dargestellt werden soll. Sie sind damit die am häufigsten verwendeten Diagramme der SysML, da die Architekturarbeit den Großteil des Systems Engineering ausmacht.

Die Modellierung von Systemarchitektur mit Hilfe von SysML ist sehr einfach, da praktisch nur drei Modellierungselemente verwendet werden:

1. Systemkomponenten als Instanzen der Blöcke (sogenannte *Properties*)
2. Schnittstellen in Form von *Flow Ports*
3. Verbindungen zwischen den Schnittstellen, modelliert durch *Item Flow*-Konnektoren

Die SysML kennt zwar darüber hinaus noch weitere Elemente für die statische Systemmodellierung. Diese stammen jedoch vorwiegend aus der UML und sind speziell für Softwareaspekte interessant. Für die Praxis des Systems Engineering sollten die drei oben genannten Elemente ausreichen.

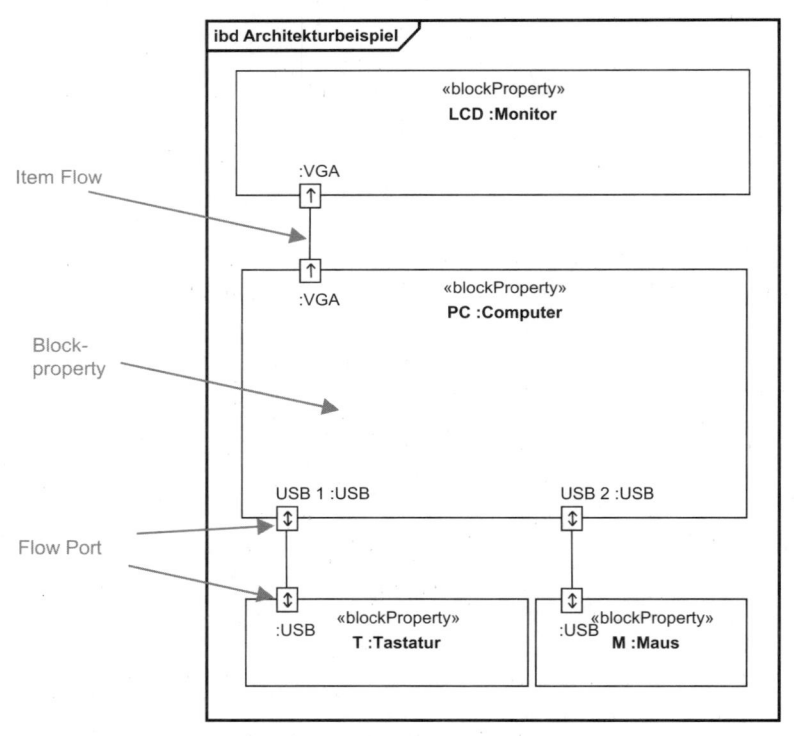

BILD 4.15 Architektur in einem internen Blockdiagramm

Bild 4.15 zeigt die Architektur eines Computers, modelliert mit Hilfe von SysML. Als Systemkomponenten finden sich der Computer, der Monitor, die Tastatur und die Maus modelliert als Block-Property-Elemente. Diese sind jeweils Instanzen von vorher mit Hilfe des Blockdefinitionsdiagramms definierten Blöcken.

Als Schnittstellen an den Systemkomponenten werden Flow-Port-Elemente verwendet. Diese sind charakteristisch durch den enthaltenen Pfeil, der die Daten- bzw. Materialflussrichtung anzeigt. Ein Flow Port kennt dabei die Richtungen in, out, inout und none. Auch die Flow Ports haben einen Typ zugeordnet (hier VGA und USB). Namen für Schnittstellen sind nur dann erforderlich, wenn durch den Typ allein keine eindeutige Zuordnung möglich ist. Dies ist bei den beiden USB-Schnittstellen an der Computer-Komponente der Fall.

Die Verbindung zwischen den Ports geschieht mit Hilfe des *ItemFlow*-Konnektors. Dieser ist im Diagramm als eine durchgezogene Linie dargestellt. Da die Ports bereits mit Richtungspfeilen und Typen versehen sind, ist keine weitere Beschriftung des Item-Flow-Konnektors mehr notwendig. Es gibt im SysML-Standard zwar die Möglichkeit, solche Beschriftungen an den Item Flows einzusetzen, jedoch wird hier im Buch davon kein Gebrauch gemacht, da sich in der Praxis die Richtungspfeile als ausreichend erwiesen haben.

Damit sind auch schon alle Elemente erläutert, die zur Darstellung der Systemarchitektur mit SysML erforderlich sind. Es ist daher auch einfach, solche Diagramme mit Kollegen zu diskutieren. Selbst wenn diese noch keine SysML-Erfahrung mitbringen, werden die Diagramme schnell verstanden.

4.6.5 Das parametrische Zusicherungsdiagramm

Das parametrische Zusicherungsdiagramm (engl. *Parametric Diagram*, Abk. *par*) ist neu in der SysML. Zusicherungsdiagramme dienen dazu, sogenannte parametrische Gleichungen grafisch darzustellen und miteinander in Beziehung zu setzen. Eine parametrische Gleichung ist eine mathematische Gleichung mit Parametern. Dies kann zum Beispiel eine physikalische Formel, oder auch eine Übertragungsfunktion sein, wie sie in der Regelungstechnik üblich ist.

Die Gleichungen werden mit Hilfe von speziellen Blöcken, den *Constraint Blocks*, definiert und diese dann in einem Zusicherungsdiagramm als *Constraint Property*-Element instanziiert.

Die Zusicherungsdiagramme ähneln sehr dem, was Werkzeuge der funktionsorientierten Entwicklung wie Simulink [The11] oder Ascet SD [ETA11] bieten. Diese Werkzeuge werden vorwiegend dazu benutzt, regelungstechnische Anwendungen zu modellieren und zu simulieren. Man kann die Werkzeugkette dann soweit ausbauen, dass aus solchen Modellen sogar fertiger Programmcode generiert wird.

Auch in solchen Werkzeugen werden parametrische Gleichungen in Form von Blöcken modelliert und grafisch miteinander verbunden. SysML hat dieses Konzept hier für sich in Form der Zusicherungsdiagramme übernommen.

Um ein solches Diagramm zu erstellen, müssen zunächst die parametrischen Gleichungen definiert werden. Dies geschieht mit Hilfe von Contraint-Blöcken. Ein Constraint ist eine formale Bedingung oder Gleichung und wird im Deutschen oft mit Zusicherung übersetzt. Daher ergibt sich auch der Diagrammname „Zusicherungsdiagramm".

Für die eigentliche Modellierung nach Definition der Constraint-Blöcke werden dann Instanzen von ihnen benutzt, die *Constraint Properties*. Constraint-Property-Elemente werden als Rechtecke mit runden Ecken dargestellt, die innen liegende Schnittstellen haben. Diese

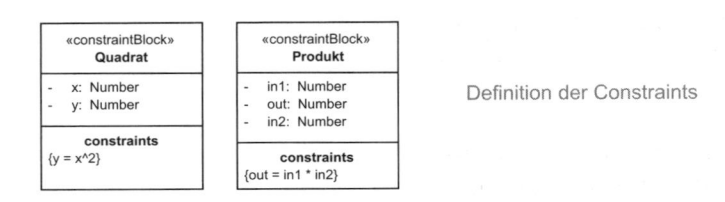

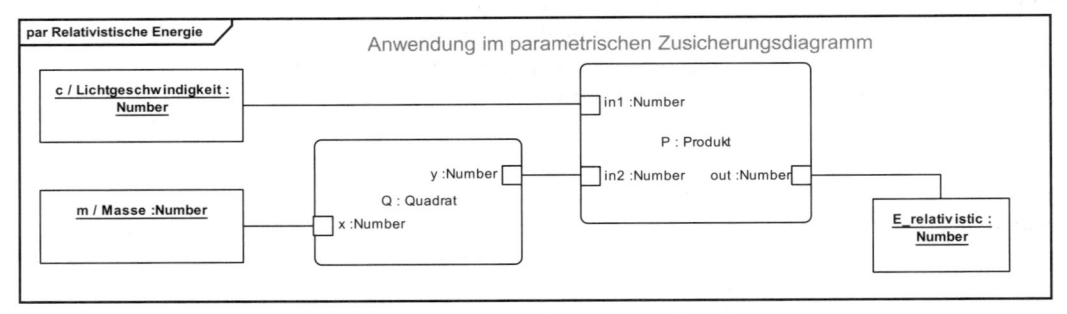

BILD 4.16 Modellierung einer parametrischen Gleichung in SysML

Schnittstellen bilden den Zugriff auf die in der parametrischen Gleichung definierten Parameter.

Bild 4.16 zeigt ein SysML-Diagramm einer parametrischen Gleichung, nämlich das der relativistischen Energie $E = m \cdot c^2$ nach Albert Einstein. Im oberen Teil des Diagramms sind die beiden Constraint-Blöcke dargestellt, die die Gleichungen für Produktbildung zweier Zahlen und die Quadrierung einer Zahl definieren. Im unteren Teil werden dann hiervon Instanzen gebildet und miteinander verschaltet, sodass die Parameter der Gesamtgleichung hierüber in Beziehung gesetzt werden. Parameter der Gesamtgleichung sind hier Masse (m), Lichtgeschwindigkeit (c) und die relativistische Energie ($E_{relativistic}$).

Mit Hilfe der Constraint-Blöcke und Constraint Properties lassen sich aber auch beliebig komplexe Gleichungen definieren und verwenden, beispielsweise auch die physikalische Gesamtgleichung oder eine signaltheoretische Übertragungsfunkltion. Dies geschieht immer auf die selbe Weise: Im Constraint-Block werden die Parameter als Attribute und die Gleichung als Constraint spezifiziert.

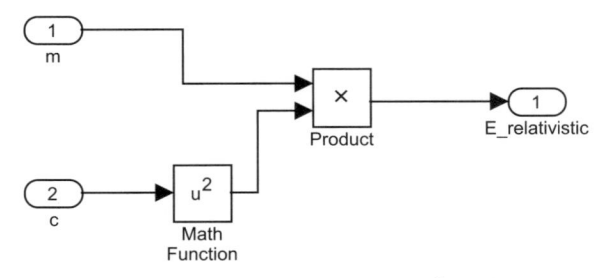

BILD 4.17 Darstellung der parametrischen Gleichung $E = m \cdot c^2$ mit Simulink

In Bild 4.17 ist der gleiche parametrische Zusammenhang mit Hilfe des Werkzeugs Simulink dargestellt. Man erkennt die Gemeinsamkeiten mit dem SysML-Diagramm aus Bild 4.16. Unterschiede bestehen in den Notationen der mathematischen Funktionsblöcke. Simulink bietet hier vordefinierte Elemente mit speziellen grafischen Darstellungen wie „Produkt" oder „Quadrierung" an, während man dies im SysML-Umfeld erst durch einen Constraint-Block selbst definieren muss.

Die parametrischen Diagramme sind dazu gedacht, mathematisch beschreibbare Systemzusammenhänge darzustellen mit dem Ziel, die Parameter in einer Simulation zu variieren, um als Ergebnis einen Verlauf der Ausgangsparameter zu erhalten. Damit lassen sich zum Beispiel Systemauslegungen überprüfen, ohne dass erst ein realer Prototyp gebaut und getestet werden müsste. Dies spart Kosten und Zeit und lässt bereits im Vorfeld der Realisierung Rückschlüsse über das zu entwickelnde System zu.

Leider steckt zum heutigen Zeitpunkt die Werkzeugunterstützung zur Simulation solcher parametrischen SysML-Diagramme noch in den Kinderschuhen. Daher muss man aus heutiger Sicht von der Benutzung der parametrischen Zusicherungsdiagramme eher abraten, zumal andere Werkzeuge wie Simulink oder Ascet SD heute die Erstellung von inhaltsgleichen Diagrammen, gepaart mit ausgereiften und sehr mächtigen Simulationsumgebungen bieten – im Gegensatz zu SysML-Werkzeugen. SysML und die genannten Werkzeuge der funktionsorientierten Entwicklung können und sollten sich hier geeignet im Entwicklungskontext ergänzen.

4.6.6 Das Anwendungsfalldiagramm

Das Anwendungsfalldiagramm (engl. *Use Case Diagram*, Abk. *uc*) ist das einfachste Verhaltensdiagramm der SysML. Durch seine Einfachheit wird es von Projektbeteiligten sehr schnell akzeptiert und vermeintlich verstanden. Leider birgt gerade diese Einfachheit das Risiko, in die Diagramme mehr „hineinzuinterpretieren", als tatsächlich ausgesagt wird oder werden soll.

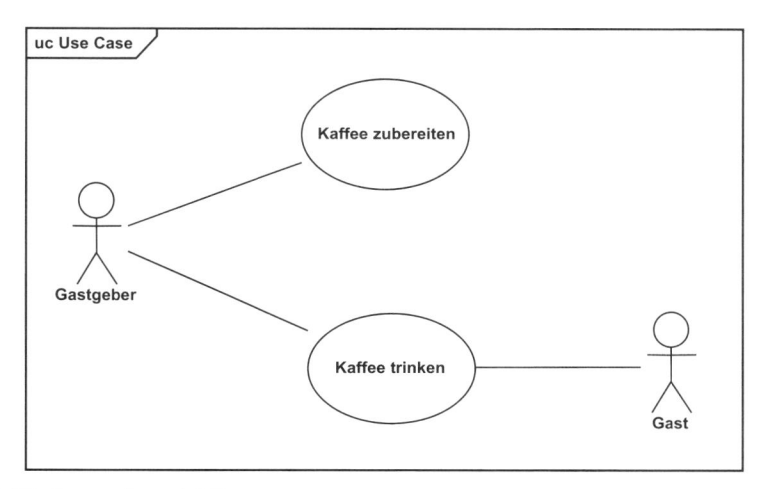

BILD 4.18 Ein Anwendungsfalldiagramm

Ein Beispiel eines Anwendungsfalldiagramms ist in Bild 4.18 zu sehen. Das Diagramm stellt die Anwendungsfälle „Kaffee kochen" und „Kaffee trinken" und den Zusammenhang dieser mit den Akteuren „Gastgeber" und „Gast" dar. Anwendungsfälle werden immer als Ellipsen dargestellt, die den Namen des Anwendungsfalles enthalten. Dieser besteht immer aus einem Objekt und einem Tätigkeitswort.

Akteure werden als Strichmännchen dargestellt und mit den Anwendungsfällen durch gerade Linien verbunden, mit denen sie zu tun haben. Sofern die Akteure keine Menschen sind, sondern technische Komponenten, können auch durchaus Blöcke als Akteur dargestellt sein.

Wenn man sich das Anwendungsfalldiagramm so anschaut, wird man sich schnell ein Bild von der Situation machen. Hier im Beispiel beschreibt das Anwendungsfalldiagramm eine Situation zwischen einem Gastgeber und seinem Gast. Was man im Diagramm allerdings nicht sieht, sind Details der Anwendungsfälle. Beispielsweise könnte im Anwendungsfall „Kaffee kochen" eine Kaffeemaschine zum Einsatz kommen, oder aber der Kaffee von Hand aufgebrüht werden. Auch ist nicht klar, ob echter oder Instantkaffee zubereitet wird.

All diese Fragen kann nur eine detailliertere Beschreibung der Anwendungsfälle beantworten. Daher ist ein SysML-Anwendungsfalldiagramm immer nur ein grober Überblick und erster Einstieg in die Verhaltensbeschreibung des Systems. Detailliertere Beschreibungen der Anwendungsfälle sollte man typischerweise mit Hilfe der anderen SysML-Verhaltensdiagramme erstellen.

Oftmals kommt aber auch eine textuelle Beschreibung von Anwendungsfällen zum Einsatz. Bild 4.19 zeigt die Deataillierung des Anwendungsfalls „Kaffee zubereiten" mit Hilfe einer textuellen Beschreibung nach [HR02].

Name	Kaffee zubereiten	
Akteur	Gastgeber	
Äuslösendes Ereignis	Gastgeber oder Gast möchte Kaffee trinken	
Kurzbeschreibung	Kaffee kochen mit einer Kaffeemaschine	
Vorbedingung	Kaffeemaschine funktioniert, Wasser vorhanden, Kaffee vorhanden, Strom vorhanden	
Ablauf	**Intention der Systemumgebung**	**Reaktion des Systems**
	Gastgeber füllt Wasser ein	-
	Gastgeber füllt Kaffee ein	-
	Gastgeber schaltet Maschine an	Maschine bereitet Kaffee zu
	Gastgeber schaltet Maschine aus	-
	Gasgeber entnimmt fertigen Kaffee	-
Ausnahmeverhalten	-	

BILD 4.19 Textuelle Detaillierung des Anwendungsfalls Kaffee zubereiten

Bei Anwendungsfällen im Umfeld von technischen Systemen hat es sich bewährt, im Ablauf zwischen Systemumgebung und dem, was das System tut, zu unterscheiden. Die Tabelle enthält neben dem Ablauf des Anwendungsfalls auch noch andere Details wie auslösendes Ereignis, Vorbedingung usw. Diese Informationen haben sich bei der Anwendungsfallbeschreibung als nützlich erwiesen.

Trotzdem sollten Sie zur Beschreibung von Anwendungsfällen lieber die semi-formalen oder formalen Verhaltensdiagramme der SysML nutzen. Sie haben dadurch keinen Medienbruch – bleiben also in der grafischen Modellierung und können darüber hinaus eventuell diese Diagramme sogar noch mit Werkzeugen weiter verarbeiten. Dies kann zu Simulationszwecken während der Entwicklung oder auch im Rahmen eines modellbasierten Testprozesses (vgl. Abschnitt 7.3.4) weiter für den Test des Systems genutzt werden.

Das Anwendungsfalldiagramm wurde komplett ohne Änderung aus dem UML-Standard in die SysML übernommen. Damit gelten alle Aussagen und Beschreibungen zu Anwendungsfällen aus der Literatur über UML auch für die Anwendungsfalldiagramme der SysML. Da das Anwendungsfallkonzept und -diagramm schon sehr lange Bestandteil der UML ist, gibt es hier auch eine Vielzahl von Literatur und Veröffentlichungen zu diesem Themengebiet. Daher möchte ich es hier auch bei dem einfachen Beispiel belassen und für tiefergehende Informationen auf die entsprechende Literatur verweisen [HR02], [RQd12], [Wei08].

4.6.7 Das Anforderungsdiagramm

Das Anforderungsdiagramm (engl. *Requirement Diagram*, Abk. *req*) gehört gemäß dem SysML-Standard weder zu den Struktur- noch zu den Verhaltensdiagrammen. Mit Hilfe von Anforderungsdiagrammen lassen sich Anforderungen und deren Beziehungen zu anderen Modellelementen darstellen. SysML kennt erstmals das Modellelement Anforderung explizit. Dies trägt der Tatsache Rechnung, dass der Umgang mit textuellen Anforderungen heute Standard in der Entwicklung technischer Systeme ist.

Grundsätzlich wäre es zwar denkbar, die Informationen aus den textuellen funktionalen Anforderungen auch mit Hilfe der SysML-Verhaltensdiagramme darzustellen, jedoch wird dies in der Praxis heute kaum genutzt. Darüber hinaus fordern Entwicklungsnormen heute noch teilweise die Verwendung von textuellen Anforderungsspezifikationen. Textuelle Anforderungen sind außerdem für alle Projektbeteiligten sofort zugänglich, wohingegen die Verwendung von formalen Diagrammen immer eine entsprechende Vorbildung der Benutzer voraussetzt, damit die Diagramme richtig interpretiert werden.

Textuelle Anforderungen haben aber auch gravierende Nachteile, da sie nicht in dem Sinne formal sind, um sie mit Hilfe von Rechnern weiter zu verarbeiten und daraus Informationen für die Entwicklung und den Test abzuleiten. Sie bilden daher eine Schnittstelle für menschliche Entwickler und Tester. Diese müssen die Anforderungen lesen, und aufgrund der beschriebenen Aufgabenstellung manuell eine entsprechende Lösung erarbeiten.

Im Gegensatz dazu können formale Modelle und Spezifikationen auch von Rechnern teil- oder vollautomatisch weiterverarbeitet werden.

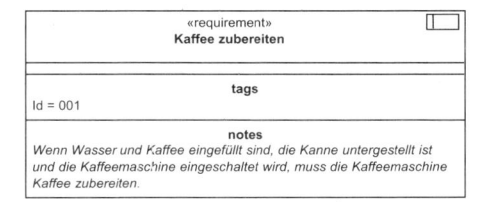

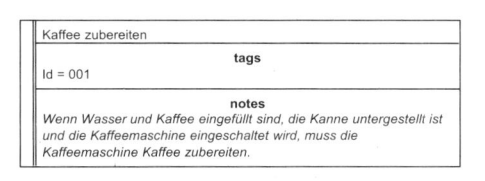

BILD 4.20 Alternative Darstellung von Anforderungen im Werkzeug

Bild 4.20 zeigt ein SysML-Anforderungselement, wie es durch das Werkzeug Enterprise Architect modelliert und dargestellt wird. Die linke Darstellung entspricht der, wie sie im SysML-Standard definiert ist. Auf der rechten Seite ist eine alternative Darstellung der Anforderung gezeigt, wie sie das verwendete Werkzeug auch anbietet. Inhaltlich sind die beiden jedoch äquivalent.

Anforderungselemente werden in SysML repräsentiert, indem der Titel der Anforderung, die eindeutige ID der Anforderung, sowie der eigentliche Anforderungstext in einem rechteckigen, grafischen Element dargestellt werden. Prinzipiell werden die Daten der Anforderungen also nur so in ein SysML-Element verpackt, sodass sie dem Modellbenutzer zur Verfügung stehen.

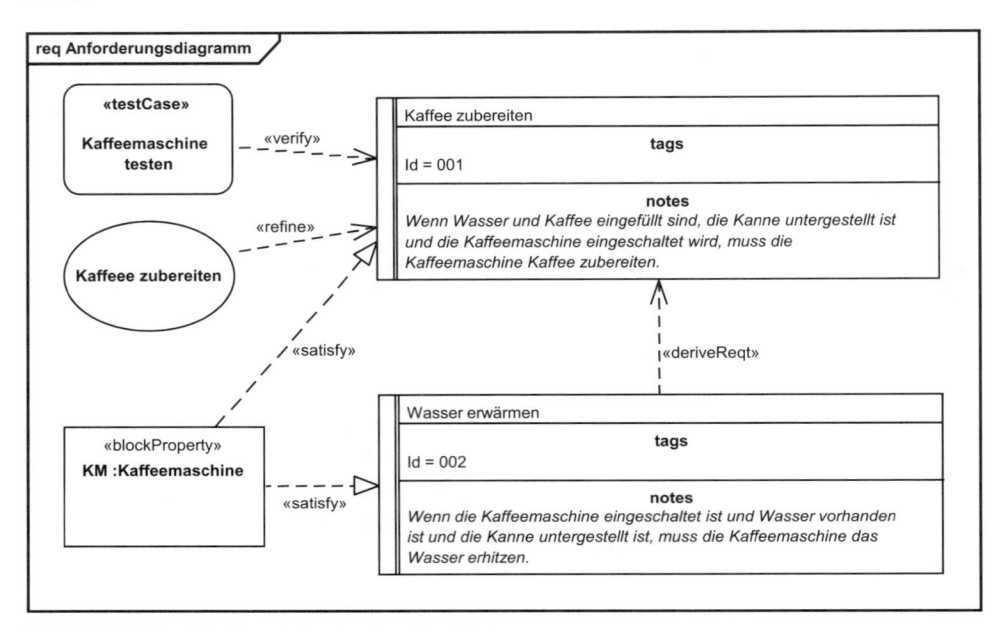

BILD 4.21 Beispiel eines Anforderungsdiagrams

Die Möglichkeit der Integration von textuellen Anforderungen im Modell hat den großen Vorteil, dass man nun diese Elemente mit allen möglichen anderen Modellelementen verknüpfen kann. SysML definiert hierzu einige Beziehungen zu anderen Elementen: Bild 4.21 zeigt ein Anforderungsdiagramm, das beispielhaft diese Beziehungen in ihrer Anwendung verdeutlicht.

Hier gibt es eine Beziehung zwischen zwei Anforderungen mit dem Stereotyp «deriveReqt» (*derive requirement*), die ausdrückt, dass die Anforderung, von der die Beziehung ausgeht, eine Verfeinerung oder auch abgeleitete Anforderung der Anforderung ist, zu der die Beziehung hin zeigt. Um anzuzeigen, dass eine Anforderung durch eine Systemkomponente erfüllt, bzw. realisiert wird, benutzt man die Satisfy-Beziehung (Stereotyp «satisfy»). Auch Testfälle lassen sich in SysML-Modellen repräsentieren und sind mit einem eigenen Stereotyp gekennzeichnet. Zwischen Testfällen und Anforderungen gibt es in SysML die Beziehung «verify», die aussagt, dass dieser Testfall die mit ihm verbundenen Anforderungen abtestet. Als Letztes gibt es noch eine «refine»-Beziehung zwischen einem Anwendungsfall und Anforderungen.

Anwendungsfälle und Anforderungen sind eng miteinander verwandt. Texte aus Anwendungsfallbeschreibungen lassen sich in die Form von Anforderungstexten überführen und auch umgekehrt. Es gibt Projekte, die zur funktionalen Spezifikation ausschließlich Anwendungsfälle einsetzen, und andere, die ausschließlich Anforderungen verwenden. Welche Art für Ihr Projekt die passende ist, hängt vom Projekt, dem Know-how der Mitarbeiter und ein Stück weit auch vom persönlichen Geschmack der Projektbeteiligten ab.

SysML bietet mit dem Anforderungsdiagramm und der Integration textueller Anforderungen in das Modell zumindest alle Möglichkeiten, um Anforderungen zu entwickeln und mit den anderen Modellelementen sinnvoll und auf grafische Art und Weise zu verknüpfen und damit die Entwicklungsanforderungen an Nachverfolgbarkeit (siehe Abschnitt 6.8) zu erfüllen.

4.6.8 Das Sequenzdiagramm

Mit Hilfe der SysML-Sequenzdiagramme (engl. *Sequence Diagram*, Abk. *sd*) lassen sich Kommunikationsabläufe und Interaktionen zwischen verschiedenen Komponenten des Systems im zeitlichen Verlauf darstellen. Dabei werden die Komponenten und Akteure horizontal nebeneinander angeordnet, während in vertikaler Richtung nach unten eine Zeitachse verläuft. Mit Hilfe von Pfeilen wird nun eine Kommunikation bzw. Interaktion zwischen den Komponenten im zeitlichen Verlauf dargestellt. Die Sequenzdiagramme sind unverändert von der UML in die SysML übernommen worden. Alle Aussagen hierzu in der UML-Literatur gelten daher auch für SysML.

Bild 4.22 zeigt ein einfaches Beispiel eines Sequenzdiagramms. Dieses Diagramm zeigt, was passiert, wenn ein Benutzer eine Taste einer Computertastatur betätigt. Zunächst wird der Tastendruck an den Computer weitergegeben und führt dann nach der Verarbeitung zu einer Änderung auf dem Monitor des Rechners.

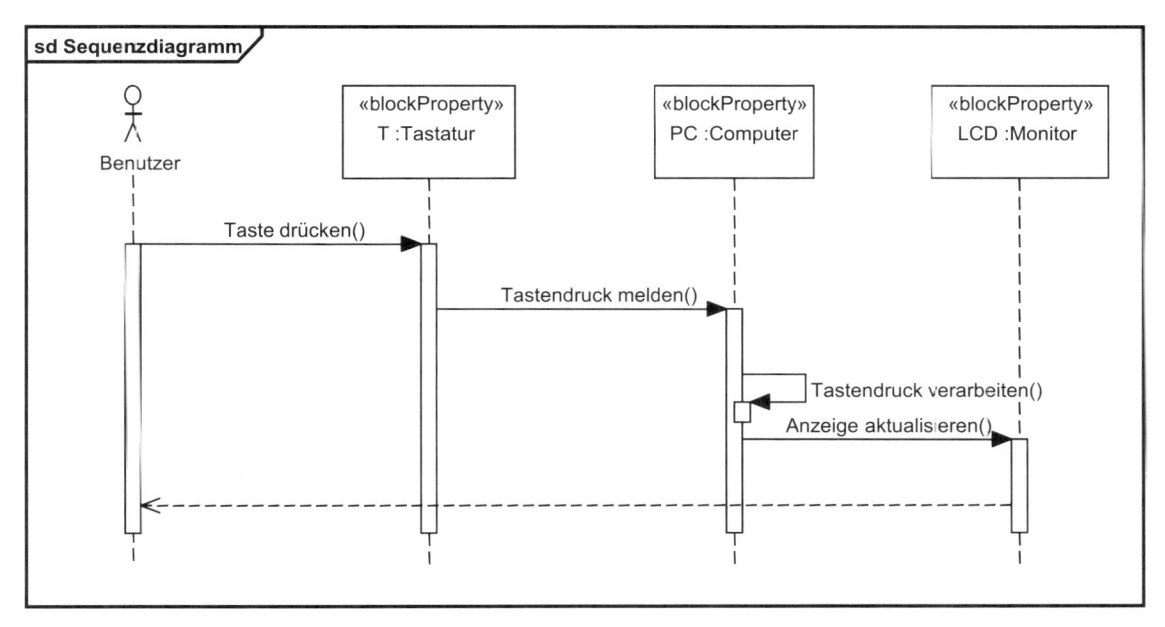

BILD 4.22 Ein Sequenzdiagramm

Eine solche Interaktionssequenz ist immer nur ein mögliches Szenario unter bestimmten Randbedingungen. Stellen Sie sich zum Beispiel vor, die gedrückte Taste hat keine zugeordnete Funktion, dann wird sich auf dem Monitor auch keine Veränderung ergeben. Damit würde sich auch das Aussehen des Sequenzdiagramms für diesen Fall ändern.

Somit ist ein Sequenzdiagramm auch immer nur ein Schnappschuss des Systemverhaltens unter bestimmten Voraussetzungen. Eine vollständige Spezifikation des Systemverhaltens mit Sequenzdiagrammen ist daher so aufwendig, dass sie praktisch unmöglich ist. Sie bräuchten nämlich für jede denkbare Situation ein entsprechend angepasstes Diagramm.

Trotzdem sind Sequenzdiagramme hilfreich. Sie können sie einsetzen, um bestimmte oft unklare Systemverhaltensweisen zu spezifizieren und zu dokumentieren. Auch kann man mit einem solchen Diagramm einen Vorschlag machen, wie ein Verhalten aussehen könnte oder sollte, und dann im Team diskutieren, ob die dargestellte Sequenz tatsächlich dem Wunschverhalten entspricht oder ob noch Änderungen gemacht werden müssen.

Sequenzdiagramme bieten inzwischen auch eine Reihe von weiteren Möglichkeiten komplexere Dinge wie Schleifen, alternative Abläufe, optionale Abläufe oder auch Unterbrechungen im Ablauf zu modellieren, jedoch kann – wie die Praxis zeigt – die Verwendung solcher Konzepte schnell zu sehr großen und damit unübersichtlichen Sequenzdiagrammen führen. Diese zu überschauen, fällt dann schwer, und die Vorteile der Diagramme können dann zu Nachteilen werden. Daher kann man nur dazu raten, Sequenzdiagramme einfach zu halten und diese in einer frühen Entwicklungsphase als Diskussionsgrundlage einzusetzen.

Eine weitere Einsatzmöglichkeit dieser Diagrammart ist die Spezifikation von Testfällen, da man hier gut die einzelnen Testschritte im zeitlichen Verlauf darstellen kann (vgl. Abschnitt 7.3.4).

4.6.9 Das Aktivitätsdiagramm

Das SysML-Aktivitätsdiagramm (enl. *Activity Diagram*, Abk. *act*) basiert darauf, das Verhalten mit Hilfe von Aktivitäten und Aktionen und deren Abfolge zu beschreiben. Die Aktivitätsdiagramme basieren auf den Flussdiagrammen, die bereits in den 1960er Jahren entwickelt wurden. Waren Aktivitätsdiagramme in der Anfangszeit der UML-Modellierung nur eine Umkehrung der Zustandsdiagramme, so sind sie nun durch etliche Erweiterungen zu einem sehr mächtigen Werkzeug der Verhaltensmodellierung geworden. Nicht nur mit dem Erscheinen der UML-Version 2 wurden diese Diagramme weiterentwickelt, auch innerhalb der SysML haben sie noch wichtige Erweiterungen erfahren, die es nun ermöglichen, fast alle Verhaltenssituationen eines Systems mit ihnen zu beschreiben. Sie sind damit auch die einzige Verhaltensdiagrammart der SysML, die nicht unverändert von der UML übernommen, sondern erweitert wurde.

Aktivitätsdiagramme kennen auch ein objektorientiertes Prinzip in Analogie zu Klasse und Instanz. *Aktivitäten* bilden wiederverwendbare (Verhaltens-)Elemente als Analogie zu den Klassen bzw. Blöcken der statischen Sichten. Als Instanz einer Aktivität bezeichnet man eine *Aktion*. Man spricht hier aber auch von der Ausführung einer Aktivität.

Aktivitäten und Aktionen werden beide grafisch durch Rechtecke mit abgerundeten Ecken dargestellt. Auf den ersten Blick kann man sie also nicht immer voneinander unterscheiden. Im Modell sind es aber zwei unterschiedliche Elementarten. Normalerweise sollte man Aktivitäten in einer Art Verhaltensbibliothek verwalten und für die eigentliche Modellierung dann mit Aktionen arbeiten – genauso wie auch die Systemarchitektur nur mit Instanzen von

Blöcken modelliert wird und die Blöcke selbst innerhalb einer gemeinsam verwendeten Bibliothek eingeordnet werden.

Der Name einer Aktivität bzw. einer Aktion besteht immer aus einer Objektbezeichnung und einer Tätigkeit, die mit diesem Objekt gemacht werden soll. So ist zum Beispiel *Kaffee kochen* eine typische Aktivitätsbezeichnung. Dabei bildet Kaffee das Objekt und Kochen die Tätigkeit.

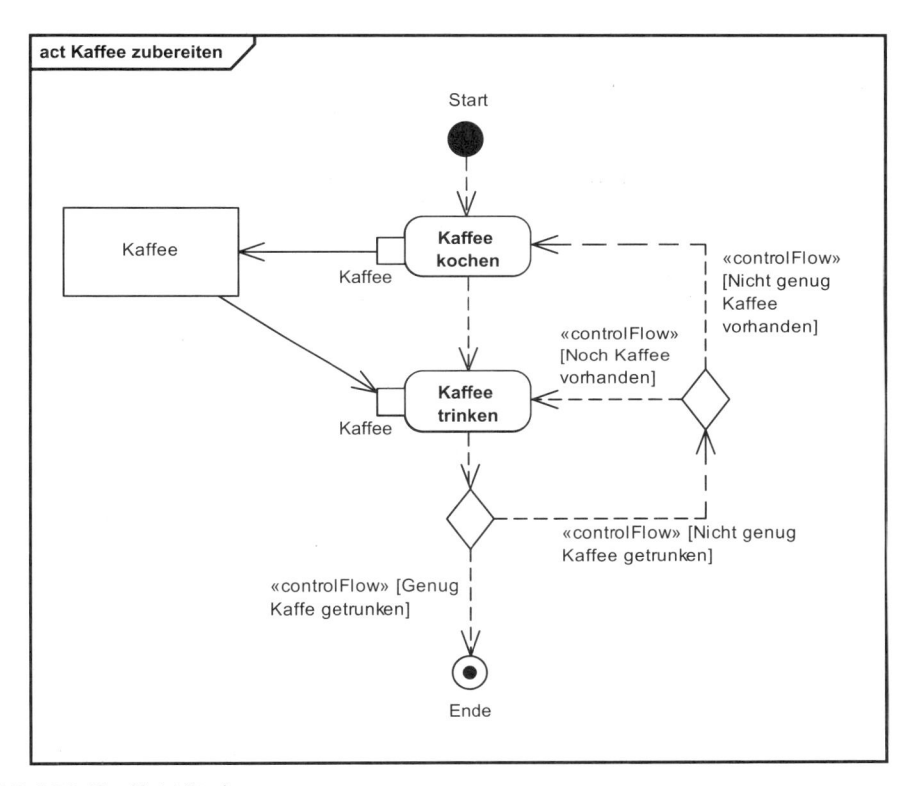

BILD 4.23 Ein Aktivitätsdiagramm

Auf einem Aktivitätsdiagramm werden nun typischerweise mehrere solcher Aktionen durch Kontrollflussrelationen miteinander verbunden, sodass eine Folge von Aktionen ein Verhalten des Systems beschreibt. In Bild 4.23 ist ein Beispiel eines Aktivitätsdiagramms gegeben. Dieses beschreibt einen Ablauf mit den Aktionen *Kaffee kochen* und *Kaffee trinken*.

Neben den Aktionen sind noch weitere Elemente und Verbindungen im Diagramm vorhanden. Kontrollflüsse werden als gestrichelte Pfeile dargestellt. Sie definieren die Reihenfolge des Ablaufes der Aktionen. Der durchgezogene Pfeil zwischen der Aktion *Kaffee kochen* und dem rechteckigen Kasten mit Namen *Kaffee* ist kein Kontroll-, sondern ein *Objektfluss*. Über eine Objektflusskante können Daten, Material etc. übertragen werden. Im Beispiel wird Kaffee als Ausgangsprodukt der Aktion *Kaffee kochen* und dem rechteckigen Objektspeicher *Kaffee* übertragen. Die nachfolgende Aktion *Kaffee trinken* wiederum bedient sich aus diesem Speicherobjekt.

Als weitere Elemente finden sich im Diagramm der runde ausgefüllte Startknoten, der anzeigt, dass der Aktionsablauf hier beginnen soll, der nicht vollständig ausgefüllte Endknoten, der den Ablauf beendet, und zwei rautenförmige Entscheidungsknoten (engl. *decision node*). Entscheidungsknoten werden dazu verwendet, Abläufe aufgrund von erfüllten oder nicht erfüllten Bedingungen in bestimmte Richtungen zu lenken. Sie haben immer eine eingehende Kontrollflusskante und zwei oder mehrere ausgehende Kontrollflüsse, die zusätzlich mit Bedingungen versehen sind.

Die explizite Modellierung von Objektflüssen und Verzweigungen sind eine Stärke der Aktivitätsdiagramme. Beispielsweise bieten die Sequenzdiagramme hier keine Möglichkeit an, Objektflüsse direkt zu modellieren. Man kann dies dort höchstens indirekt über zusätzliche Texte, aber nicht auf grafische Weise tun.

4.6.9.1 Das Tokenkonzept der Aktivitätsdiagramme

Aktivitätsdiagramme benutzen ein bestimmtes Konzept, um klar festzulegen, welche Aktion nach welcher folgt und wie man die Diagramme richtig interpretieren muss: das *Tokenkonzept*. Ein Token ist eine Markierung, die vergleichbar ist mit einem Staffelstab bei einem Staffellauf in der Leichtathletik. Durch Weitergabe des Staffelstabes an den nächsten Läufer bekommt dieser die implizite Aufforderung, nun loszulaufen. Am Ende seines Laufes gibt er dann den Staffelstab weiter an den nächsten Läufer, startet damit dessen Lauf und beendet seinen eigenen.

Genau dieses Prinzip wird auch für die Aktivitätsdiagramme angewandt. Durch einen Startknoten wird ein Token erzeugt, welches die Kontrollflusskante entlangwandert. Trifft es auf eine Aktion, wird diese gestartet, und sobald diese durchlaufen ist, wird das Token am Ausgang der Aktion an die dort liegende Kontrollflusskante weitergereicht. Dies geschieht normalerweise so lange, bis ein Token auf einen Endknoten trifft. Dieser hat die Aufgabe, das Token zu zerstören und damit den Ablauf zu beenden. Beim Staffellauf entspräche dies dem Durchlaufen der Ziellinie des letzten Läufers.

Die Token selbst sind im Aktivitätsdiagramm nicht sichtbar. Man muss sie sich im Geiste vorstellen. Das Tokenkonzept dient dazu, dem Leser der Diagramme eindeutig klarzumachen, welche Kontrollflüsse wann durchlaufen werden müssen.

Bei den Aktivitätsdiagrammen darf es auch mehr als ein Token zur gleichen Zeit innerhalb eines Ablaufes geben. Damit lassen sich nebenläufige Verhalten, also Dinge, die zur gleichen Zeit ablaufen, beschreiben bzw. modellieren.

Spezielle Elemente erlauben die Vervielfältigung von einem Token zu mehreren und auch die Zusammenführung von mehreren zu einem. Durch diesen Mechanismus, der sogenannten *Fork-* und *Join-*Elemente, lassen sich parallele Abläufe starten und auch wieder synchron auf einen einzelnen Ablauf zusammenführen.

Bild 4.24 stellt die Modellierungselemente der Aktivitätsdiagramme im Überblick dar. In einem Aktivitätsdiagramm werden die Elemente dann typischerweise mit Kontrollflusskanten miteinander verbunden. Man erkennt, dass es mehrere Arten von Aktionen gibt, die unterschiedliche grafische Formen annehmen können.

Neben den „normalen" Aktionen mit runden Ecken gibt es die *SendSignal-* und *AcceptEvent-*Aktion, die es erlauben, Signale auszusenden und auf diese zu reagieren. Die Signalsendeaktion hat eine Pfeilspitze auf der rechten Seite, und die Empfängeraktion hat dem entgegenge-

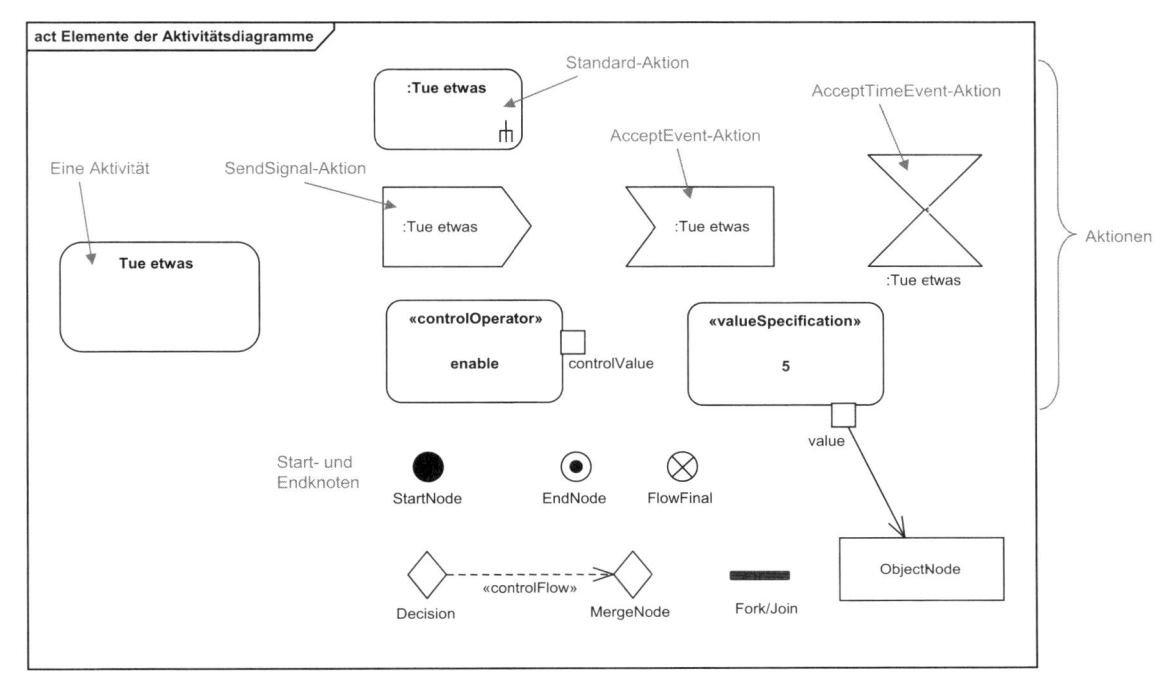

BILD 4.24 Elemente der Aktivitätsdiagramme

setzt eine entsprechende pfeilförmige Ausbuchtung auf der linken Seite. Wenn eine Signalsendeaktion aktiviert wird, wird ein Signal von ihr ausgesendet, auf das die zu ihr passenden Empfängeraktionen reagieren, indem sie ein Token generieren, sofern eine ausgehende Kontrollflusskante an ihnen angeschlossen ist. Dabei können auch mehrere passende Empfänger auf ein Signal reagieren. Man kann diese Signale vielleicht am besten damit vergleichen, dass ein Funksignal ausgesendet wird und von keinem, einem oder mehreren Empfängern empfangen wird und entsprechende weitere Aktionen bei den Empfangsgeräten auslöst. Der Sender erhält keine Rückmeldung darüber, ob und von wie vielen Empfängern das Signal empfangen wurde. Dieses Prinzip ist aus der Programmierung als Event-Mechanismus bekannt.

Eine weitere Aktionsart ist die wie eine Sanduhr aussehende *AcceptTimeEvent*-Aktion. Diese kann dazu verwendet werden, Abläufe unter bestimmten zeitlichen Randbedingungen ablaufen zu lassen. Man definiert dies typischerweise über den Namen, z.B. *Nach 10 Sekunden* oder *Alle 100 ms*.

Leider bieten die Aktivitätsdiagramme heute noch keine weitergehenden Möglichkeiten, mit zeitlichen Randbedingungen umzugehen. So fehlen unter anderem Möglichkeiten, Dinge wie Gesamtdauer oder bereits verstrichene Ausführungszeit einer Aktion zu modellieren oder abzufragen. Hier kann man nur hoffen, dass sich die Aktivitätsdiagramme in der Zukunft an dieser Stelle weiterentwickeln. So lange bleiben für die Modellierung von detaillierten zeitlichen Verläufen nur die Sequenzdiagramme.

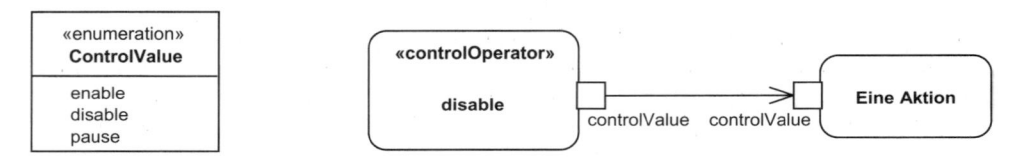

4.6.9.2 Der Kontrolloperator

Mit der Definition der SysML wurden die Aktivitätsdiagramme der UML um ein wichtiges Element erweitert: den *Kontrolloperator*. Mit Hilfe des Kontrolloperators ist es möglich, von außen Einfluss auf das Laufzeitverhalten von Aktivitäten und Aktionen zu nehmen. Genauer gesagt kann man mit Hilfe des Kontrolloperators eine Aktivität oder Aktion starten, anhalten, pausieren, fortsetzen usw. Wichtig dabei ist, dass diese Kommandos mit Hilfe des Kontrolloperators über einen Objektfluss an die zu steuernde Aktion weitergegeben werden und nicht über einen Kontrollfluss.

Damit wird es möglich, Aktionen auch zu starten, ohne einen Kontrollfluss als eingehende Kante zur Verfügung zu haben. Die Aktion wird dann über den Kontrolloperator gesteuert und nicht über ein eingehendes Token. In der UML war und ist es nur möglich, eine Aktion über einen eingehenden Kontrollfluss und ein dort laufendes Token zu starten. Die Aktion läuft dann normalerweise bis zum Ende durch, und das Token wird danach am Ausgang an den dort vorhandenen Kontrollfluss weitergegeben. Es ist nicht vorgesehen, eine laufende Aktion zu unterbrechen und zu einem späteren Zeitpunkt wieder fortzusetzen.

Diese Lücke in den UML-Aktivitätsdiagrammen wird nun durch den Kontrolloperator in der SysML geschlossen.

BILD 4.25 Der Kontrolloperator

Bild 4.25 zeigt beispielhaft die Anwendung des Kontrolloperators auf eine Aktion. Der Kontrolloperator ist modelliert als eine Aktion, die mit dem Stereotyp «controlOperator» gekennzeichnet wird. Über einen Objektflussausgang wird der sogenannte *Kontrollwert* (engl. *controlValue*) ausgegeben und dieser über eine Objektflusskante an die zu steuernde Aktion übergeben. Der SysML-Standard definiert bereits die Kontrollwerte `enable` und `disable`, diese dürfen aber explizit noch erweitert werden, beispielsweise durch einen Kontrollwert `pause` – wie hier geschehen –, um eine Aktion auch anhalten zu können.

An dieser Stelle soll nicht weiter auf die anderen Elemente der Aktivitätsdiagramme eingegangen werden, da sich deren Anwendung nicht von der in UML benutzten Anwendung unterscheidet. Hier kann die Literatur zu UML-Aktivitätsdiagrammen für weitere Details zu deren Bedeutung und Anwendung herangezogen werden (z.B. [RQd12]).

Abschließend kann man aber zu den Aktivitätsdiagrammen noch einmal sagen, dass sie die meisten und flexibelsten Möglichkeiten bieten, Systemverhalten zu beschreiben – mit einer Einschränkung: wenn es um die Darstellung von zeitlichem Verhalten und genauen zeitlichen Abläufen geht. Durch intelligente Ergänzung und Nutzung der Sequenzdiagramme sollte sich dies aber ausgleichen lassen.

4.6.10 Das Zustandsdiagramm

Als letztes Verhaltensdiagramm beinhaltet die SysML noch das Zustandsdiagramm. Das Zustandsdiagramm (engl. *State Diagram* oder *State Machine*, Abk. *stm*) der SysML ist neben dem Sequenz- und Anwendungsfalldiagramm eines der Verhaltensdiagramme, die unverändert aus der UML übernommen wurden. Zustandsdiagramme sind die wohl bekanntesten Verhaltensdiagramme im SysML/UML-Umfeld. Dies hat mehrere Gründe: Zum einen basieren die Zustandsdiagramme auf den von David Harel als Weiterentwicklung der endlichen Automaten entwickelten *Statecharts* [Har87]. Daher konnten die SysML/UML-Zustandsdiagramme von vielen mit dieser Materie vertrauten Entwicklern ohne zusätzlichen Lernaufwand benutzt werden. Zum anderen ging mit der Übernahme der Statecharts in die UML auch die Tatsache einher, dass es eine klare Festlegung der formalen Bedeutung der Symbole gab, die in die Zustandsdiagramme übernommen wurde. Dieses ermöglicht es, die Diagramme mit Hilfe von Werkzeugen zu simulieren oder auch aus ihnen Programmcode zu generieren. Einige der UML/SysML-Werkzeuge auf dem Markt unterstützen dies auch.

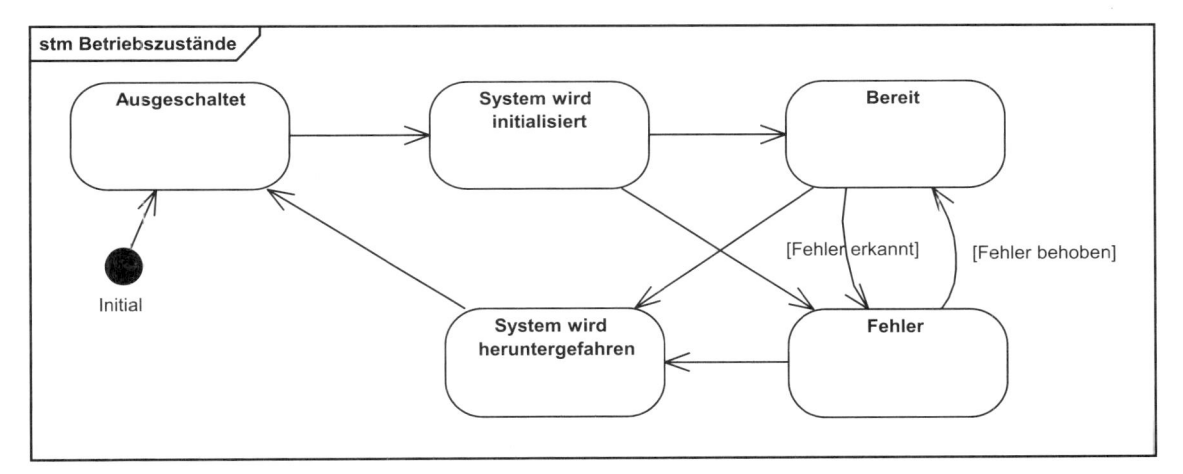

BILD 4.26 Ein SysML/UML-Zustandsdiagramm

Mit der Codegenerierung stieg auch bei den Entwicklern die Bereitschaft, Aufwand in die formale Modellierung zu investieren. Dies ist der dritte Hauptgrund für die weite Verbreitung der Zustandsdiagramme in der Praxis.

In Bild 4.26 ist ein einfaches Zustandsdiagramm dargestellt, welches die Betriebszustände eines Systems modelliert. Zustände werden von der Symbolik her genau wie Aktivitäten durch Rechtecke mit runden Ecken dargestellt. Um zu erkennen, dass es sich hier um ein Zustandsdiagramm handelt, benötigt man entweder den Diagrammrahmen oder man muss in der Modelldatenbank nachschauen.

Zustände werden über sogenannte Transitionen miteinander verbunden. Transitionen werden als gerichtete Pfeile dargestellt. Man kann dann über eine solche Transition von einem Zustand in einen anderen gelangen. Dabei ist es möglich, für eine Transition Zusatzbedingungen oder Ereignisse zu definieren, die erfüllt sein oder ausgeführt werden, damit bzw. wenn der Zustandsübergang stattfindet.

Auch bei den SysML-Zustandsdiagrammen gibt es eine Menge an Literatur und Veröffentlichungen aus dem UML-Umfeld, welche weitere Details dieser Diagrammart beschreibt. Daher möchte ich an dieser Stelle keine weiteren Details erläutern.

■ 4.7 Weitere SysML-Konstrukte

Neben den oben beschriebenen neun SysML-Diagrammen definiert der SysML-Standard auch noch ein paar weitere Konstrukte bzw. Konzepte, die vorwiegend aus dem Umfeld der Systementwicklung stammen und sich dort in der Vergangenheit vielfach bewährt haben. Daher wurden diese nun auch in die SysML übernommen. Diese Konzepte sind nicht an ein bestimmtes Diagramm gebunden, sondern können diagrammübergreifend verwendet werden. Diese Konstrukte möchte ich Ihnen nun vorstellen.

4.7.1 Die Allokation

Der Begriff Allokation (engl. *allocation*) wird im Deutschen oft auch mit Zuordnung oder Zuweisung übersetzt. Als Grundgedanke soll mit der Allokation eine Möglichkeit geschaffen werden, Modelle miteinander zu verknüpfen, die das System aus unterschiedlich abstrakten Blickwinkeln zeigen.

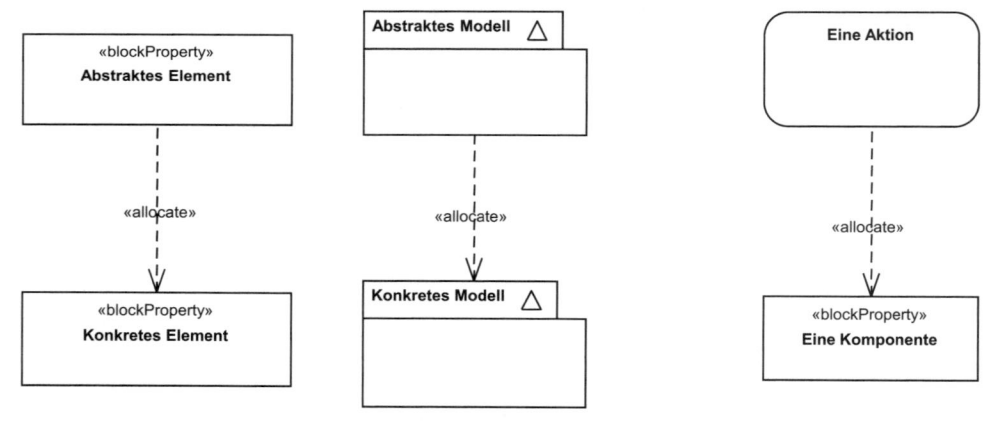

BILD 4.27 Allokationen zwischen statischen Elementen und Verhaltenselementen

Bild 4.27 zeigt das Prinzip der Allokationsbeziehung. Diese besteht aus einem gerichteten und gestrichelt dargestellten Pfeil mit dem Stereotyp «allocate». Man kann damit verschiedene Dinge zueinander allokieren. Zum einen besteht die Möglichkeit, Architekturkomponenten (z.B. Block-Properties) aus verschieden abstrakten Modellteilen einander zuzuordnen. Dabei geht die Richtung der Allokation immer vom abstrakteren Modellelement zum konkreteren Modellelement.

Die gleiche Art von Allokation kann man auch mit Paketen tun, um zu definieren, dass ein Paket Elemente eines abstrakteren Modells enthält und das Paket, zu dem die Allokation zeigt, das entsprechend konkretisiertere Modell.

Eine zweite Form der Allokation, die der SysML-Standard definiert, ist die Allokation von Verhaltenselementen zu Architekturelementen. Damit lässt sich zum Beispiel modellieren, dass ein Verhaltenselement wie eine Aktivität oder ein Zustand einer bestimmten Architekturkomponente zugeordnet ist.

Damit schließt der SysML-Standard an dieser Stelle eine Lücke, die in UML besteht. Dort wird nämlich oftmals nicht deutlich, welchen Komponenten oder auch Klassen Verhaltensmodelle zugeordnet sind. Mit Hilfe der aus dem Bereich des Systems Engineering kommenden und dort vielfach bewährten Konzeptes der Allokation kann nun diese Frage immer restlos durch das Modell beantwortet werden.

4.7.2 Viewpoints und Views

Aus der Erfahrung der Modellierung mit UML kennt man das Problem, dass Diagramme in Modellen oft an diversen Stellen hinterlegt sind. Dadurch wird das Auffinden der Diagramme und das Einordnen, was mit diesem Diagramm beschrieben wird, stark erschwert. Um dieses Problem zu lösen oder zumindest zu verbessern, führt SysML das Konzept der *Viewpoints* und der *Views* ein.

Der Begriff Viewpoint lässt sich ins Deutsche vielleicht am Besten mit „Gesichtspunkt" übersetzen. Man findet in der Literatur zu SysML aber auch den Begriff „Standpunkt".

Hinter dem Konzept steckt im Prinzip nichts weiter als ein spezielles Paket, das mit dem Stereotyp «view» (deutsch: Sicht) gekennzeichnet ist. Dieses Paket enthält ausschließlich Diagramme, und zwar solche, die Aspekte einer bestimmten Sicht auf das Modell zeigen. Was diese Sicht ist, beschreibt wiederum das Viewpoint-Element, und zwar in textueller Form. Hier hat man eine gewisse Analogie zu den Anforderungselementen, die auch (umgangssprachlichen) Text in das Modell integrieren.

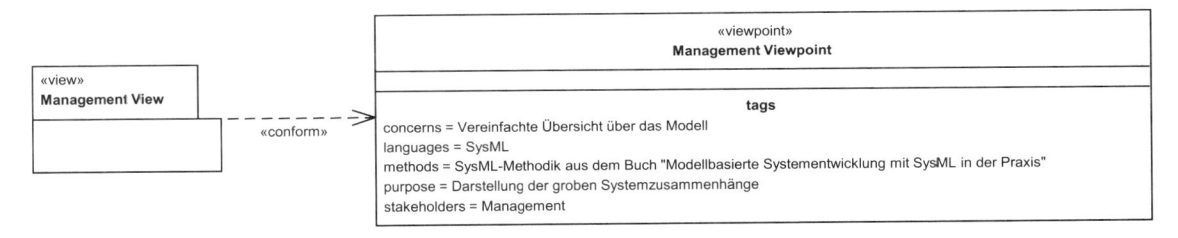

BILD 4.28 Das Konzept von Viewpoint und View

Bild 4.28 zeigt ein Beispiel der Verwendung von Viewpoint und View. Hier wird ein Management View definiert, dessen Aufgabe es ist, eine etwas weniger detailreiche Übersicht über das Modell zu geben. Dieser Zweck des View wird mit Hilfe des Viewpoint-Elements beschrieben. Die im SysML-Profil definierten Tagged Values für einen Viewpoint sind:

- **Concerns**
  Welches Anliegen erfüllt der View?

- **Languages**
  In welcher (Modellierungs-)Sprache ist der View erstellt? Hier kann nicht nur SysML zum Einsatz kommen, sondern auch andere Modellierungssprachen wie UML oder Simulink etc. Wichtig ist, dass sich diese Diagramme dann über das View-Paket finden lassen.
- **Methods**
  Welche Methodiken wurden eingesetzt, um die Sicht zu erstellen?
- **Purpose**
  Was ist der Zweck dieser Sicht?
- **Stakeholders**
  Für welche Projektbeteiligten ist diese Sicht hauptsächlich von Interesse?

Zwischen dem View-Paket und dem Viewpoint-Element muss eine mit dem Stereotyp «conform» gekennzeichnete Verbindung existieren. Damit ordnet man ein View-Paket eindeutig einem Viewpoint zu und beschreibt damit, welche Art von Sicht die im Paket abgelegten Diagramme über das Modell zeigen. Man sagt auch: „Diese Sicht ist konform zu diesem Viewpoint."

Mit dem Konzept der Views und Viewpoints ist es leichter geworden, Einstieg in fremde (SysML-)Modelle zu bekommen, sofern das Konzept auch benutzt wird. Man sucht und findet Diagramme immer innerhalb der View-Pakete und gleichzeitig beschreibt der Viewpoint die Inhalte des View-Pakets genauer.

4.7.3 Profile

Dass SysML als ein Profil der Sprache UML definiert ist, wurde bereits oben in Abschnitt 4.3 erläutert. SysML geht aber noch einen Schritt weiter: Sie übernimmt den Profilmechanismus der UML selbst in ihre eigene Definition.

Damit wird es möglich, auch SysML-Elemente mit Hilfe des Profilmechanismus zu erweitern und gegebenenfalls an Randbedingungen des eigenen Entwicklungsumfeldes anzupassen. Die dabei angewendeten Verfahren sind genau die selben wie bei der Definition der SysML. Sollten Sie also einmal SysML-Modelle zu sehen bekommen, die Stereotypen und Tagged Values haben, die man im SysML-Standard so nicht findet, so deutet dies darauf hin, dass dieses SysML-Modell durch ein eigenes Profil noch einmal erweitert wurde.

4.7.4 Elemente, die nur auf Diagrammen und nicht im Modell vorkommen

Es gibt in SysML zwei öfter genutzte Elemente, die nicht im Modell vorkommen, sondern ausschließlich an ein Diagramm gebunden sind. Das heißt, wenn man diese Elemente aus den Diagramm löscht, sind sie nicht wiederherstellbar, da auch aus dem Modell gelöscht.

Die beiden Modellelemente, die ich Ihnen hier nun kurz vorstellen möchte, sind das *Boundary*-Element und das *Note*-Element.

Beide Elemente dienen dazu, Zusatzinformationen in ein SysML-Diagramm zu integrieren. Bild 4.29 zeigt das Aussehen der beiden Elemente.

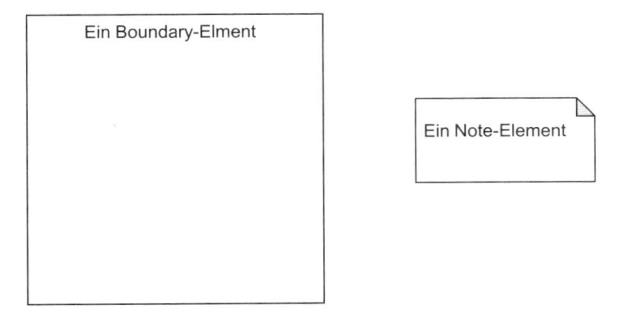

BILD 4.29 Boundary- und Note-Element

Ein Boundary-Element ist ein viereckiger Rahmen, der genutzt werden kann, um Elemente im Diagramm zu gruppieren und damit hervorzuheben. Durch den Namen des Boundary-Elements, der oben zentriert angezeigt wird, kann man angeben, was diese Gruppierung bedeuten soll.

Benutzen Sie Boundary Elemente dann, wenn Sie einen Zusammenhang zwischen Elementen in einem Diagram optisch hervorheben wollen.

Das Note-Element hat ein Aussehen wie ein Notizzettel. Damit wird auch schon dessen Bedeutung gut ausgedrückt: Note-Elemente sind Notizen oder Kommentare für ein Diagramm oder ein Diagrammelement. Es ist möglich, ein Note-Element über eine gestrichelte Linie (*Note Link*) mit einem anderen Element im Diagramm zu verknüpfen.

Benutzen Sie Note-Elemente dann, wenn Sie eine Erklärung, einen Kommentar oder eine Notiz zu einem Diagramm oder einem Element im Diagramm abgeben wollen.

■ 4.8 Was SysML nicht ist ...

Nachdem Sie nun einen Einblick gewinnen konnten, welche Arten von SysML-Diagrammen und weiteren Konzepten es gibt, bleibt nun noch zu sagen, was SysML nicht ist:

SysML gibt keinen Entwicklungsprozess vor oder macht konkrete Vorgaben, wann und wie welche Diagramme und Konzepte der Sprache anzuwenden sind. Dies festzulegen ist und bleibt die Aufgabe der Prozessdefinition und Prozessvorgabe. Daher gehört zur Anwendung der SysML im Rahmen der Systementwicklung immer auch eine entsprechende Methodik.

In Kapitel 6 wird eine solche Anwendungsmethodik vorgestellt, vorgeschlagen und benutzt. Es bleibt selbstverständlich Ihnen überlassen, diese Methodik so zu übernehmen oder diese an ihre eigenen Bedürfnisse anzupassen. Durch den oben beschriebenen Profilmechanismus lässt sich die SysML ja leicht um Konzepte eines bestimmten Anwendungsbereiches erweitern und damit auch in einen speziellen methodischen Kontext integrieren.

Teil II
Praktische Anwendung

Die Themen dieses Teils:

- Werkzeugauswahl und -einsatz im Rahmen einer modellbasierten Systementwicklung mit SysML
- Abgrenzung des Entwicklungskontextes
- Modellbasierte Systementwicklung mit SysML illustriert an einem Beispiel
- Unterstützende Prozesse und Konzepte
- Erläuterung des Beispielsmodells im Detail
- Einführung von modellbasierter Systementwicklung im Projekt oder Unternehmen
- Ausblick

5 Werkzeugauswahl und -einsatz

> **Fragen, die dieses Kapitel beantwortet:**
> - Welche Rolle spielt ein Werkzeug für die modellbasierte Systementwicklung mit SysML?
> - Wie kann man ein geeignetes Modellierungswerkzeug auswählen?
> - Wie ist ein SysML-Werkzeug heute typischerweise aufgebaut?

Wenn Sie modellbasierte Entwicklung mit SysML einsetzen wollen, brauchen Sie natürlich ein geeignetes Werkzeug, um die Modelle zu bearbeiten und zu erstellen. Das Werkzeug bildet im Rahmen eines modellbasierten Entwicklungsumfeldes die Schnittstelle zwischen den Erstellern und anderen Nutzern der Modelle und den darin enthaltenen Daten. Die Werkzeuge sind das Bindeglied zwischen den Modelldaten und den Anwendern. Damit spielt das eingesetzte Werkzeug eine entscheidende Rolle, wenn es darum geht, modellbasiert zu arbeiten oder von „klassischer" auf modellbasierte Entwicklung umzustellen.

Mit der Einführung von modellbasierter Entwicklung ist daher praktisch immer auch die Einführung eines neuen Modellierungswerkzeugs verbunden. Die Akzeptanz des gesamten Verfahrens hängt auch stark davon ab, ob die Anwender das Werkzeug akzeptieren. Kurz gesagt: Ist das Werkzeug nicht akzeptiert, wird oftmals auch der Nutzen von modellbasierter Entwicklung in Frage gestellt.

Um die Akzeptanz von modellbasierter Entwicklung zu steigern, sollten die eingesetzten Werkzeuge daher zuvor sorgfältig nach bestimmten Kriterien ausgewählt werden, damit die Hürde für die Anwender möglichst niedrig ist.

Da die SysML standardisiert ist, gibt es glücklicherweise mehrere verschiedene Werkzeuge, mit denen sich Modelle für modellbasierte Entwicklung mit SysML erstellen lassen. Da die SysML eine grafische Sprache ist, können die Diagramme theoretisch auch mit jedem einfachen Grafikprogramm erstellt werden. Dies ist im Rahmen einer „richtigen" modellbasierten Entwicklung aber nicht sinnvoll, da dann die Vorteile von datenbankgestützten Modellen nicht mehr vorhanden sind. Sie können die Modellelemente nicht mehr in Beziehung zueinander setzen oder Daten aus dem Modell werkzeuggestützt extrahieren und weiterverarbeiten.

Modellbasierte Entwicklung mit SysML ist eben nicht nur grafische Beschreibung, sondern es muss auch stets eine Datenbank im Hintergrund stehen. Wenn Sie mit modellbasierter Entwicklung mit SysML starten wollen, sollten Sie neben einer geeigneten Methodik (vgl. Kapitel 6) auch ein geeignetes Modellierungswerkzeug auswählen. Je nachdem, was Sie mit dem Modell zu tun planen, können ganz unterschiedliche Kriterien die Werkzeugauswahl beeinflussen.

Beispielsweise können einige Werkzeuge Code generieren oder die Modelle, insbesondere die Verhaltensmodelle simulieren. Andere Werkzeuge haben diese Möglichkeiten nicht, bieten dafür aber eventuell eine bessere und standardkonformere Darstellung der Diagramme. Dies ist ein Merkmal, das dann wichtig wird, wenn Sie das Modell als begleitende Entwicklungsdokumentation einsetzen wollen.

Für welches Werkzeug Sie sich letztendlich entscheiden hängt von ihrem speziellen Einsatzzweck und von ihren Rahmenbedingungen ab. Bevor man sich für ein Werkzeug entscheidet, sollte man die Merkmale verschiedener Werkzeuge prüfen, um dann eine Entscheidung zu treffen. Eventuell ist in Ihrem Umfeld diese Entscheidung auch schon getroffen worden, beispielsweise können in Ihrem Unternehmen oder Projekt bestimmte Werkzeuge vorgeschrieben sein.

■ 5.1 Kriterien für die Werkzeugauswahl

Sollten Sie die Möglichkeit haben, ein Werkzeug auszuwählen, so möchte ich Ihnen hier ein paar grundsätzliche Auswahlkriterien beschreiben, anhand derer Werkzeuge bewertet werden können.

Unterstützung der Modellierungssprache

Das Hauptmerkmal eines Modellierungswerkzeuges für SysML oder auch UML ist sicherlich die Unterstützung der Modellierungssprache, also die Möglichkeit, die im Sprachstandard der Modellierungssprache definierten Sprachmittel auch nutzen zu können. Was sich vielleicht selbstverständlich anhört, muss keineswegs so sein. So gibt es durchaus Werkzeuge, die nur einen Teil der Modellierungssprache unterstützen. Ob Ihnen eventuell solch ein Werkzeug für Ihre Anwendung ausreicht, müssen Sie selbst entscheiden. Normalerweise sollte man jedoch, selbst wenn man vielleicht zunächst nicht alle Sprachmittel nutzt, zu einem Werkzeug greifen, das alle Sprachmittel unterstützt. So kann man diese zukünftig bei Bedarf nutzen.

Da SysML im Prinzip als UML-Profil definiert ist, sollte sich SysML mit Hilfe eines modernen UML2-Werkzeuges nutzen lassen. Ob Sie UML (auch) verwenden, hängt wiederum von Ihren Bedürfnissen ab. Das Modellierungswerkzeug sollte aber den Profilmechanismus beherrschen, damit man gegebenenfalls weitere domänenspezifische Aspekte in die Modellierungssprache integrieren kann.

Mehrbenutzerfähigkeit

Eine Hauptidee hinter modellbasierter Entwicklung ist, dass viele oder alle Projektbeteiligten an einem gemeinsamen Modell arbeiten oder Daten aus diesem ableiten können. Daher besteht die Notwendigkeit, gemeinsam auf Daten im Modell zuzugreifen oder gemeinsam an Modellen zu arbeiten. Hier bieten viele Modellierungswerkzeuge eine Unterstützung an, die sogenannte Mehrbenutzerfähigkeit. Achten Sie daher darauf, welche Möglichkeiten das Werkzeug bietet, ob sich beispielsweise Rechte der verschiedenen Benutzer explizit festlegen lassen. Damit kann man beispielsweise bestimmten Personen nur Leserechte einräumen, anderen jedoch auch Schreibrechte. Auch ob später nachvollzogen werden kann, wer wann was am Modell geändert hat, ist ein wichtiges Kriterium in dieser Richtung.

Code- und Testfallgenerierung

Manche Modellierungswerkzeuge haben Möglichkeiten, Code oder auch Testfälle aus statischen und dynamischen Modellen zu generieren. Wenn Sie die Modelle kurz- oder langfristig für so etwas nutzen wollen, sollte das Werkzeug entsprechende Unterstützung anbieten. Gerade die Möglichkeit der Code- und Testfallgenerierung ist momentan noch starken Veränderungen unterworfen und teilweise noch Gegenstand aktueller Forschung. Daher ist es durchaus möglich, dass die Werkzeuge hier noch weiter entwickelt und verbessert werden. Schauen Sie sich daher die Fähigkeiten der aktuell erhältlichen Werkzeuge oder auch Ankündigungen der Hersteller genau an.

Simulation der Modelle

Ähnlich wie die Codegenerierung ist auch im Hinblick auf die Möglichkeiten zur Simulation von Modellen gerade noch Bewegung im Werkzeugmarkt auszumachen. Simulationen dienen dazu, bereits in der Modellierungsphase Fehler in den (Verhaltens-)Modellen frühzeitig zu erkennen und zu beheben. Typischerweise können manche Werkzeuge heute Verhaltensdiagramme wie Zustandsautomaten, Aktivitätsdiagramme oder Sequenzdiagramme per Simulation ausführen. Auch hier lohnt es sich, die Möglichkeiten genauer unter die Lupe zu nehmen, sofern solche Fähigkeiten in der Entwicklung genutzt werden sollen.

Dokumentengenerierung

Modellierung und modellbasierte Systementwicklung mit SysML hat eigentlich das Ziel das Modell an die Stelle bisheriger (Prosa-)Dokumente zu setzen. Würden alle Projektbeteiligten schon SysML verwenden, so bräuchte man im Systems Engineering keine Textdokumente mehr. Da die Welt aber noch nicht so ideal ist, ist es durchaus notwendig, Textdokumente bei Bedarf zu haben, um beispielsweise Spezifikationen mit Kunden oder Lieferanten auszutauschen. Hier bietet es sich dann im modellbasierten Umfeld an, solche Dokumente aus den SysML-Modellen zu generieren (siehe auch Abschnitt 8.5).

Viele Modellierungswerkzeuge haben daher schon integrierte Möglichkeiten, Textdokumente aus den Modellen zu generieren. Oftmals sind diese Dokumentengeneratoren über Vorlagen (engl. *Templates*) an die individuellen Bedürfnisse anpassbar. Wenn man ein Werkzeug auswählt, sollte man in Bezug auf Dokumentengenerierung auf folgende Punkte achten:

- Wie individuell anpassbar ist der Dokumentengenerator (eingeschränkt oder komplett flexibel)?
- Welche Ausgabeformate werden unterstützt (z.B. PDF, HTML, Word)?
- Sind die generierten Dokumente eventuell noch per Hand editierbar?

Der letzte Punkt der Editierbarkeit ist dann wichtig, wenn eventuell noch Änderungen oder Ergänzungen mit Inhalten gemacht werden müssen, die nicht oder bisher nicht im Modell zur Verfügung stehen und daher auch nicht in der generierten Dokumentation erscheinen.

Erweiterbarkeit

Am flexibelsten ist ein Modellierungswerkzeug dann, wenn es eine Schnittstelle bereitstellt, die es erlaubt, mit Hilfe von selbst geschriebener Software[1] auf die Daten im Werkzeug zuzugreifen oder auch die Fähigkeiten des Werkzeugs zu erweitern.

Bietet ein Werkzeug eine solche Schnittstelle an, so kann man das Werkzeug im Prinzip beliebig erweitern und Fähigkeiten nachrüsten, die es so am Markt noch nicht gibt oder vermutlich nicht geben wird. Überprüfen Sie daher, ob Ihnen die bereits enthaltenen Merkmale des Werkzeugs ausreichen oder ob es sinnvoll sein kann, auf eine solche Schnittstelle Wert zu legen.

Ein wichtiges technisches Kriterium ist dabei, mit welcher Programmiersprache sich eine solche Schnittstelle nutzen lässt. Hier spielt es eine Rolle, ob entsprechendes Know-how in Ihrem Umfeld bereits zur Verfügung steht und damit direkt genutzt werden kann.

Verteilungsmechanismen und Lizenzmodelle

Wenn ein Modellierungswerkzeug in einem größeren Umfeld wie einem Unternehmen eingesetzt werden soll, so ist es wichtig, auch Fragen der Verteilung der Software sowie die Verwaltung und Wartung der Lizenzen im Auge zu haben. Oftmals soll ein Modellierungswerkzeug in einem Unternehmen weltweit ausgerollt werden. Dabei werden oft zentrale Softwareverwaltungstechniken eingesetzt. Die Art der Installation spielt dann eine Rolle. Sie muss zum Konzept des Unternehmens und eventuell vorhandenen Richtlinien der Unternehmens-IT passen.

Auch die Frage, welcher Lizenz das Werkzeug unterliegt, was diese kostet und ob beispielsweise Lizenzen zentral verwaltet werden können, spielt im Unternehmensumfeld eine große Rolle. Für Unternehmen ist Wartung und Support außerdem oft ein wichtiges Entscheidungskriterium für Software. Hier ist zu prüfen, ob der oder die Werkzeughersteller entsprechende Dienstleistungen anbieten oder dies etwa bei Drittfirmen beauftragt werden kann.

Mit Hilfe dieser wichtigen Kriterien sollten Sie in der Lage sein, ein passendes Werkzeug zu beurteilen und letztendlich auszuwählen. Unter [OOS11] auf dem Internetauftritt der OOSE GmbH findet sich eine Übersicht über Modellierungswerkzeuge mit SysML-Unterstützung. Hier können Sie beispielsweise starten, wenn Sie ein Werkzeug suchen.

---

[1] Diese kann wirklich selbst programmiert oder bei einer Softwarefirma in Auftrag gegeben sein.

5.2 Werkzeuginfrastruktur

Wenn Sie ein Werkzeug ausgewählt haben, dann muss auch eine entsprechende Infrastruktur geschaffen werden, die bei der Verteilung des Werkzeuges hilft. Die beginnt mit der Installation auf den Rechnern der Mitarbeiter, die die Modelle nutzen sollen. Je nachdem, wie groß Ihr Projektumfeld ist, kann dies manuell von jedem Mitarbeiter selbst installiert oder aber mit Hilfe einer Zentralinstallation, wie sie oft in Unternehmen üblich ist, erledigt werden. Hierbei können dann Abstimmungen und Zusammenarbeit mit anderen Kollegen oder Abteilungen aus der Informationstechnologie (IT) notwendig werden. Klären Sie hier ab, wer dort Ihr Ansprechpartner ist, und legen Sie gemeinsam eine Terminstrecke fest. Aus der Erfahrung heraus lässt sich sagen, dass ein solcher Abstimmungsaufwand nicht unterschätzt werden sollte.

Für den Fall, dass Sie eine zentrale Datenbank für die Speicherung des Systemmodells verwenden wollen, ist auch deren Einrichtung und Verwaltung einzuplanen. Weitere wichtige Punkte sind Datensicherung und Verfügbarkeit.

5.3 Werkzeugtest und -freigabe

Sofern Sie sich für ein Modellierungswerkzeug entschieden haben, sollten Sie vor der Verteilung und Installation überprüfen, ob das Werkzeug noch Fehler enthält, die ein erfolgreiches Modellieren und Arbeiten damit behindern. Ein Modellierungswerkzeug ist auch eine Software, die entwickelt wurde. Leider ist eine Software selten komplett frei von Fehlern.

Daher ist es wichtig, vorher aufzudecken, ob es Fehler gibt, und wenn ja, ob diese akzeptabel oder arbeitsbehindernd sind. Es bietet sich daher an, Testfälle aufzustellen, um das Werkzeug einem Freigabetest zu unterziehen. Die Testfälle müssen dabei anwendungsorientiert sein, um sicherzustellen, dass auch genau die Anwendungsfälle des Werkzeugs getestet werden, die auch in der täglichen Praxis relevant sind.

Haben Sie die Hürden der ersten Werkzeugverteilung und -einrichtung erfolgreich gemeistert, wird früher oder später eine Aktualisierung (engl. *update*) des Werkzeugs erforderlich. Dies kann vielerlei Gründe haben: Häufig hat eine neue Version neue Funktionalitäten, die man gerne nutzen möchte. Auch die Behebung von Fehlern in der alten Version kann eine solche Aktualisierung notwendig machen.

Hier muss dafür Sorge getragen werden, dass auch diese neue Version vor der Verteilung einem ausgiebigen Freigabetest unterzogen wird. Das heißt, es wird überprüft, ob die bisherigen Funktionalitäten in gewohnter Weise funktionieren und die neue Version keine (gravierenden) Fehler enthält.

Nur nach erfolgreichem und nachvollziehbarem Freigabetest sollte dann eine neue Version freigegeben werden. Nichts ist schlimmer, als dass unentdeckte Fehler in einer neuen Version des Modellierungswerkzeuges zu ungewollten Veränderungen am bisher erstellten Systemmodell führen.

Das hier beschriebene Szenario gilt prinzipiell ja für alle Softwarewerkzeuge und Software. Gerade im Bereich der Modellierungswerkzeuge für UML und SysML sind diese aber heute noch einer kontinuierlichen Weiterentwicklung unterzogen. Daher ist die Wahrscheinlichkeit von Fehlern hier noch etwas größer als beispielsweise bei anderen Softwarewerkzeugen, die bereits seit diversen Versionen und zum Teil seit über 15 Jahren in ähnlicher Weise verfügbar sind und dadurch eine gewisse Grundstabilität und Sättigung der Funktionalität erfahren haben.[2]

■ 5.4 Enterprise Architect

Im Folgenden möchte ich Ihnen anhand des UML/SysML-Modellierungswerkzeuges Enterprise Architect (EA) des australischen Softwareherstellers Sparx Systems nun exemplarisch bestimmte Benutzungsmerkmale solcher Modellierungswerkzeuge vorstellen. Der Grund, warum gerade Enterprise Architect ausgewählt wurde, liegt einerseits in meiner eigenen Erfahrung begründet, andererseits bildet dieses Werkzeug aber auch einen De-facto-Standard auf dem Gebiet der Software- und Systemmodellierung.

Aufgrund des großen Funktionsumfanges und des relativ niedrigen Preises pro Lizenz (um 200 Euro) hat sich das Werkzeug heute weit verbreitet. Zur Zeit sind nach Angaben des Herstellers mehr als 200.000 Lizenzen verkauft. Viele Unternehmen, Bildungseinrichtungen und auch unternehmensübergreifende Gremien setzen heute Enterprise Architect ein.

Alle Grafiken in diesem Buch, die UML- und SysML-Diagramme und -Symbole darstellen, sind mit EA erstellt worden. Dieses Buch zeigt damit auch den Stand der Technik der Modellierung, wie man sie schon heute produktiv in dieser Form und mit Hilfe dieses Werkzeuges einsetzen kann. Im Folgenden werden die grundlegenden Konzepte des Modellierungswerkzeuges beschrieben. Die dort gemachten Aussagen lassen sich leicht auch auf andere SysML-Werkzeuge übertragen, da diese sich vom Prinzip her nur in der technischen Umsetzung im jeweiligen Werkzeug unterscheiden.

Bild 5.1 zeigt den grundsätzlichen Bildschirmaufbau des Werkzeuges. Prinzipiell gibt es drei Hauptbereiche, mit denen der Benutzer das Werkzeug bedient bzw. Daten im Modell editiert. Der wichtigste Bereich ist sicherlich die Darstellung der Diagramme. Die Diagramme bilden die grafische Schnittstelle zwischen Modellierer und Modell und zeigen einen bestimmten Aspekt des Modells. Wie bereits in Abschnitt 4.5 erwähnt, sind in UML und SysML die Diagramme lediglich Sichten auf das Modell, das heißt, sie zeigen immer nur ausgewählte Teile des Gesamtmodells. Daher können im Modell Elemente vorkommen, die auf keinem Diagramm sichtbar sind, oder Modellelemente werden mehrfach auf verschiedenen Diagrammen dargestellt. Sollten Modellelemente zwar im Modell, aber auf keinem Diagramm vorkommen, so deutet dies zumeist auf einen Fehler hin.

Da die Diagramme normalerweise immer nur bestimmte Teile der Elemente im Modell zeigen, ist es für die Handhabung des Modells notwendig, eine Übersicht über alle im Modell enthaltenen Teile zu haben. Diese Aufgabe erfüllt der sogenannte *Project Browser* in EA. Im Project Browser werden die Modellelemente hierarchisch als Baumstruktur dargestellt. Per Drag & Drop lassen sich daraus auch Modellelemente auf Diagramme ziehen und damit in diesem Diagramm sichtbar machen. In EA werden Verbindungen zwischen Modell-

---

[2] Betriebssysteme oder Office-Software sind zwei Beispiele einer solchen Entwicklung.

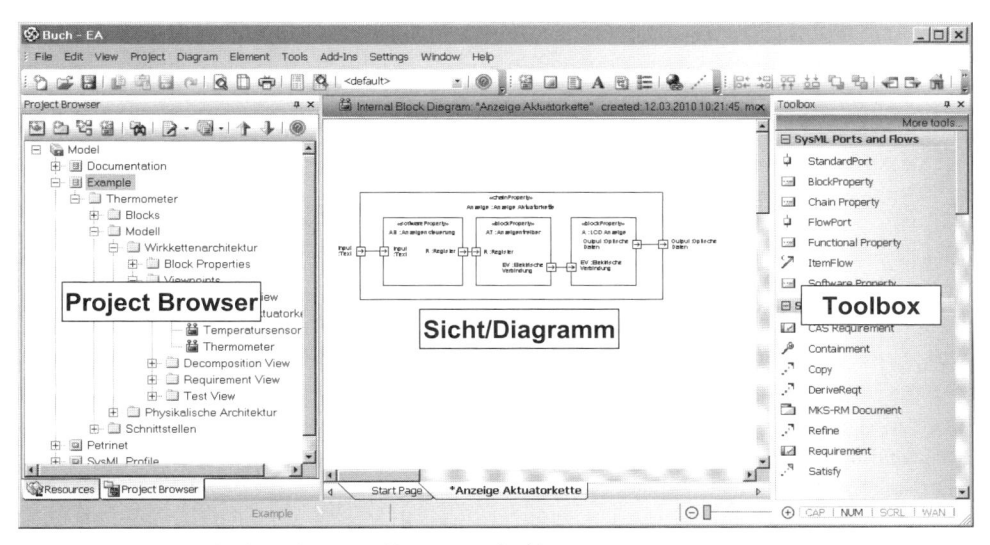

BILD 5.1 Das UML/SysML-Werkzeug Enterprise Architect

elementen, die Konnektoren, im Project Browser nicht dargestellt. Bei anderen UML/SysML-Werkzeugen sind diese manchmal auch Teil eines solchen Modell-Browsers. EA benutzt dafür jedoch eine extra Darstellung, das *Relationship-Fenster*.

Der dritte grundlegende Arbeitsbereich eines UML/SysML-Werkzeugs ist der Werkzeugkasten zur Erstellung neuer Modellelemente, bei Enterprise Architect *Toolbox* genannt. In der Toolbox findet man alle Modellelemente und Konnektoren, die Bestandteil der Modellierungssprache sind. Indem man ein Element aus der Toolbox heraus auf ein Diagramm zieht, wird dieses sowohl im Diagramm als auch im Modell selbst angelegt, das heißt, es wird auch im Project Browser sichtbar.

Zusammenfassend gibt es also drei grundlegende Elemente, mit denen ein UML/SysML-Werkzeug ausgestattet ist: Die Diagrammansicht zeigt ein Diagramm, also eine Sicht des Modells, der Project Browser zeigt alle Elemente des Modells baumartig an, und die Toolbox dient zum Anlegen von neuen Elementen im Modell unter Zuhilfenahme des aktuell geöffneten Diagramms.

Neben diesen Grundelementen gibt es noch einige weitere Fenster und Arbeitsbereiche, die es erlauben, weitere Daten im Modell anzuzeigen und/oder zu bearbeiten. Diese können bei Bedarf ein- und ausgeblendet werden. Im Übrigen kann man bei Enterprise Architect, wie bei vielen anderen Windows-Applikationen auch, die Arbeitsbereiche und Unterfenster nach Belieben anordnen und verschieben. Dies ermöglicht die Anpassung der Applikation an die eigenen Gewohnheiten und Vorlieben. Die einzige Einschränkung dabei bildet die Darstellung der Diagramme. Diese ist immer zentral in der Mitte, und alle anderen Fenster und Werkzeuge werden darum herum angeordnet.

In Enterprise Architect gibt es meist mehr als eine Möglichkeit, eine Funktionalität des Werkzeugs auszuführen bzw. aufzurufen. Neben Menüleisten existieren Knopfleisten (*Button Bars*) und auch Kontextmenüs. Darüber hinaus sind viele Kommandos per Tastenkombination erreichbar. Außerdem erlaubt das Werkzeug neben den standardmäßig definierten

Tastenkombinationen auch dem Benutzer, weitere benutzerdefinierte Tastenkombinationen Funktionen zuzuordnen.

Dies alles ermöglicht es den Benutzern, das Werkzeug nach persönlichen Vorlieben einzurichten und zu bedienen, wie man es von einer modernen PC-Applikation erwarten sollte. Die Anpassbarkeit erhöht damit auch die Produktivität beim Umgang mit den Modelldaten durch die verschiedenen Benutzer des Modells.

Wenn Sie mit einem modernen Modellierungswerkzeug arbeiten, sollten Sie deshalb keine Berührungsängste aufgrund der Vielzahl der Knöpfe und Menüs haben, sondern dies als ein Angebot betrachten. In der täglichen Praxis werden Sie zunächst nur einen Bruchteil der gebotenen Funktionalität wirklich benötigen. Bei weitergehender Erfahrung und im regelmäßigen Umgang werden Sie dann nach und nach neue Funktionalitäten kennen und schätzen lernen.

Hilfreich kann beim Einstieg in die Arbeit mit einem Modellierungswerkzeug auch sein, dass Sie den Austausch mit Kollegen pflegen, die ebenfalls mit dem Werkzeug arbeiten. Was Sie nicht wissen, hat vielleicht bereits ein Kollege herausgefunden und umgekehrt. Daher ist es oftmals hilfreich Kollegen, die hauptsächlich mit Modellierung zu tun haben (z.B. Architekten) auch räumlich zusammenzusetzen, damit die erwähnten Synergieeffekte besser genutzt werden können.

5.4.1 Bearbeitung der Modelle

Die Bearbeitung der Modelle erfolgt auf grafische Art und Weise mit Maus und Tastatur. EA und auch viele andere Modellierungswerkzeuge arbeiten mit Drag & Drop-Operationen, um Elemente anzulegen oder im Modell zu verschieben. So können Sie beispielsweise ein Modellelement neu anlegen, indem Sie es aus der Toolbox heraus auf ein (vorher) geöffnetes Diagramm ziehen. Dadurch wird das Element in der Modelldatenbank angelegt und gleichzeitig auf dem Diagramm als grafisches Element sichtbar.

Durch die Trennung von Modell und Sicht können Sie auch ein Element aus einem Diagramm löschen, ohne es jedoch auch automatisch im Modell komplett zu löschen. Durch erneutes Hineinziehen des Elements in ein Diagramm kann es wieder sichtbar gemacht werden.

Sofern ein Element im Modellbaum, also im EA Project Browser gelöscht wird, verschwindet es sowohl im Modell als auch in allen Diagrammen, wo es sichtbar war.

Die grafischen Elemente lassen sich mit Hilfe der Diagramme nun bearbeiten und anpassen. Wie man es auch von anderen Werkzeugen her kennt, die grafische Abbildungen und Diagramme erzeugen können, kann man typische Operationen mit den Modellelementen und den Konnektoren machen. Dazu gehören Verschieben, Größe ändern, Elemente ausrichten oder auch das Anpassen des Layouts der Konnektoren (z.B. alle Linien gerade und mit 90°-Winkeln versehen).

Sie sollten sich, sofern Sie noch keine großen Erfahrungen mit Modellierungswerkzeugen gemacht haben, die Zeit nehmen, diese Grundoperationen einfach einmal auszuprobieren und zu üben. Von vielen Werkzeugen gibt es Testversionen oder Versionen mit eingeschränktem Funktionsumfang, sodass man mit dem Werkzeug herumexperimentieren und dessen Funktionen testen kann, ohne es gleich kaufen zu müssen. Auch vom EA gibt es kostenlose Testversionen.

Lernen Sie das Werkzeug und dessen Bedienkonzepte kennen und versuchen Sie, die Zusammenhänge zwischen Modell, Modellelementen und Diagrammen zu verstehen und zu verinnerlichen. Desto schneller werden Sie später im Umgang sein, wenn Sie das Werkzeug produktiv für die Systementwicklung nutzen.

5.4.2 Erweiterte Funktionen

In den folgenden beiden Abschnitten möchte ich nun noch auf zwei spezielle Aspekte von Enterprise Architect eingehen: die Erstellung eines Profils sowie die Entwicklung eigener Erweiterungen für EA. Beide Dinge sind dann relevant, wenn Sie spezielle Infrastrukturen für die modellbasierte Entwicklung bereitstellen wollen oder müssen. Für den „einfachen" Nutzer des Werkzeugs, dessen Aufgabe es ist, die Modelle inhaltlich zu bearbeiten, ist es jedoch kaum relevant.

Die beiden Aspekte gehören zu erweiterten Funktionen des Werkzeugs, werden jedoch oftmals in der Praxis genutzt und nachgefragt. Daher möchte ich Ihnen für den Fall, dass Sie Profile oder Erweiterungen für EA erstellen wollen, nun ein paar hoffentlich nützliche Details und Hilfestellungen an die Hand geben.

5.4.2.1 Erstellung von Profilen

Enterprise Architect erlaubt als UML-Werkzeug die Erstellung von Spracherweiterungen, den sogenannten Profilen. Mit Hilfe von Profilen können aufbauend auf vorhandenen UML-Sprachelementen neue Elemente gebildet werden. Dies kann soweit gehen, dass sogar die Darstellungsform der Elemente neu definiert wird. Damit gleichen die neu definierten Elemente nicht mehr den ursprünglichen. Trotzdem sind auch diese Elemente noch UML-konform, da sie weiterhin UML-Elemente sind, die nun einen Stereotyp und eventuell neue Attribute in Form von Tagged Values erhalten.

Ich möchte Ihnen nun demonstrieren, wie man mit Enterprise Architect eine neue (grafische) Sprache mit Hilfe eines Profils definieren kann. Als Beispiel dafür sollen die Petri-Netze dienen.

Petri-Netze [Pet62] sind Diagramme zur Darstellung von dynamischem Systemverhalten und Systemabläufen, die von Carl Adam Petri in den 60er Jahren entwickelt wurden. Konzepte daraus sind inzwischen in die UML- und SysML-Aktivitätsdiagramme übernommen worden. Grundsätzlich bestehen Petri-Netze in ihrer einfachsten Form aus drei Elementen:

1. **Stellen.** Stellen bilden die Zustände eines Systems ab. Eine Stelle wird als Kreis dargestellt und kann entweder aktiv sein oder nicht. Eine aktive Stelle enthält im Inneren ihres Kreises einen zweiten, kleineren ausgefüllten Kreis. Dieser innere Kreis wird als *Token* bezeichnet.
2. **Transitionen.** Transitionen werden durchlaufen, wenn ein System von einem Zustand – also von einer Stelle – in eine/n andere/n übergeht. Transitionen sind daher vergleichbar mit den Aktivitäten in den UML/SysML-Aktivitätsdiagrammen. Transitionen werden als Rechteck dargestellt. Im Inneren des Rechtecks steht meist ein Text, der die Transition definiert oder genauer beschreibt.

3. **Flussrelationen.** Um Stellen und Transitionen miteinander zu verbinden, wird noch ein Konnektorelement benötigt: die Flussrelation. Eine Flussrelation wird als Pfeil dargestellt, der von einer Stelle zu einer Transition oder umgekehrt geht.

Um nun die drei Elemente mit Hilfe eines UML/SysML-Profils zu definieren, muss man zunächst überlegen, welche UML-Elemente erweitert werden sollen, um die Elemente des Petri-Netzes zu definieren. Im zweiten Schritt muss man die Namen der Stereotypen festlegen, die schließlich in der Anwendung des Profils aus den UML-Elementen Petri-Netz-Elemente machen. Sofern die neuen Elemente zusätzliche Eigenschaften haben, müssen diese als Attribute definiert werden. In der Anwendung des Profils werden die Attribute dann als Tagged Values bearbeitet und mit Werten versehen.

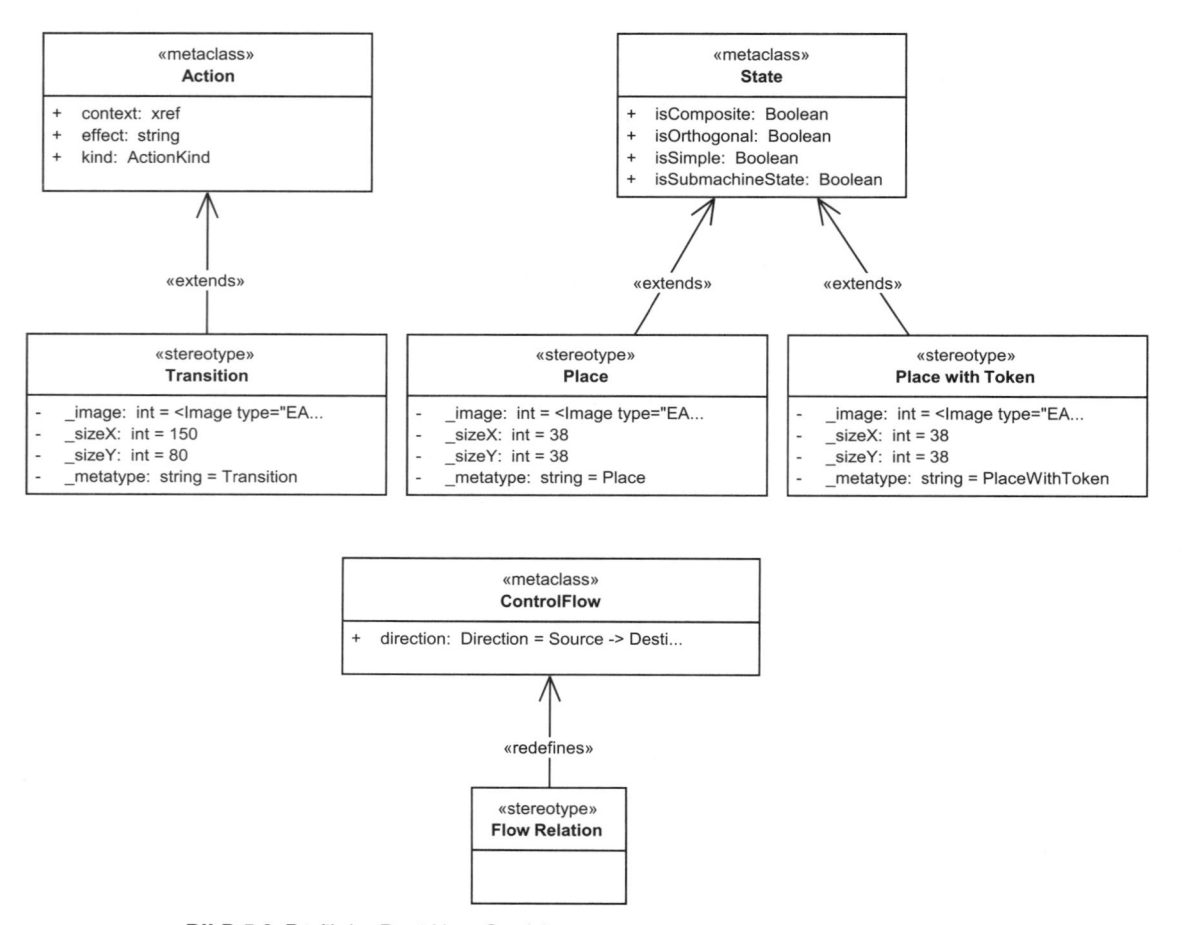

BILD 5.2 Profil der Petri-Netz-Sprache

Bild 5.2 zeigt das mit Hilfe von Enterprise Architect erstellte Profil zur Definition der Petri-Netz-Sprache. In dem Diagramm werden die Elemente, die die UML-Sprache definieren, die sogenannten Metaklassen (Stereotyp «metaclass») durch Stereotyp-Elemente erweitert. Diese Stereotyp-Elemente tragen selbst den Stereotyp «stereotype».

Wie Sie sehen, werden in diesem Profil vier Stereotypen definiert:
1. Transition
2. Place (Stelle)
3. Place with Token (Stelle mit Token)
4. Flow Relation (Flussrelation)

Die Grundelemente, welche erweitert oder umdefiniert werden, sind die UML-Elemente *State* (Zustand) für die Stellen mit und ohne Token, die Action (Aktion) für die Transition, sowie der Control Flow (Kontrollflusskante) für die Flussrelation.

Dabei kommen zwei unterschiedliche Verbindungen für die Zuordnung zwischen den Stereotypen und den Metaklassen zum Einsatz: Extends und Redefine. Während Extends eine echte Erweiterung beschreibt, welche das Ursprungselement wirklich erweitert und dadurch verändert, wird mit Redefine nur der Name des UML-Elements in der späteren Anwendung des Profils verändert. Alle Eigenschaften des Ursprungselements bleiben gleich.

Mit der Definition des Profiles sind zwar nun die Stereotypen definiert, jedoch sehen diese Elemente in der Anwendung immer noch wie die ursprünglichen UML-Elemente aus. Lediglich der Stereotyp deutet darauf hin, dass es sich um ein in einem Profil erweitertes Element handelt.

Damit die Elemente auch aussehen wie Petri-Netz-Elemente, ist noch ein weiterer Schritt in der Profildefinition notwendig: die Neudefinition des Aussehens der Elemente. In Enterprise Architect lässt sich dieses Aussehen in einem Profil mit Hilfe einer speziellen Skriptsprache neu definieren. Diese *Shape Script* genannte Sprache erlaubt es, das Aussehen eines Elements komplett neu zu definieren. Dabei beinhaltet diese Sprache Befehle zum Zeichnen von Linien, Kreisen und Text sowie zum Verändern der Farben etc.

Solche Skripte werden für die Stellen und die Transition benötigt. In Enterprise Architect werden diese Skripte in einem speziellen Attribut hinterlegt: _image. Solche mit einem Unterstrich (_) beginnenden Attribute sind werkzeugspezifische Attribute, die verwendet werden, um weitere Parameter für das Profil festzulegen.

Das entsprechende Shape Script zur Definition der Darstellung einer **Transition** sieht nun folgendermaßen aus:

LISTING 5.1 Shape Script zur Definition der Transition

```
shape main
{
  h_align = "center";
  v_align = "center";

  rectangle(0, 0, 100, 100);

  println("#name#");
}
```

Eine Transition wird dadurch als ein Rechteck dargestellt, das das Attribut name des Elements enthalten soll. Die Größe der Zeichenfläche für ein Element beträgt dabei 100 x 100. Dies kann man sich im Prinzip als Prozentwert vorstellen. Durch dieses Verfahren werden die durch die Skripte beschriebenen Elemente beliebig skalierbar (Vektorgrafik).

Die Stellen mit und ohne Token werden durch zwei Stereotypen beschrieben. Eine **Stelle ohne Token** definiert folgendes Skript:

LISTING 5.2 Shape Script zur Definition einer Stelle ohne Token

```
shape main
{
  ellipse(0, 0, 100, 100);
}
```

Und eine **Stelle mit Token** wird schließlich durch das folgende Skript definiert, das eine Erweiterung des Skripts für eine Stelle ohne Token darstellt:

LISTING 5.3 Shape Script zur Definition einer Stelle mit Token

```
shape main
{
  ellipse(0, 0, 100, 100);
  setfillcolor(1, 1, 1);
  ellipse(20, 20, 80, 80);
}
```

Für die Flussrelation wird kein Shape Script definiert, da hier dann die Standarddarstellung des Elements verwendet wird.

Damit ist das Profil für die Petri-Netze soweit definiert. Über spezielle Befehle lässt sich dieses speichern und dann in ein Modell laden. Wenn es geladen ist, kann man nun Petri-Netze mit Hilfe des Werkzeugs erstellen.

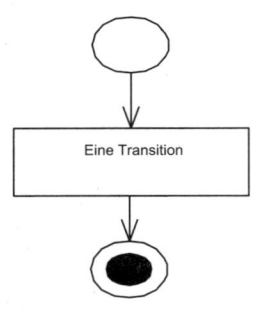

BILD 5.3 Anwendung des Petri-Netz-Profils

Ein Beispiel einer Anwendung des Profils zeigt Bild 5.3. Man erkennt eine Stelle mit und eine ohne Token sowie eine Transition mit Namen *Eine Transition*. Solche Diagramme können in der Standardausfertigung mit Enterprise Architect nicht gezeichnet werden. Mit Hilfe der obigen Profildefinition lassen sie sich jedoch hinzudefinieren.

Durch Profile lassen sich mit Hilfe von UML-Werkzeugen im Prinzip beliebige neue Sprachen definieren und anwenden, ohne dass man neue Werkzeuge oder Speicherformate benötigt. Auch SysML selbst ist als Profil auf diese Art und Weise definiert und darf sogar durch Profile erweitert werden. Damit können neue Anforderungen, welche die Sprache so nicht bietet, nachgerüstet werden ohne den Standard SysML (oder UML) zu verlassen.

5.4.2.2 Erstellung von Add-ins

Neben der Erstellung von Profilen zur Erweiterung der Modellierungssprachen bieten die meisten UML/SysML-Werkzeuge auch eine Schnittstelle an, um das Modellierungswerkzeug selbst um neue Funktionalitäten zu erweitern.

Auch Enterprise Architect bietet eine umfassende Schnittstelle – ein *Application Interface (API)* – an, um mit eigenen Erweiterungen die Fähigkeiten des Werkzeugs zu erweitern oder eigenen Werkzeugen den Zugriff auf die Modelldaten zu ermöglichen. Damit können z.B. Schwachstellen des Werkzeugs ausgeglichen oder Funktionen ergänzt werden, die es nicht bietet und die auch zukünftig nicht in der Entwicklungsagenda des Werkzeugherstellers liegen.

Ein Beispiel einer Anwendung dafür könnte die Realisierung von Simulatoren und Generatoren sein, die das Modell simulieren oder aus ihm andere Arbeitsprodukte generieren können etc.

Am Beispiel von Enterprise Architect soll nun gezeigt werden, wie eine solche Schnittstelle im Prinzip arbeitet. Andere Werkzeuge werden sicherlich ähnliche Konzepte haben.

In Enterprise Architect ist es möglich, sogenannte Add-ins[3] zu programmieren. Add-ins sind eigene Programme, die sich jedoch in das Werkzeug Enterprise Architect integrieren. Das heißt, die Add-ins werden aus EA heraus aufgerufen und laufen auch im Kontext des Modellierungswerkzeugs.

Technologisch basiert das API von Enterprise Architect auf der Microsoft COM-Technologie. Es ist damit möglich solche Add-ins mit allen COM-Sprachen oder der Nachfolgetechnologie .NET zu realisieren. Auch ein Java-Interface existiert, jedoch bietet es (bislang) noch nicht alle Möglichkeiten, die das COM-Interface bietet.

Durch Verwendung von .NET und dessen Unterstützung von verschiedenen Programmiersprachen können Anwender die Sprache auswählen, mit der sie am besten vertraut sind. Das ermöglicht einen schnellen Einstieg und erfordert nur eine geringe Einarbeitungszeit. Das nun folgende Beispiel verwendet die .NET Sprache C#.

Um ein Add-in zu realisieren, muss man eine Bibliothek in Form einer dll erzeugen. Diese dll wird über einen speziellen Eintrag in der Windows-Registry als Add-in bekannt gegeben. Wenn Enterprise Architect gestartet wird, sucht er nach den in der Registry eingetragenen Klassen und der sie enthaltenden dll und lädt diese als Add-in.

Um das Add-in beim Betriebssystem zu registrieren, muss in der Windows-Registry ein neuer Eintrag bzw. Schlüssel unter

```
HKEY_CURRENT_USER\Software\Sparx Systems\EAAddins
```

erzeugt werden. Dieser kann einen beliebigen Namen haben, z.B. `MeinAddin`.

Als Wert dieses Schlüssels muss man nun den Pfad und Namen der Hauptklasse des Add-ins eintragen. In .NET setzt sich ein solcher Name aus dem Namensraum (*namespace*) und dem Klassennamen zusammen, z.B. `MyNamespace.MyAddin`.

In der Hauptklasse des Add-in müssen sich Methoden befinden, deren Signatur dem entspricht, was durch den Werkzeughersteller Sparx Systems vorgegeben ist. Diese Methoden werden dann von Enterprise Architect aufgerufen, um Informationen mit dem Add-in auszutauschen.

---

[3] Ab Version 9.x auch *Extensions* genannt.

Im Folgenden möchte ich Ihnen ein paar Beispiele solcher oft in einem Add-in benutzten Methoden geben, um Ihnen einen Eindruck des Konzeptes zu vermitteln. Die vollständige Beschreibung der Add-in-Schnittstelle von Enterprise Architect finden Sie in der mitgelieferten Online-Hilfe [Spa11a] oder auf der Homepage des Herstellers [Spa11b].

Add-ins mit eigenen Menüeinträgen versehen

Die Add-in-Schnittstelle von EA bietet an, Add-ins mit eigenen Menüeinträgen zu versehen. Diese Menüs erscheinen dann als Untermenüpunkte im Enterprise-Architect-Menü Add-Ins. Um Menüpunkte für EA zu erzeugen, stehen drei Methoden zur Verfügung:

- ```
  public object EA_GetMenuItems(EA.Repository rep,
                                string location,
                                string menuName)
  ```
- ```
  public void EA_GetMenuState(EA.Repository rep,
                              string location,
                              string menuName,
                              string itemName,
                              ref bool isEnabled,
                              ref bool isChecked)
  ```
- ```
  public void EA_MenuClick(EA.Repository rep,
                           string location,
                           string menuName,
                           string itemName)
  ```

Über die Methode EA_GetMenuItems wird für EA definiert, welche Menüeinträge angezeigt werden sollen.

Allen Methoden wird das sogenannte Repository-Objekt übergeben, das die EA-Datenbank repräsentiert. Die Klasse Repository im Namensraum EA stammt aus der mit dem Werkzeug mitgelieferten Schnittstellen-dll Interop.EA.dll, die man in seinem Add-in-Projekt einbinden muss, um auf Daten und Objekte aus der EA-Datenbank zugreifen zu können.

Weitere Parameter der Methode EA_GetMenuItems sind Angaben über den Ort des Menüaufrufs sowie der Name des Menüs, für den die Untermenüpunkte ermittelt werden sollen. Add-ins können auf verschiedene Weise in EA aufgerufen werden: Aus dem Hauptmenü heraus, aus dem Kontextmenü im Project Browser-Baum oder im Kontextmenü eines Diagrammelements. Durch Angabe der *location* kann die Methode in unterschiedlichen Kontexten unterschiedliche Menüeinträge zurückgeben.

Als Rückgabewert wird normalerweise ein Feld von String-Objekten verwendet (string[]), das die Namen der Menüeinträge enthält. Spezielle Konstrukte erlauben es außerdem, Untermenüs sowie Separatoren einzufügen. Ein Separator wird durch den String "-" erzeugt, ein Submenü durch ein dem Menüname vorangestelltes UND-Zeichen (&).

Durch die Methode EA_GetMenuState ist es möglich, Menüeinträge des Add-ins zu aktivieren oder zu deaktivieren. Außerdem kann man die Menüs mit einer CheckBox versehen. Dazu werden in den Parametern Informationen über den Menüpunkt übergeben, und mit Hilfe zweier per Referenz übergebenen bool-Variablen lässt sich der Menüzustand setzen.

Somit können mit den beiden oben beschriebenen Methoden Menüstrukturen aufgebaut und Menüpunkte aktiviert werden. Die dritte Methode EA_MenuClick ist für die Steuerung
  ```

der Add-in-Aufgaben die wichtigste. Sie wird immer dann aufgerufen, wenn ein Benutzer einen Menüpunkt eines Add-ins anklickt. Damit können dann die eigentlichen Aufgaben des Add-in von hier aus gestartet werden. Durch die übergebenen Parameter ist es möglich herauszufinden, welcher Menüpunkt wo aufgerufen wurde, und auch, welches EA-Modellobjekt davon betroffen ist – sofern das Add-in über ein Kontextmenü aufgerufen wurde.

Mit diesem Mechanismus lassen sich Add-ins entwickeln, die sich, wie die Grundfunktionen des Werkzeuges auch, vom Benutzer über Menüpunkte aufrufen lassen. Die durch die Menüs gestarteten Add-in-Funktionen können dabei sämtliche Dinge nutzen, die durch Bibliotheken des .NET-Framework oder anderer Bibliotheken zur Verfügung gestellt werden. Damit kann man Enterprise Architect universell mit neuen Funktionen versehen.

Auf Ereignisse aus dem Werkzeug reagieren

Neben der Möglichkeit, Funktionalitäten eines Add-ins über Menüpunkte durch den Benutzer zu aktivieren, bietet Enterprise Architect zusätzlich die Möglichkeit, mit Addins auf Ereignisse (*Events*) zu reagieren, die während der Benutzung des Werkzeugs auftreten.

Solche Ereignisse sind beispielsweise das Öffnen eines Modells, das Anlegen eines Modellelementes oder einer Verbindung, das Löschen von Elementen etc. Damit kann ein Add-in die Standardfunktionen zur Modellierung erweitern. Beispielsweise können Dialoge angezeigt werden, die Benutzer nach zusätzlichen Informationen fragen, um diese dann dem Modellelement hinzuzufügen.

Weiterhin ist es auch möglich, auf Ereignisse wie den Benutzerwunsch, die Eigenschaften eines Modellelements zu bearbeiten, zu reagieren. Dies geht soweit, dass sogar ein Add-in den Standarddialog des Modellierungswerkzeuges überschreiben darf, d.h. einen eigenen Dialog anzeigen kann. Somit kann ein Add-in weitgehende Veränderungen des Standardverhaltens realisieren, um beispielsweise eigene Modellierungsregeln oder -techniken vom Werkzeug her besser zu unterstützen.

Aus der Reihe von Methoden, die durch ein Ereignis aufgerufen werden können, möchte ich Ihnen nun drei beispielhaft erläutern, um das Prinzip darzustellen:

- `public bool EA_OnPreNewElement(EA.Repository rep, EA.EventProperties info)`
- `public bool EA_OnPostNewElement(EA.Repository rep, EA.EventProperties info)`
- `public bool EA_OnContextItemDoubleClicked(EA.Repository rep, string guid, EA.ObjectType ot)`

Die Methoden `EA_OnPreNewElement` und `EA_OnPostNewElement` werden dann aufgerufen, wenn ein Benutzer ein neues Modellelement anlegen will. Die erste Methode wird ausgeführt, bevor ein Modellelement in der Datenbank angelegt wird. Es ist dann z.B. möglich, weitere Informationen zum neuen Modellelement vom Benutzer zu erfragen. Das Anlegen des Modellelements kann sogar durch die Methode ganz verhindert werden. Ein Anwendungsbeispiel wäre hier zum Beispiel zu verhindern, dass bestimmte Modellelemente benutzt werden, da dies durch eigene Modellierungsregeln so festgelegt wurde. Dies kann man dann im Werkzeug fest einprogrammieren.

Wenn ein Modellelement angelegt wurde, wird `EA_OnPostNewElement` aufgerufen. Hier kann man nach dem Anlegen zum Beispiel Veränderungen am gerade erzeugten Element vornehmen.

Ein Ereignis ganz anderer Art verarbeitet die Methode `EA_OnContextItemDoubleClicked`. Diese wird aufgerufen, wenn ein Benutzer die Eigenschaften eines Modellelements bearbeiten will. Man kann beispielsweise den durch das Werkzeug bereitgestellten Dialog zum Bearbeiten der Eigenschaften durch einen eigenen ersetzen. Dies kann dann sinnvoll sein, wenn man z.B. nicht alle Eigenschaften oder nur auch ganz spezielle Eigenschaften, in einer für die Benutzer übersichtlichen Art, anzeigen will. Damit kann ein Stück weit auch Komplexität der Werkzeugbedienung für die Benutzer reduziert werden.

Registrierung des Add-in beim Betriebssystem

Damit EA in der Lage ist, die selbst erstellte dll auch zu finden, muss diese im letzten Schritt nach der Erstellung noch beim Betriebssystem bekannt gemacht werden. Im Rahmen des .NET-Framework geschieht dies durch das mitgelieferte Werkzeug `regasm.exe`. Erst nach der Registrierung ist EA in der Lage, die dll dynamisch zu laden und die Methoden der Add-in-Klasse aufzurufen.

In einem industriellen Umfeld sollten dieser Schritt und auch der Eintrag in die Registry natürlich nicht durch jeden Benutzer selbst, sondern am besten durch ein zentrales Installationsskript erfolgen, welches die entsprechenden Rechte besitzt. Oftmals ist nämlich in Unternehmen der Zugriff auf bestimmte Registry-Bereiche durch interne IT-Richtlinien eingeschränkt.

5.4.3 Die Rolle von Add-ins und Werkzeugen im Entwicklungskontext

EA bietet über die vorgestellten Möglichkeiten noch eine Reihe weiterer Ereignisse und Erweiterungsmöglichkeiten an. Mit diesen Mechanismen ist es möglich ein Modellierungswerkzeug wie EA nach individuellen Vorgaben an den jeweiligen Anwendungsbereich anzupassen. Dies kann dazu beitragen und helfen, die Akzeptanz für ein solches Werkzeug, sowie die Methodik der Modellierung und modellbasierten Entwicklung zu erhöhen. Man sollte sich immer vor Augen führen, dass das Modellierungswerkzeug die Schnittstelle und Arbeitsgrundlage zum und für das Modell bildet. Daher sollte man bei Auswahl und Bereitstellung eines solchen Werkzeugs auch immer großen Wert auf Benutzerakzeptanz und Benutzerfreundlichkeit legen. Die beste Modellierungsmethodik nützt nur wenig, wenn sie durch unzureichende Werkzeuge nicht gut umsetzbar ist.

Da modellbasierte Entwicklung heute immer noch an einigen Stellen in der Weiterentwicklung ist, kann es deshalb nötig sein, Aufwand in eigene Werkzeugerweiterungen zu investieren, um die Anwender dort zu unterstützen, wo es die Modellierungswerkzeuge so von Haus aus (noch) nicht tun. Durch offene Schnittstellen, wie sie z.B. Enterprise Architect und andere Modellierungswerkzeuge bieten, wird dies möglich gemacht.

6 Definition des Entwicklungskontexts

> **Fragen, die dieses Kapitel beantwortet:**
> - Wie grenzt sich der Entwicklungskontext für modellbasierte Entwicklung ab?
> - Welche Rolle spielen Prozesse und Prozessmodelle?
> - Auf welche Art und Weise kann man ein System konkret modellieren (funktional und technisch)?
> - Wie kann man eine Abstraktionsebene modellbasiert definieren?
> - Wie integriert sich die Qualitätssicherung im modellbasierten Umfeld?
> - Wie hilft die modellbasierte Entwicklung bei der Erfüllung der Nachverfolgbarkeitsanforderungen (Traceability)?

Nachdem in den vorhergehenden Kapiteln die Sprache SysML erläutert und auch etwas über Werkzeuge zum Erstellen von SysML-Modellen gesagt wurde, soll in diesem Kapitel der Entwicklungskontext abgegrenzt werden. Zur Anwendung von modellbasierter Entwicklung gehören nicht nur Werkzeuge und eine Modellierungssprache, sondern auch Regeln und Vorgaben, wie diese in Ihrem Projekt oder Unternehmen anzuwenden sind. Dies alles ist Aufgabe der Prozess- und Methodendefinition.

Ich möchte Ihnen hier zunächst ein paar allgemeine Hinweise zu Entwicklungsprozessen und Prozessnormen geben, bevor ich eine ganz konkrete, in der Praxis bewährte Umsetzung solcher Prozesse beschreibe, die dann im anschließenden Kapitel anhand eines praktischen Beispiels zur Anwendung kommen.

6.1 Prozesse sind zwingend notwendig

Vielleicht sind Ihnen Prozesse und der Begriff Prozess ja schon bestens aus Ihrem Arbeitsalltag vertraut und Sie haben eine positive Meinung darüber. Leider ist oftmals das Gegenteil der Fall. Dies liegt daran, dass einige den Begriff als Schlagwort verwenden, ohne genau verstanden zu haben, was dahinter steckt.

Eventuell kennen Sie solche oder ähnliche Aussagen aus eigener Erfahrung:

- *Der Kunde fordert, dass wir nach Prozess entwickeln.*
- *Wenn ich auch noch den Prozess einhalte, dann werde ich nie fertig.*
- *Für Prozesse ist bei uns die Prozessabteilung zuständig.*

Hinter solchen Aussagen steckt häufig die Angst, durch Prozesse in seiner Arbeit behindert zu werden. Prozesse sollen andere machen, lasst mich damit in Ruhe. Dabei wird deutlich, dass das zugrunde liegende eigentliche Konzept im Grunde nicht verstanden wurde.

Aber welches Konzept steckt denn nun dahinter?

Zunächst ist ein Prozess nichts anderes als eine Beschreibung eines Arbeitsablaufes. Dabei wird beschrieben, wie man vorgehen muss, um ein Ziel zu erreichen. Zusätzlich wird definiert, was man als Voraussetzung braucht und welches Ziel oder Endprodukt durch Abarbeitung des Prozesses erreicht bzw. erstellt werden soll.

Nehmen Sie mal als Beispiel die Herstellung eines chemischen Produkts. Dies wird hergestellt, indem mehrere Grundchemikalien in einem chemischen Reaktorbehälter zusammen gemischt werden und z.B. unter Zugabe von Hitze zu dem gewünschten Endprodukt reagieren.

Die Anweisung, in welcher Menge und Reihenfolge die Grundstoffe gemischt und erhitzt werden, ist als ein chemischer Prozess beschrieben. Hält man sich nicht an diese Angaben, dann kann es z.B. zu unerwünschten Reaktionen kommen. Ein schlimmer Fall einer solchen Reaktion wäre z.B. die Explosion des Reaktors. Daher ist es wichtig, den definierten Prozess einzuhalten, um möglichst gefahrlos und zeitnah das gewünschte Ergebnis zu erreichen.

Mit Entwicklungsprozessen in der Systementwicklung verhält es sich ähnlich. Auch dort wird definiert, welche Arbeitsschritte mit vorgegebenen Eingangsdaten oder -produkten ein gewünschtes Ausgangsprodukt erzeugen.

Wenn Sie also bereits Produkte herstellen, ohne dabei an Prozesse zu denken, dann ist dies nicht richtig. In Wahrheit haben Sie immer einen Prozess erfüllt, um das Produkt zu entwickeln. Der Unterschied ist der, dass dieser Prozess vielleicht nicht extra aufgeschrieben war oder ist oder als Prozess bezeichnet wurde. In einem solchen Fall ist der Prozess *implizit* in den Köpfen der Mitarbeiter definiert, jedoch nicht *explizit*.

Es hat sich nun oft gezeigt, dass solche impliziten Prozesse nicht von jedem Mitarbeiter gleich aufgefasst werden. Dies kann dazu führen, dass es Missverständnisse und Kommunikationsprobleme der Entwickler untereinander gibt. Im schlimmsten Fall führt dies zu Fehlern in den Arbeitsprodukten und damit zu hohen Kosten bei der Fehlerbeseitigung.

Um diesem Zustand entgegenzutreten, wurden sogenannte Prozessnormen entwickelt. Diese beschreiben Prozesse der Systementwicklung, die sich vielfach bewährt haben und deren Durchführung zu erfolgreichen Produktentwicklungen geführt haben (**Best Practices**). Oftmals haben Firmen, die bereits in der Vergangenheit erfolgreich Produkte entwickelt haben, diese Arbeitsschritte bereits implizit angewandt. Daher fehlt hier meist nur die explizite Prozessbeschreibung, um die Anforderungen dieser Normen zu erfüllen.

Die Einführung und Umsetzung solcher Prozessnormen ist meist erst dann sinnvoll, wenn ein Entwicklungsteam in einem Projekt eine gewisse Größe übersteigt. In einem kleinen Team kann man die Kommunikationsprobleme im Projekt durch ständigen persönlichen Kontakt verhindern oder ausgleichen. Wächst die Anzahl der Teammitglieder jedoch an, gelingt dies nicht mehr, und man muss formalere, explizite Prozesse einführen.

Dieser Tatsache Rechnung trägt die Definition von sogenannten Leichtgewichtsprozessen. Diese sind speziell für kleine Teams definiert, die sich mit den „schweren" Prozessen einen teilweise überflüssigen Ballast erzeugen. Bekannte Beispiele solcher Leichtgewichtsprozesse sind eXtreme Programming [Bec04] oder Scrum [Glo11], [Pic07].

Wichtig bei der expliziten Einführung von Prozessen in der Entwicklung ist es, eine genaue Analyse des Ist-Standes vorzunehmen und die Mitarbeiter mit einzubeziehen. Es gibt Unternehmen, die in der Vergangenheit erfolgreich Produkte in kleinen Teams entwickelt haben. Mit der Zeit ist die Teamgröße jedoch angewachsen, sodass nun mit einem Leichtgewichtsprozess nicht mehr auf Dauer erfolgreich gearbeitet werden kann. Dann ist es an der Zeit, „schwergewichtige" Prozesse einzuführen.

Häufig trifft dies jedoch auf Widerstand der Mitarbeiter, da man ja in der Vergangenheit auch ohne diese Prozesse erfolgreich Produkte entwickeln konnte und nun nicht eingesehen wird, warum es nicht auch in Zukunft so weitergehen soll.

Diesen Konflikt aufzulösen, kann eine Menge an Überzeugungsarbeit, Zeit und Aufklärung erfordern. Sollte dies nichts nützen, kann als letztes Mittel auch Druck durch das Management ausgeübt werden, in der Hoffnung, dass die Notwendigkeit der Prozesse durch praktische Anwendung letztendlich als hilfreich angesehen wird (siehe auch Kapitel 10).

Modellbasierte Entwicklung mit SysML spielt seine Stärken in Unterstützung und im Umfeld der „schwergewichtigen" Prozesse und großen Entwicklungsteams aus. Daher behandeln die folgenden Abschnitte solche Prozesse und Prozessnormen.

6.2 Das allgemeine V-Modell

Das allgemeine V-Modell [Boe81] ist das heute wohl am meisten verbreitete und akzeptierte Modell zur Darstellung des Systementwicklungskontextes. Dieses Modell stellt die Entwicklungs- und Testaktivitäten in Form eines V gegenüber. Dabei werden die Entwicklungs- und Testaktivitäten nach Verfeinerungsgrad von oben nach unten sortiert, sodass links oben die Kundenspezifikation steht, rechts oben der Kundenakzeptanztest und zuunterst die Implementierung bzw. Realisierung an der Spitze des V.

Bild 6.1 zeigt ein solches V-Modell. Hier wurden zusätzlich Anforderungsspezifikationen mit eingezeichnet, da diese das Bindeglied zwischen den Architektur- und Designdokumenten und den Testaktivitäten bilden. Bei den Architektur- und Designschritten wurde zudem eingetragen, dass es hier sinnvoll ist, SysML und UML im Kontext einer modellbasierten Entwicklung einzusetzen. Schließlich enthält das Modell auch noch Pfeile, um anzudeuten, dass Entwicklungsdaten Eingang für andere Entwicklungsschritte bilden, oder dass eine Querverbindung zwischen Architektur und Anforderungen besteht.

Wichtig bei der Interpretation des V-Modells ist, dass es keine Zeitachse gibt, die der V-Form folgt. Dies wurde in der Vergangenheit manchmal so interpretiert und führte dann zu dem Schluss, dass man mit den Testaktivitäten erst nach Ende der Implementierung beginnen sollte. Genau das Gegenteil ist jedoch richtig. Man muss mit den Testaktivitäten frühzeitig beginnen, sobald erste, für den Test notwendige Informationen vorliegen. Dies sind zumeist Anforderungen, die bereits in einer frühen Projektphase dazu verwendet werden können, Testaktivitäten zu planen oder auch schon Testfälle zu erstellen.

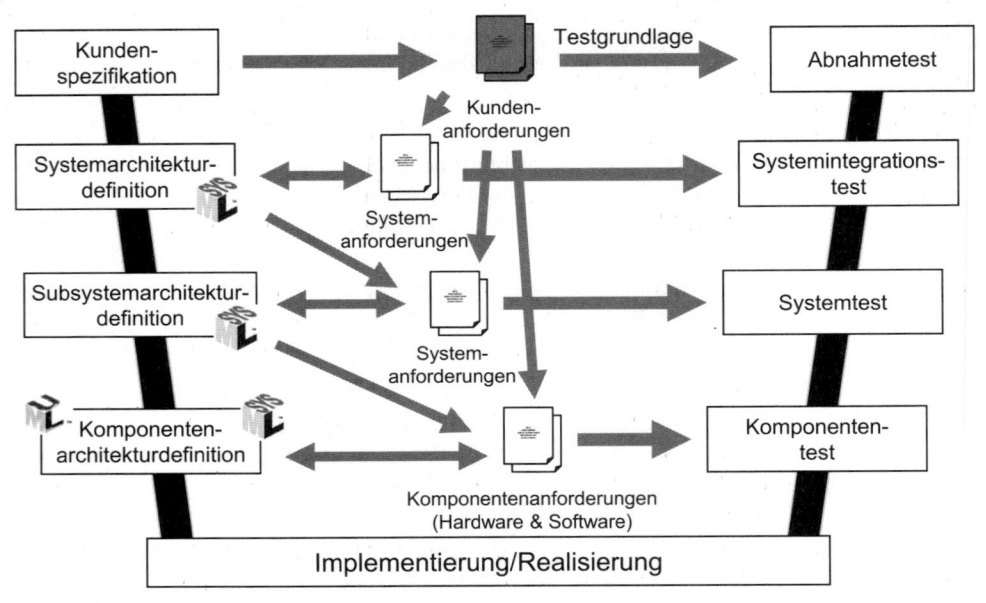

BILD 6.1 V-Modell

Natürlich können diese Testfälle erst ausgeführt werden, wenn Produkte zum Testen vorliegen. Jedoch können alle Testvorbereitungen bis dahin abgeschlossen werden.

Das V-Modell stellt die verschiedenen Entwicklungsaktivitäten als Kaskade dar, um zu zeigen, dass die Komponentenentwicklung auf die Systementwicklung folgt und ihre Ergebnisse als Eingangsdaten bzw. -produkte nutzt. Gleichermaßen gilt dies auch für die Implementierung und die Komponentenentwicklung usw.

Das Modell bildet damit einen ersten groben Rahmen für den Entwicklungskontext. Dies kann genutzt werden, um beispielsweise die Organisationsstruktur eines Entwicklungsbereiches dementsprechend aufzusetzen. Zudem ist es eine Hilfe für die Mitarbeiter einer großen Organisation, ihre Arbeit entsprechend abzugrenzen und einzuordnen.

■ 6.3 Prozessmodelle und Entwicklungsnormen

Prozessmodelle und Entwicklungsnormen bauen eigentlich immer auf dem oben beschriebenen V-Modell als Rahmen auf. Im Gegensatz zu diesem definieren sie jedoch detaillierter, welche Arbeitsprodukte und Arbeitsschritte in einer Systementwicklung notwendig sind.

Diese Festlegungen basieren fast ausschließlich auf Erkenntnissen der Vergangenheit, wo untersucht wurde, aus welchen Gründen ein Projekt erfolgreich durchgeführt wurde oder gescheitert ist. Einer der Hauptgründe, warum Projekte nicht erfolgreich waren, war unzureichende Dokumentation und schlechte Kommunikation der Projektbeteiligten untereinander.

Daher definieren fast alle Prozessnormen Arbeitsprodukte und Arbeitsschritte, die fordern, Arbeitsergebnisse zu dokumentieren. Auch geben die Normen Hinweise und Vorgaben, welche Arbeitsprodukte in einem Projekt zu erstellen sind. Typische Arbeitsprodukte sind dabei Anforderungen, Architektur, Projektpläne etc.

Natürlich sollen solche Arbeitsprodukte nicht als nachträgliche oder zusätzliche Dokumentation erstellt werden, sondern im Rahmen der Entwicklung entwicklungsbegleitend als bessere Entwicklungsgrundlage und damit auch als besseres Kommunikationsmittel von den Projektbeteiligten genutzt werden.

Es nützt nichts, solche Prozesse zu etablieren und die dabei entstehenden Arbeitsprodukte nicht für die Entwicklungsarbeit, sondern lediglich als Nachdokumentation zu nutzen und im Prinzip den alten Prozess beizubehalten. In einem solchen Fall wird die Einführung eines expliziten Prozesses natürlich als Ballast und unnötige Arbeit wahrgenommen.

6.3.1 CMMI, SPICE und Automotive SPICE

Die Entwicklungsnormen *Capability Maturity Model Integration* (CMMI) [Kne03], *Software Process Improvement and Capability dEtermination* (SPICE) [HDHM06] und seine Ablegernorm für den Automobilbereich *Automotive SPICE* [HSDZ+09] ähneln sich im Prinzip alle.

Alle Normen definieren Arbeitsschritte und Arbeitsprodukte, die im Rahmen eines Software- oder Systementwicklungsprojekts durchgeführt bzw. erstellt werden müssen. Wichtig ist, dass die Normen zwar Vorgaben machen, was zur Durchführung eines Prozesses notwendig ist, aber nicht, wie man dies im konkreten Projekt oder einzelnen Unternehmen umsetzen muss. Diese Normen müssen von daher noch auf die Bedürfnisse des Arbeitsumfeldes im Projekt oder Unternehmen zugeschnitten werden.

Typischerweise haben große Unternehmen hier Abteilungen (Prozessabteilungen), die sich um diese Belange kümmern. Hierunter fallen Aufgaben wie die Dokumentation der Prozesse und Prozessschritte, Schulung von Mitarbeitern in der Prozessanwendung, sowie Überwachung und Unterstützung bei der Anwendung der Prozesse.

Beachten sollte man immer, dass die definierten Prozesse die tägliche Arbeit unterstützen und so einfach wie möglich umgesetzt werden können. Andernfalls kann die Arbeit der „Prozessabteilung" schnell ein Akzeptanzproblem bekommen. Weitere Hinweise zur Thematik der Einführung von Prozessen und Methoden finden sich auch in Kapitel 10.

Gleich an den verschiedenen Prozessnormen ist, dass Arbeitsprodukte und Arbeitsschritte dabei in Kategorien einsortiert wurden, sogenannte Reifegrade. Damit wird es möglich mit Hilfe dieser Normen einen explizit definierten Entwicklungsprozess schrittweise einzuführen und mit der Zeit kontinuierlich weiterzuentwickeln.

Hauptunterschied zwischen CMMI und SPICE ist, dass CMMI eine Aussage über den Reifegrad des gesamten Unternehmens macht, während SPICE vornehmlich die Reife eines ausgewählten Entwicklungsprojektes überprüft und bewertet[1].

Sofern noch kein Prozess explizit definiert wurde, befindet man sich auf unterstem Reifegrad (normalerweise Stufe 0). Nun kann man durch Einführung von Prozessen und deren

---

[1] In einer Erweiterung des SPICE-Standards wird jedoch auch beschrieben, wie man zu einer unternehmensweiten Bewertung aufgrund der Korrelation mehrerer einzelner SPICE-Projekte kommt (ISO 15504-7).

88 6 Definition des Entwicklungskontexts

SPICE ISO 15504

Stufe 0: Unvollständig

Stufe 1: Durchgeführt

PA 1.1 Prozessdurchführung
- GP 1.1.1 Erziele die Prozessergebnisse

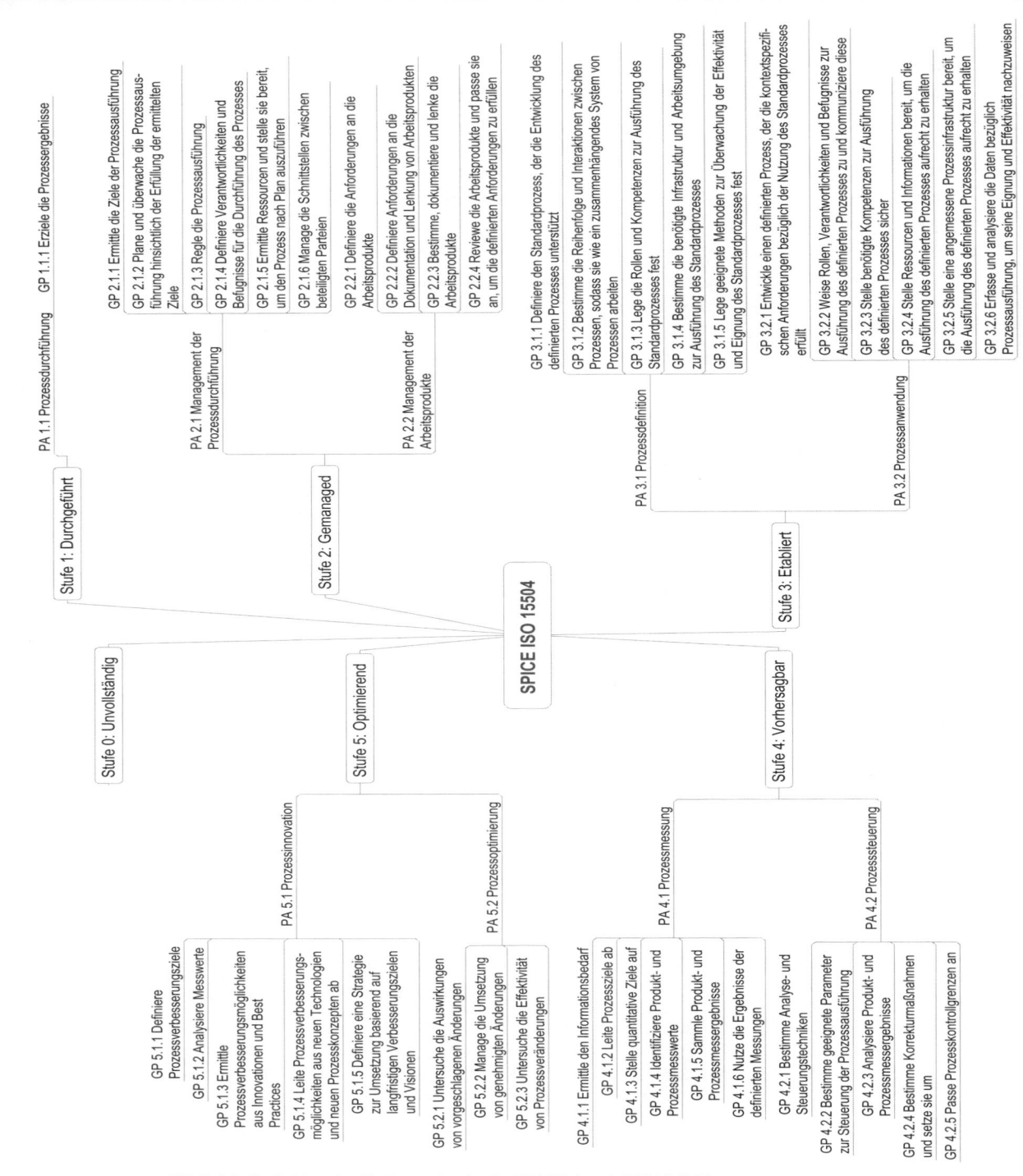

Stufe 2: Gemanaged

PA 2.1 Management der Prozessdurchführung
- GP 2.1.1 Ermittle die Ziele der Prozessausführung
- GP 2.1.2 Plane und überwache die Prozessausführung hinsichtlich der Erfüllung der ermittelten Ziele
- GP 2.1.3 Regle die Prozessausführung
- GP 2.1.4 Definiere Verantwortlichkeiten und Befugnisse für die Durchführung des Prozesses
- GP 2.1.5 Ermittle Ressourcen und stelle sie bereit, um den Prozess nach Plan auszuführen
- GP 2.1.6 Manage die Schnittstellen zwischen beteiligten Parteien

PA 2.2 Management der Arbeitsprodukte
- GP 2.2.1 Definiere die Anforderungen an die Arbeitsprodukte
- GP 2.2.2 Definiere Anforderungen an die Dokumentation und Lenkung von Arbeitsprodukten
- GP 2.2.3 Bestimme, dokumentiere und lenke die Arbeitsprodukte
- GP 2.2.4 Reviewe die Arbeitsprodukte und passe sie an, um die definierten Anforderungen zu erfüllen

Stufe 3: Etabliert

PA 3.1 Prozessdefinition
- GP 3.1.1 Definiere den Standardprozess, der die Entwicklung des definierten Prozesses unterstützt
- GP 3.1.2 Bestimme die Reihenfolge und Interaktionen zwischen Prozessen, sodass sie wie ein zusammenhängendes System von Prozessen arbeiten
- GP 3.1.3 Lege die Rollen und Kompetenzen zur Ausführung des Standardprozesses fest
- GP 3.1.4 Bestimme die benötigte Infrastruktur und Arbeitsumgebung zur Ausführung des Standardprozesses
- GP 3.1.5 Lege geeignete Methoden zur Überwachung der Effektivität und Eignung des Standardprozesses fest

PA 3.2 Prozessanwendung
- GP 3.2.1 Entwickle einen definierten Prozess, der die kontextspezifischen Anforderungen bezüglich der Nutzung des Standardprozesses erfüllt
- GP 3.2.2 Weise Rollen, Verantwortlichkeiten und Befugnisse zur Ausführung des definierten Prozesses zu und kommuniziere diese
- GP 3.2.3 Stelle benötigte Kompetenzen zur Ausführung des definierten Prozesses sicher
- GP 3.2.4 Stelle Ressourcen und Informationen bereit, um die Ausführung des definierten Prozesses aufrecht zu erhalten
- GP 3.2.5 Stelle eine angemessene Prozessinfrastruktur bereit, um die Ausführung des definierten Prozesses aufrecht zu erhalten
- GP 3.2.6 Erfasse und analysiere die Daten bezüglich Prozessausführung, um seine Eignung und Effektivität nachzuweisen

Stufe 4: Vorhersagbar

PA 4.1 Prozessmessung
- GP 4.1.1 Ermittle den Informationsbedarf
- GP 4.1.2 Leite Prozessziele ab
- GP 4.1.3 Stelle quantitative Ziele auf
- GP 4.1.4 Identifiziere Produkt- und Prozessmesswerte
- GP 4.1.5 Sammle Produkt- und Prozessmessergebnisse
- GP 4.1.6 Nutze die Ergebnisse der definierten Messungen

PA 4.2 Prozesssteuerung
- GP 4.2.1 Bestimme Analyse- und Steuerungstechniken
- GP 4.2.2 Bestimme geeignete Parameter zur Steuerung der Prozessausführung
- GP 4.2.3 Analysiere Produkt- und Prozessmessergebnisse
- GP 4.2.4 Bestimme Korrekturmaßnahmen und setze sie um
- GP 4.2.5 Passe Prozesskontrollgrenzen an

Stufe 5: Optimierend

PA 5.1 Prozessinnovation
- GP 5.1.1 Definiere Prozessverbesserungsziele
- GP 5.1.2 Analysiere Messwerte
- GP 5.1.3 Ermittle Prozessverbesserungsmöglichkeiten aus Innovationen und Best Practices
- GP 5.1.4 Leite Prozessverbesserungsmöglichkeiten aus neuen Technologien und neuen Prozesskonzepten ab
- GP 5.1.5 Definiere eine Strategie zur Umsetzung basierend auf langfristigen Verbesserungszielen und Visionen

PA 5.2 Prozessoptimierung
- GP 5.2.1 Untersuche die Auswirkungen von vorgeschlagenen Änderungen
- GP 5.2.2 Manage die Umsetzung von genehmigten Änderungen
- GP 5.2.3 Untersuche die Effektivität von Prozessveränderungen

BILD 6.2 Definition der Reifegradstufen in SPICE (nach [HDHM06])

Durchführung schrittweise den Reifegrad erhöhen. Durch die genormte Definition ist es nun außerdem möglich, mit ebenso genormten Verfahren zu überprüfen, welchen Reifegrad ein Projekt oder eine Organisation gerade hat. Dazu werden im Rahmen einer Prozessüberprüfung (engl. *Process Assessment*) durch externe Prüfer (*Assessoren*) überprüft, ob die für den Reifegrad definierten Arbeitsschritte durchgeführt und die notwendigen Arbeitsprodukte erstellt wurden.

Als Ergebnis einer solchen Bewertung wird dann entweder der zu bewertende Reifegrad bestätigt oder es werden Lücken offensichtlich, die momentan die Erreichung der Stufe verhindern. Daraus lassen sich dann Verbesserungsmaßnahmen für die Prozesse im Projekt oder Unternehmen ableiten, deren Umsetzung dann zur Schließung der Lücken und damit letztendlich zur Erreichung des gewünschten oder geforderten Reifegrades führt.

Sowohl CMMI als auch SPICE kennen fünf definierte Reifegradstufen, wobei SPICE auch einem Stufe 0 für einen unvollständigen Prozess kennt, während CMMI mit Stufe 1 beginnt. Vor Stufe 1 gibt es bei CMMI keine Stufe bzw. keine definierte Prozessreife. Viele Unternehmen und Projekte befinden sich heute auf Stufe 2 oder 3. Dies ist dadurch zu erklären, dass man zunächst eine große Hürde überwinden muss, um von einem rein impliziten Prozess zu einem explizit gelebten und den Normen entsprechend vollständig umgesetzten Prozess auf Stufe 1, 2 oder 3 zu kommen. Auf diesen Stufen sind auch die meisten der Anforderungen aus den Prozessnormen zu erfüllen.

Hat man erst einmal Stufe 3 erreicht – und wird diese auch konsequent und durchgängig angewandt[2] – dann sollte es mit vertretbarem Aufwand möglich sein, auch die nächsten Reifegrade zu erreichen.

Bild 6.2 zeigt am Beispiel von SPICE den Aufbau des Prozessmodells und der Reifegradstufen. In jeder Stufe muss man gewisse Dinge durchführen und erfüllen. In der SPICE-Terminologie gibt es auf jeder Stufe sogenannte Prozessattribute (PA) und darin enthaltene Generische Praktiken (GP), die durchzuführen sind, um die entsprechende Reifegradstufe zu erreichen.

Man erreicht den nächsten Reifegrad erst dann, wenn man alle geforderten Praktiken und außerdem alle Praktiken der niedrigeren Stufen durchführt.

Neben den generischen Praktiken definiert SPICE auch noch sogenannte Basispraktiken (BP). Diese beschreiben die eigentlichen Prozesse, die durchgeführt werden, um ein System zu entwickeln. Die Durchführung der Basisprozesse wird auf Level 1 durch die generische Praktik 1.1.1 gefordert, ist damit also Grundvoraussetzung für das Erreichen jedes SPICE-Reifegrades.

Da die Prozessnormen so allgemeingültig verfasst sind, dass man diese sowohl mit als auch ohne modellbasierte Entwicklung erreichen und erfüllen kann, findet sich in Anhang B eine ausführliche Erläuterung und Einordnung der modellbasierten Entwicklungstechnologien mit SysML in die in ISO 15504 (SPICE) definierten Prozesse. Hier finden Sie außerdem eine Übersicht über die SPICE-Prozesse zur Erfüllung der Basispraktiken (Bild B.1).[3]

---

[2] Die Kontinuität ist wohl das größte Problem in der Praxis.
[3] Die beiden Mind-Maps zu SPICE, Bild 6.2 und B.1, finden Sie auch online als PDF-Grafik zum herunterladen auf der Webseite zum Buch, sowie unter http://downloads.hanser.de.

6.3.2 Systems-Engineering-Handbuch des INCOSE

Das *International Council of Systems Engineering* (INCOSE) ist eine nicht gewinnorientierte Organisation mit dem Ziel, Systems Engineering weltweit als Methode zu verbreiten und zu etablieren. In Deutschland gibt es auch eine Tochterorganisation der INCOSE: die Gesellschaft für Systems Engineering (GfSE) e.V.

Das INCOSE gibt ein eigens zusammengestelltes Prozesshandbuch für das Systems Engineering heraus [SE 11]. In diesem Handbuch sind die Prozesse, Aktivitäten, Arbeitsprodukte und Rollen beschrieben, die im Rahmen des Systems Engineering durchgeführt bzw. besetzt werden sollen. Der Fokus liegt dabei auf dem gesamten Produktlebenszyklus, von der Ideengewinnung über Entwicklung und Produktion bis hin zum Ende des Produktes.

Das Handbuch umfasst umfangreiche Beschreibungen und Definitionen eines Prozessmodells, das für das Systems Engineering genutzt werden kann. Auch die SysML wird hier als bevorzugte Modellierungssprache vorgeschlagen. Dies ist auch nicht verwunderlich, da die INCOSE und ihre Mitglieder maßgeblich an der Entwicklung und Definition der SysML beteiligt waren und sind.

Der im Handbuch spezifizierte Prozess nutzt das oben beschriebene allgemeine V-Modell als Grundlage. Jedoch wird auch darauf eingegangen, wie in einem Umfeld mit sogenannten „Leichtgewichtsprozessen" (z.B. Scrum [Pic07]) Systems Engineering durchgeführt werden kann.

Viele der im Handbuch beschriebenen Prozessaktivitäten decken sich mit denen aus anderen Normen. Hier wird dann auch wieder deutlich, dass alle diese Prozessnormen und -empfehlungen aufbauend auf bewährten Verfahren definiert sind. Diese bewährten Prozesse unterscheiden sich daher in den Grundprinzipien so gut wie nicht.

Das INCOSE bietet auch Zertifizierungen an mit dem Ziel des Nachweises, dass Kenntnisse des Systems Engineering bei dem jeweils zertifizierten Mitarbeiter in dem vorgegebenen Maß vorhanden sind. Die Zertifizierung hat den Vorteil, dass Mitarbeiter mit einer solchen Zertifizierung vergleichbar werden, zum Beispiel dann, wenn es um eine Stellenausschreibung für einen Systemingenieur geht. Man kann dann ein solches Zertifikat zu einer der Einstellungsbedingungen machen.

Die Zertifizierung des INCOSE wird „Systems Engineering Professional" genannt und gliedert sich in die drei Stufen Einstieg (*Entry Level*), Basis (*Foundation Level*) und Fortgeschritten (*Senior Level*), die jeweils aufeinander aufbauen. Die erste Stufe fokussiert auf Wissen im Bereich des Systems Engineering, die zweite setzt außerdem mehrjährige praktische Erfahrung im Umgang mit Systems Engineering voraus. Die dritte hat den Fokus auf hohem Fachwissen und Führungserfahrung im Umfeld des Systems Engineering. Die drei Zertifizierungsstufen nennen sich im Original:

1. Entry Level: *Associate Systems Engineering Professional (ASEP)*
2. Foundation Level: *Certified Systems Engineering Professional (CSEP)*
3. Senior Level: *Expert Systems Engineering Professional (ESEP)*

Grundlage dieser Zertifizierungen bilden die im Systems-Engineering-Handbuch des INCOSE beschriebenen Inhalte und Definitionen.

6.3.3 ISO 61508 und ISO 26262

Während Normen wie CMMI und SPICE den allgemeinen Entwicklungsprozess der Systementwicklung definieren, gibt es darüber hinaus noch ergänzende Normen, die spezielle Aspekte der Systementwicklung einbringen.

In der Entwicklung von sicherheitskritischen Systemen haben sich die Normen ISO 61508 für allgemeine Systeme und ISO 26262 als eine spezielle Ausprägung für die Entwicklung von Automotivesystemen etabliert. Darüber hinaus existieren noch andere Normen für spezielle Anwendungen, wie z.B. Medizintechnik etc. All diese Normen beschreiben spezielle Anforderungen an den Entwicklungsprozess, die zusätzlich erfüllt werden müssen, wenn das zu entwickelnde System oder Produkt Sicherheitsanforderungen genügen muss. Man spricht hier von der Entwicklung sicherheitskritischer Systeme (engl. *Functional Safety Management* (FSM). Beispiele für solche Systeme sind:

- Luft- und Raumfahrtsysteme
- Automobilsysteme, welche die Fahrstabilität des Fahrzeugs beeinflussen können, wie Bremssystem, Lenkung und Antrieb
- Nuklearanlagen
- Medizinische Geräte wie z.B. Röntgengeräte oder Strahlentherapiegeräte

Sicherheitsanforderungen entstehen immer dann, wenn durch ein Fehlverhalten eines Systems oder Produkts Schaden für Menschen und Umwelt entstehen kann. Um dies bereits im Vorfeld zu verhindern oder zu minimieren, definieren diese Normen spezielle Herangehens- und Arbeitsweisen für die Entwicklung als Ergänzung des normalen Entwicklungsprozesses.

Beispielsweise kann man durch eine Sicherheitsbetrachtung während der Entwicklung herausfinden, ob das System mit der gewählten Architektur und dem gewählten Design die an es gerichteten Sicherheitsanforderungen erfüllt. Beispiele solcher Analysemethoden sind die *Fehlermöglichkeits- und Einflussanalyse* (FMEA) [Ver96] oder die Fehlerbaumanalyse [HB03] (engl. *Fault Tree Analysis* (FTA)).

Der Einsatz solcher Analyseverfahren in der Entwicklung verursacht zusätzlichen Aufwand und Kosten. Daher sind diese Normen auch als Ergänzung zu normalen Prozessnormen definiert, die dann Anwendung finden, wenn ein System sicherheitskritisch ist.

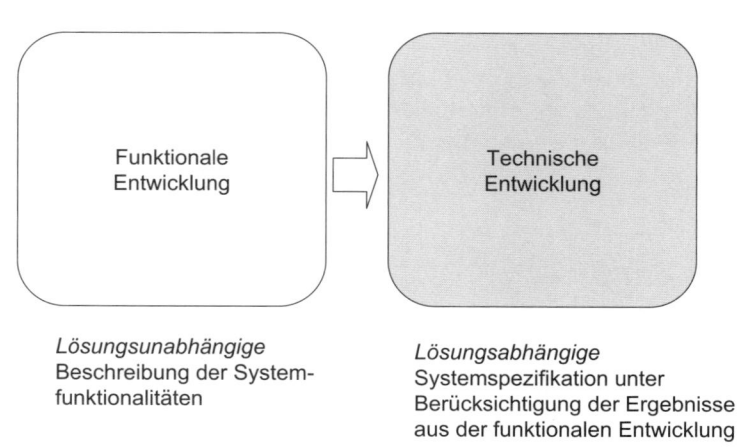

6.4 Funktionale und technische Entwicklung

Wenn man ein technisches Produkt oder Gerät entwickelt, so tut man dies in einer Art und Weise, damit dieses Produkt oder Gerät am Ende für den Benutzer bestimmte Funktionalitäten bereitstellt. Das heißt, dass das Produkt vorher festgelegte Funktionen erfüllen muss. Diese Funktionen beschreiben zunächst, *was* das Gerät können soll, und nicht, *wie* es diese Funktionen tatsächlich realisiert.

Nehmen wir als Beispiel eine Uhr. Eine Uhr hat die Aufgabe, die aktuelle Zeit anzuzeigen, damit ein Benutzer der Uhr sie ablesen kann. Dies ist die gewünschte Funktion oder Funktionalität einer Uhr.

Nun kann man diese Funktion auf ganz unterschiedliche Art und Weise realisieren. Beispielsweise gibt es mechanische Uhren, elektronische Uhren mit analoger oder digitaler Anzeige oder auch Sonnenuhren, die die Zeit als Schattenwurf des Sonnenlichts anzeigen. All diese verschiedenen Uhren erfüllen die geforderte Funktionalität einer Uhr, die technische Umsetzung jedoch ist ganz verschieden.

Man kann prinzipiell für alle Arten von Systemen die Funktionalität und die Art der Realisierung trennen. Dies ist insbesondere dann von Vorteil, wenn eine Funktionalität mit verschiedenen Produkten unterschiedlich realisiert werden soll. Ein Uhrenhersteller hat beispielsweise unterschiedliche Uhren in seinem Produktportfolio, die alle die Grundfunktion der Uhr erfüllen sollen.

Wenn man nun die funktionale Entwicklung von der technischen Entwicklung trennt, kann man die Arbeitsprodukte aus der funktionalen Entwicklung gemeinsam als Eingangsprodukt für die technische Entwicklung nutzen, ohne daran Änderungen vornehmen zu müssen (Bild 6.3).

Funktionale Entwicklung	Technische Entwicklung
Lösungsunabhängige Beschreibung der Systemfunktionalitäten	*Lösungsabhängige* Systemspezifikation unter Berücksichtigung der Ergebnisse aus der funktionalen Entwicklung

BILD 6.3 Funktionale und technische Entwicklung

So können die funktionalen Aspekte z.B. in Form von funktionalen Anforderungen oder Anwendungsfällen dokumentiert werden, und es ist dann Aufgabe der technischen Entwicklung, diese Anforderungen bzw. Anwendungsfälle umzusetzen.

Auch für den späteren Test des Produktes hat eine solche Trennung Vorteile. Man kann Testfälle für die funktionalen Anforderungen entwickeln, und diese können dann für alle technischen Produkte, die entwickelt werden, ohne Änderung genutzt werden, sofern die Funktionalität der Produkte gleich ist.

Trennung von funktionalen und technischen Aspekten ist also dann sinnvoll, wenn mehrere Produkte gleicher Funktionalität, aber unterschiedlicher technischer Realisierung entwickelt werden sollen. Falls dies nicht der Fall ist und beispielsweise alle Produkte Individualentwicklungen sind, kann man dort die Vorteile wie Wiederverwendung nicht nutzen.

6.4.1 Funktionale Entwicklung

Die funktionale Entwicklung beschreibt die Funktionalitäten des Systems, ohne dabei bereits die technische Lösung im Blick zu haben. Solche Beschreibungen sind daher *lösungsunabhängig* von der technischen Realisierung.

Als Richtschnur bei der funktionalen Entwicklung kann man immer die Frage heranziehen:

- *WAS* soll das System leisten?

Wichtig ist dabei immer, das *WAS* zu berücksichtigen und die Frage nach dem „*WIE* soll das System die Funktion realisieren?" auszublenden. Die Frage des WIE und die Antwort darauf ist die Aufgabe der technischen Entwicklung, die der funktionalen Entwicklung nachgeschaltet sein sollte.

Im Idealfall gibt es auch eine organisatorische Trennung zwischen funktionaler und technischer Entwicklung. Das heißt, ein Team kümmert sich rein um die funktionalen Aspekte und ein anderes dann um die technischen, unter Nutzung der Arbeitsergebnisse des funktionalen Teams.

Typische Arbeitsprodukte der funktionalen Entwicklung sind:

- Anwendungsfälle
- Funktionale Anforderungen
- Funktionale Verhaltensbeschreibungen, z.B. durch SysML-Verhaltensdiagramme

All diese genannten Arbeitsprodukte fallen in die Kategorie Verhaltensbeschreibung. Es ist aber auch möglich, innerhalb der funktionalen Entwicklung eine strukturelle Modellierung in Form von Architektur zu verwenden.

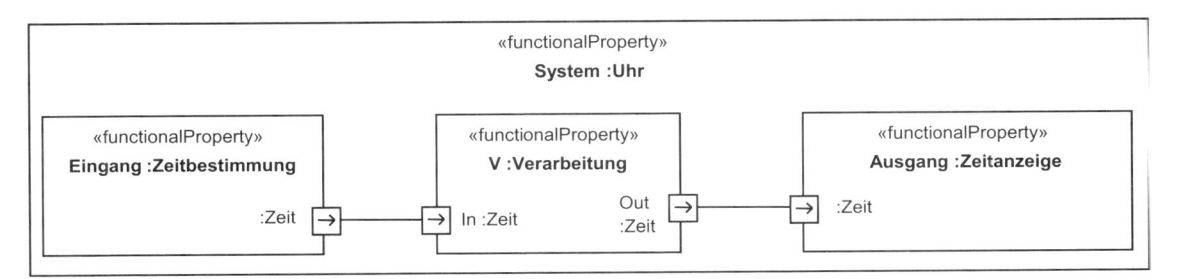

BILD 6.4 Funktionale Architektur einer Uhr

Diese *funktionale Architektur* trifft zwar schon gewisse Annahmen anhand des gegebenen Systemkontextes, bleibt dabei aber noch so abstrakt, dass für die technische Entwicklung noch genügend Freiraum für Entwicklungsentscheidungen bleibt. Die Nutzung einer solchen funktionalen Architektur hat den großen Vorteil, dass man sie benutzen kann, um die Anforderungen daran angelehnt zu strukturieren und zu finden (vgl. Abschnitt 7.3.3).

In Bild 6.4 ist die funktionale Architektur einer Uhr dargestellt. Diese Architektur benutzt sogenannte *Functional-Properties* als Architekturkomponenten. Solche Elemente sind eine Erweiterung der SysML, die in diesem Buch verwendet wird, um auf den ersten Blick solche Architekturen als funktionale Modelle erkennen zu können. Daher werden hier (statt der normalen Block-Properties) Functional-Properties verwendet.

EVA-Architektur

Die Architektur zeigt das System „Uhr" aus funktionaler Sicht, aufgeteilt in drei Elemente, die als Kette von links nach rechts dargestellt werden. Die Kette beginnt mit Eingangssignallieferanten und endet mit einer Ausgabe. In der Mitte zwischen Eingang und Ausgang befindet sich die Verarbeitung. Diese verarbeitet die Eingangssignale und steuert die (Wirk-)Ausgänge des Systems entsprechend an. Man kann hier von einer *Eingang - Verarbeitung - Ausgang*-Architektur, kurz EVA-Architektur sprechen. Eine solche EVA-Architektur ist typisch für technische Systeme, die Eingänge verarbeiten und Ausgänge ansteuern.

Dieses EVA-Architekturprinzip kann man nicht nur in der funktionalen, sondern auch später in der technischen Architekturmodellierung einsetzen. Der Unterschied ist der, dass in einem funktionalen Modell noch nicht festgelegt wird, wie für die Verarbeitung benötigte Eingangs- und Ausgangssignale gebildet werden. Das heißt, man geht nur davon aus, dass man diese Signale bekommt oder generiert. Wie diese Signale real gebildet oder weiterverarbeitet werden, ist hier noch nicht festgelegt.

Aus der funktionalen Uhrenarchitektur aus Bild 6.4 kann man immer noch verschiedene technische Architekturen ableiten. Beispielsweise könnte die Uhr mechanisch sein. Dann wären die Zeitbestimmung und die Verarbeitung z.B. eine mechanische Konstruktion aus Zahnrädern, Wellen und Federn, während die Zeitanzeige als Ziffernblatt mit Zeigern realisiert wird.

Bei einer digitalen, elektronischen Funkuhr, würde dagegen die Zeitbestimmung mit Hilfe des DCF-77-Funksignals realisiert, welches dann z.B. durch Software weiterverarbeitet und auf einer digitalen LC-Anzeige angezeigt wird.

All diese Aspekte werden bewusst in der funktionalen Entwicklung (noch) ausgeblendet, um dieses funktionale Modell ohne Änderungen für die technische Entwicklung als Eingangsprodukt nutzen zu können.

6.4.2 Technische Entwicklung

Wie bereits oben angedeutet hat die technische Entwicklung die Aufgabe, eine technische Realisierung einer vorgegebenen Funktion zu entwickeln. Mit den Daten aus der funktionalen Entwicklung – sofern vorhanden – sowie weiteren nichtfunktionalen Randbedingungen wie Kosten, technische Vorgaben aufgrund der Produktstrategie des Unternehmens etc. wird nun im Rahmen einer technischen Systementwicklung eine technische Realisierung modelliert und realisiert.

Für die Modellierung, die im Rahmen der technischen Entwicklung stattfindet, haben sich in der Praxis zwei Arten von Architektursichten bewährt: eine technisch-physikalische Architektur und eine technische Wirkkettenarchitektur. Was genau hinter diesen Begriffen steht und wie sie sich voneinander abgrenzen, wird in den folgenden beiden Abschnitten erläutert.

6.4.2.1 Technisch-physikalische Architektur

Die technisch-physikalische Architektur ist die Architektur, die Sie vermutlich sofort aufzeichnen würden, wenn Sie die Aufgabe bekämen, eine Systemarchitektur zu erstellen. Diese Architektur zeigt nämlich alle Systemkomponenten, die sichtbar und im wahren Wortsinn begreifbar sind. Daher kommt auch der Name, denn es werden alle physikalisch bzw. physisch vorhandenen Systembestandteile aufgezeigt.

Um eine solche Architektur zu erstellen, genügt es, alle sichtbaren Einzelteile des Systems darzustellen. Genau solche Darstellungen findet man in der Literatur und der Praxis sehr häufig.

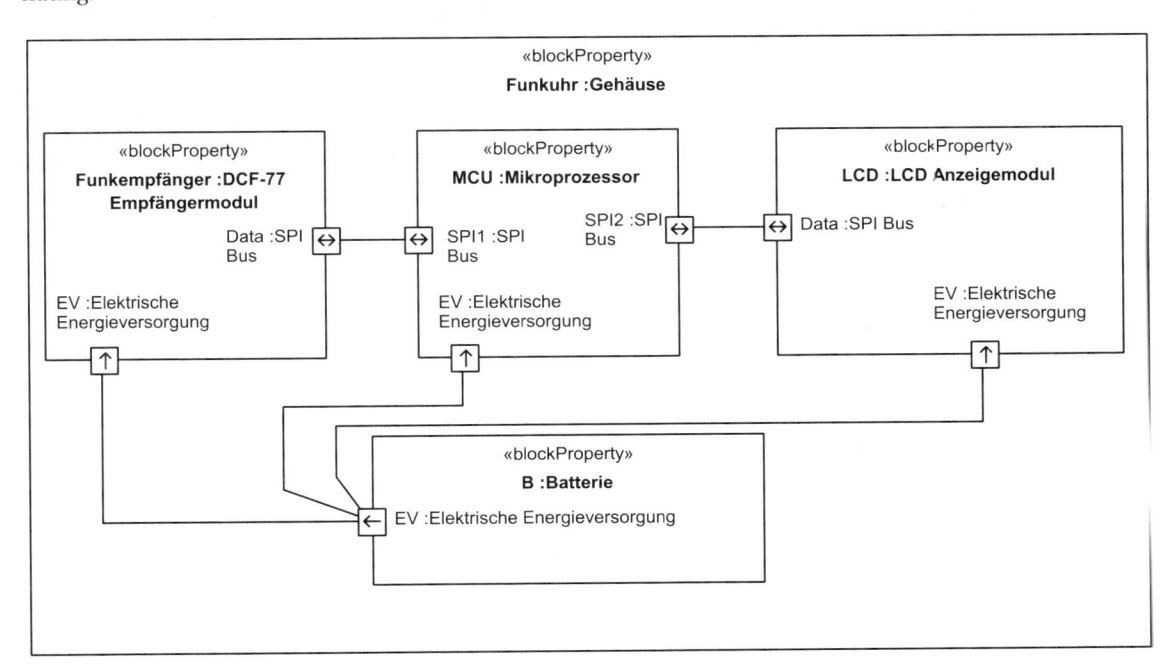

BILD 6.5 Technisch-physikalische Architektur einer Funkuhr

Bild 6.5 zeigt die technisch-physikalische Architektur einer funkgesteuerten Uhr, dargestellt mit SysML-Notation. Die Funkuhr besteht aus einem Gehäuse, das die einzelnen Module und Bauelemente dieser Uhr enthält: ein DCF-77-Funkempfängermodul, einen Mikroprozessor, eine LC-Anzeige und eine Batterie. Die Batterie versorgt alle Module und Bauteile mit elektrischer Energie. Der Funkempfänger und das Anzeigemodul sind beide über eine SPI-Schnittstelle (Serial Peripheral Interface) an den Mikroprozessor angeschlossen.

Die technisch-physikalische Architektur gibt nun bereits einen guten Überblick über das System, indem sie alle sichtbaren Bauteile aufzeigt. Wenn man wollte, könnte man auch noch Platinen, Verschraubungen und weitere Einzelteile darstellen. Jedoch muss hier von Fall zu Fall entschieden werden, wie und für welchen Zweck und für welche Anwender das Modell interessant ist bzw. genutzt wird.

Für solche detaillierteren Darstellungen existieren bereits eine Reihe von Darstellungsformen und Werkzeugen wie z.B. Schaltplan- und Platinenlayoutwerkzeuge oder auch CAD-Werkzeuge. Diese sind in der Lage, spezielle Details zu erfassen und diese Daten dann auch später für die Produktion des Systems zu nutzen.

SysML soll für diese Werkzeuge keine Konkurrenz bieten, sondern zusätzlich eingesetzt werden, um den Gesamtüberblick über das System, dessen Architektur und Anforderungen zu geben. Mit einer physikalischen Architekturbeschreibung der Uhr wie aus Bild 6.5 sollte ein Elektronikentwickler beispielsweise in der Lage sein, solch eine Schaltung und/oder Platine für eine solche Uhr zu entwickeln. Dafür bedarf es allerdings noch einiger weiterer Anforderungen, die beispielsweise Hinweise über die genaue Auslegung der Elektronikkomponenten, den Bauraum und sonstige Entwurfsvorgaben geben.

Die technisch-physikalische Architektur mag für einen Mechanik- und Elektronikentwickler genügend Eingangsinformation für seine Arbeit liefern, sie hat jedoch für technische Systeme mit einem Softwareanteil einen entscheidenden Schwachpunkt: Man kann diese Softwareanteile bzw. Softwarekomponenten damit nicht darstellen. Softwarekomponenten sind im physikalischen Systembild nicht mehr sichtbar. Die Komponentenstruktur der Software hat sich durch den Übersetzungsvorgang und die Übertragung des Binärcodes in den Speicher des Mikroprozessors aufgelöst. Physikalisch gesehen ist Software daher nur noch als spezifische Ladungsträgerverteilung im Speicher des Systems vorhanden.

Um nun sowohl die Software in Form von logischen Komponenten als auch die Hardwarebestandteile im Verbund darzustellen, bedarf es daher einer zweiten Art von technischer Architektur, der sogenannten *Wirkkettendarstellung* oder *Wirkkettenarchitektur*.

6.4.2.2 Technische Wirkkettenarchitektur

Die technische Wirkkettenarchitektur stellt die Komponenten des Systems, ganz gleich ob es sich dabei um Hardware oder Software handelt, als sogenannte Wirkketten im funktionalen Verbund dar. Dabei wird ein Schwerpunkt auf die funktionale Wirkungsweise der Systemkomponenten gelegt. Andere Komponenten, die zwar später im Gesamtsystem notwendig sind, jedoch keinen direkten funktionalen Beitrag leisten, werden abstrahiert, d.h. in dieser Architekturdarstellung nicht dargestellt. Dazu gehören zum Beispiel Mikroprozessoren, die benötigt werden, um Software auszuführen, oder auch mechanische Bauteile wie Gehäuse oder Platinen. Diese leisten nur einen indirekten Beitrag zur Systemfunktion, indem sie die Bauteile des Systems räumlich gruppieren oder zusammenhalten. Beim Abstrahieren von Mikroprozessoren muss man natürlich die Annahme treffen, dass es im System am Ende eine Ausführungseinheit für die Software geben muss.

Da die Wirkkettenarchitektur kein Ersatz für die technisch-physikalische Architektur, sondern deren notwendige Ergänzung ist, ergeben beide Architektursichten zusammen das gesamte benötigte Systembild.

Die Wirkkettenarchitektur ist im Prinzip sehr ähnlich zu der in Abschnitt 6.4.1 beschriebenen funktionalen EVA-Architektur, jedoch mit dem entscheidenden Unterschied, dass nun das

System und seine Funktionalität nicht mehr lösungsunabhängig, sondern lösungsabhängig beschrieben wird. Daher beschreibt die technische Wirkkettenarchitektur nicht nur das WAS, sondern auch das WIE in der Systemumsetzung.

```
┌─────────────┐      ┌─────────────┐      ┌─────────────┐
│  Sensoren/  │  ⇒   │ Verarbeitung│  ⇒   │ Aktuatoren/ │
│   Eingänge  │      │             │      │   Ausgänge  │
└─────────────┘      └─────────────┘      └─────────────┘
```

BILD 6.6 Prinzip der Systemwirkkettendarstellung

Eine typische Wirkkettendarstellung der Systemarchitektur beginnt mit der Aufnahme der Eingangsgrößen durch Sensoren, gefolgt von der Verarbeitung dieser Signale, üblicherweise durch die Software, und endet letztendlich mit der Ansteuerung von Aktuatoren bzw. der Erzeugung von Ausgaben für Benutzer.

In Bild 6.6 ist das Prinzip der Darstellung eines technischen Systems als Wirkkette noch einmal grafisch dargestellt. Jedes technische System lässt sich auf diese Art und Weise beschreiben. Die weiter oben im Buch bereits benutzten Beispiele bilden sich folgendermaßen auf das Schema ab.

In einem Computer bilden die Tastatur und die Maus üblicherweise die Sensoren bzw. Eingänge, über die Daten von einem menschlichen Benutzer entgegengenommen werden. Auch andere Schnittstellen wie Netzwerkanschlüsse oder Speicher bilden solche Eingänge in das System. Die Verarbeitung der Daten geschieht anschließend durch die Betriebssystem- und Anwendungssoftware. Auf der Ausgangsseite stehen dann Bildschirm, akustische Ausgaben oder auch Datenspeicher oder Netzwerke, in die Daten geschrieben werden. Man kann den Pfad eines Ereignisses in solch einer Wirkkette dann Schritt für Schritt nachverfolgen. Drückt beispielsweise ein Benutzer eine Taste an seinem PC, dann wird dieser Tastendruck zunächst elektronisch erfasst und dann durch die Betriebssystemsoftware als Softwareereignis (engl. *Event*) an die Applikationssoftware gemeldet. Ist diese Applikationssoftware beispielsweise ein Textverarbeitungsprogramm, so soll eventuell der gedrückte Buchstabe einem Text hinzugefügt werden. Daher weist die Textverarbeitung nun das Betriebssystem an, die entsprechende Anzeige zu aktualisieren. Das Betriebssystem sorgt letztendlich mit der korrekten Hardwareansteuerung dafür, dass der Buchstabe als solcher auf dem Monitor angezeigt wird. Das Ende auf dem Pfad durch diese Wirkkette bildet die Hardware, bestehend aus Grafikhardware und Monitor.

Auch das bereits oben in Bild 6.5 als physikalische Architektur dargestellte System der Funkuhr kann als eine solche Wirkkette dargestellt werden. Diese beginnt mit der Bereitstellung des Zeitsignals durch den DCF-77-Empfänger. Dieses Zeitsignal wird dann verarbeitet und so umgewandelt, dass es durch eine LCD-Anzeige in menschenlesbarer Form angezeigt wird.

Bild 6.7 zeigt einen ersten Entwurf einer Wirkkettendarstellung der Funkuhr. Es werden die bereits in der technisch-physikalischen Architektur verwendeten Komponenten `DCF-77 Empfängermodul` und `LCD Anzeigemodul` wieder verwendet – nun aber als Kette dargestellt und verbunden durch die Software. Um zu verdeutlichen, dass es sich um eine Wirkkette handelt, wurden die Komponenten des Systems in eine speziell für die Wirkkettendarstellung entwickelte Art von Komponente, ein sogenanntes *Chain-Property*, eingebettet. Diese Chain-Property-Komponente ist in SysML standardmäßig nicht vorhanden, sondern wird

```
                        «chainProperty»
                     System :Funkuhrwirkkette
  ┌─────────────────────────────────────────────────────────────────┐
  │  «blockProperty»        «softwareProperty»      «blockProperty»  │
  │  Funkempfänger :DCF-77   Verarbeitung :Software  LCD :LCD Anzeigemodul
  │  Empfängermodul                                                  │
  │  Zeitsignal :Register  →→ Zeitsignal :Register                   │
  │                           Anzeigedaten                           │
  │                           :Register       →→ Anzeigedaten :Register
  └─────────────────────────────────────────────────────────────────┘
```

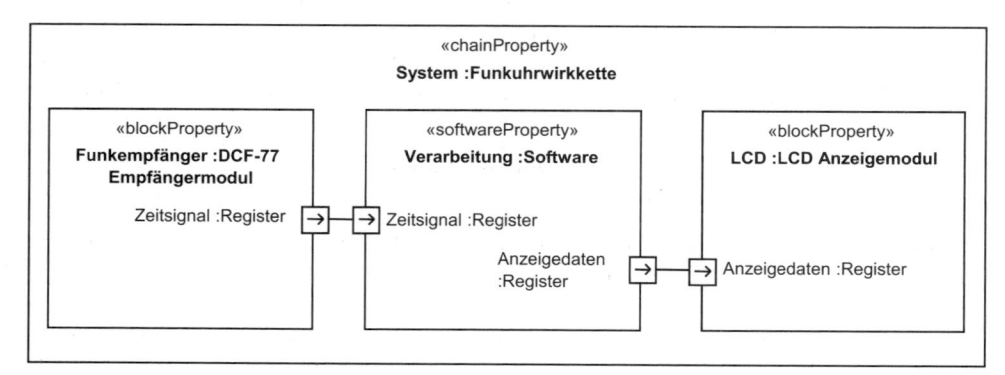

BILD 6.7 Wirkkettendarstellung der Funkuhr (erster Entwurf)

hier explizit durch Erweiterung des Profils für die Anwendung im Rahmen der Wirkkettenarchitektur hinzudefiniert.

Auch für Softwarekomponenten wird hier eine eigene Art von Property-Element definiert: das *Software-Property*-Element. Damit kann man auf den ersten Blick Hardware- und Softwarekomponenten in der Architektur unterscheiden.

Wie man im Diagramm erkennt, wird nun als Typ der Schnittstelle zwischen den Hardwaremodulen und der Software der Typ `Register` verwendet. Register sind typischerweise der Übergabepunkt zwischen Soft- und Hardware. Vielleicht ist Ihnen aufgefallen, dass diese Schnittstelle nicht mit den Schnittstellen übereinstimmt, die in der physikalisch-technischen Modellierung verwendet wurden. Dort waren die Komponenten nicht mit der Software verbunden, sondern elektrisch in Form einer SPI-Schnittstelle.

Daher ist die Verwendung der gleichen Komponenten, wie in der physikalisch-technischen Architektur nur begrenzt eine gute Lösung. Besser wäre, wenn man den Unterschied in der physikalisch-technischen und der Wirkkettenarchitekturdarstellung auch in den Komponenten und der Verwendung der Schnittstellen erkennen könnte.

Daher möchte ich Ihnen hier einen zweiten Ansatz mit sogenannten Signal- und Aktuatorketten zeigen, der die Wirkkettendarstellung besser unterstützt.

Signal- und Aktuatorketten

Signal- und Aktuatorketten sind ein Konzept, um funktional zusammenhängende Kombinationen von Hardware- und Softwarekomponenten im System zu kapseln. Sie haben einen virtuellen Charakter, da diese Komponenten im realen System nicht als solche sichtbar sind, sondern nur in der Wirkkettenarchitektur.

Die Idee hinter einer Signalkette besteht darin, dass diese an ihrem Ausgang ein Signal bereitstellt, das durch eine Applikationssoftware verwendet werden kann. Intern besteht eine Signalkette aus einer Abfolge von Hardware- und Softwarekomponenten, die gemeinsam diese Aufgabe übernehmen, nämlich das gewünschte Signal am Ausgang der Kette für Software verarbeitbar bereitzustellen.

In unserem Funkuhrenbeispiel gibt es eine solche Signalkette mit der Aufgabe, ein Zeitsignal extrahiert aus einem DCF-77-Funksignal als Softwaresignal am Ausgang bereitzustellen.

6.4 Funktionale und technische Entwicklung

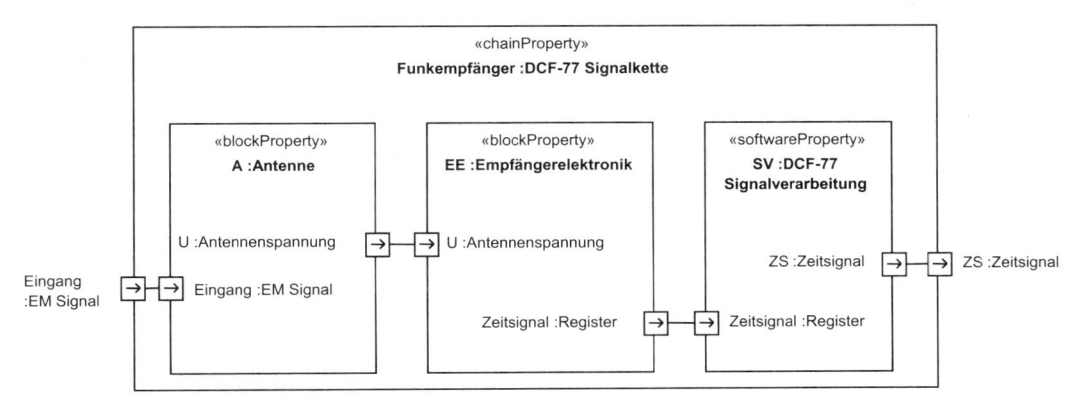

BILD 6.8 DCF-77-Eingangssignalkette

Bild 6.8 zeigt die Architektur dieser Eingangssignalkette. Die Komponenten der Signalkette sind in ein Chain-Property-Element eingebettet, das am Ausgang das Zeitsignal als Softwarestruktur bereitstellt. Die Kette beginnt mit der Empfangsantenne, gefolgt von der Empfängerelektronik. Der Ausgang der Empfängerelektronik ist als Register definiert, das in eine Softwarekomponente geht. Diese Softwarekomponente liest die Werte aus dem Register aus und wandelt sie in das am Ausgang der Signalkette benötigte Signal um.

Der prinzipielle Aufbau einer Eingangssignalkette ist dabei grundsätzlich so, dass diese ein Signal aus der Umwelt mit einem Wandlerelement aufnimmt, elektronisch verarbeitet und letztendlich eine Softwarekomponente das Signal von der Hardware ausliest und am Ausgang der Kette bereitstellt. Anstatt einer Antenne kann je nachdem, was aus der Umwelt erfasst werden soll, auch ein Sensor zum Einsatz kommen.

Die Grundarchitektur einer Eingangssignalkette hat immer die prinzipielle Struktur:

Wandlerelement ⇒ Elektrische Verarbeitung ⇒ Softwareeingangssignalaufbereitung

Genau entgegengesetzt funktionieren dann Ausgangssignalketten bzw. Aktuatorketten. So wie die Eingangssignalketten die Schnittstelle zwischen Umwelt und der Systemapplikationssoftware bilden, bilden die Aktuatorketten die Schnittstelle hinaus von der Software zur

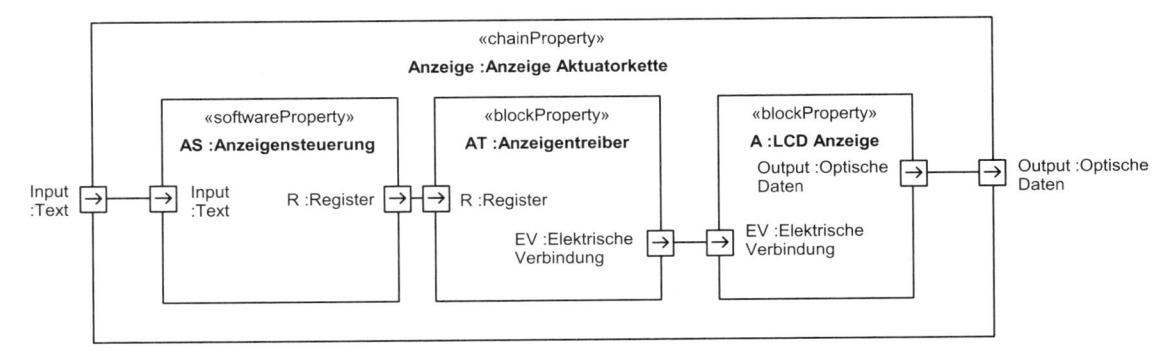

BILD 6.9 Die Ausgangsaktuatorkette der Anzeige

Umwelt. Dort werden Anforderungen, die aus der Verarbeitungssoftware kommen, von einer Softwarekomponente aufgenommen, über ein Register an die Elektronik weitergegeben und schließlich durch ein Wandlerelement (z.B. Anzeige, Motor etc.) ausgeführt.

Die Architektur ist daher genau entgegengesetzt analog zu der der Eingangssignalketten:

Ausgangstreibersoftware ⇒ Elektrischer Treiber ⇒ Wandlerelement

Die für das Funkuhrsystem definierte Ausgangskette für die Ansteuerung der Zeitanzeige ist in Bild 6.9 zu sehen. Der als Eingangssignal der Kette gelieferte Text wird durch die Softwarekomponente an den Anzeigentreiber gegeben und am Ende der Kette durch ein Display in ein optisches Signal gewandelt und an die Umwelt abgegeben.

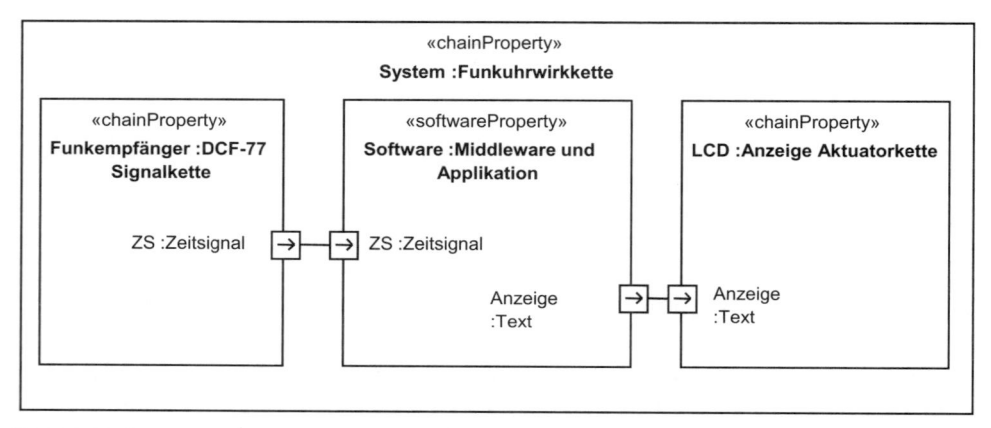

BILD 6.10 Wirkkettendarstellung der Funkuhr (mit Eingangs- und Ausgangsketten)

Mit den beiden definierten Wirkketten sind wir nun in der Lage, die Wirkkettenarchitektur des Gesamtsystems noch einmal neu zu definieren. Bild 6.10 zeigt die Wirkkette des Funkuhrensystems unter Verwendung der definierten Eingangs- und Ausgangsketten. Im Unterschied zur oben definierten Architektur aus Bild 6.7 besteht die Architektur auf oberster Ebene nun nicht mehr aus zwei Block-Property- und einem Software-Property-Element, sondern aus Chain-Property-Elementen, die ihrerseits Block- und Software-Property-Elemente enthalten. Die verbindende Softwarekomponente zwischen der Eingangs- und Ausgangssignalkette wurde `Middleware und Applikation` genannt. Als Middleware bezeichnet man die Software, die zwischen der Low-Level-Treibersoftware und der Applikation vermittelt. Da die Softwarekomponenten in den Eingangs- und Ausgangsketten diese Low-Level-Software bilden, bietet sich diese Benennung für die Software in der Mitte der Gesamtwirkkette an.

In Bild 6.11 ist die Systemarchitektur noch einmal als Schichtenmodell dargestellt. Beide Architekturarten stellen bestimmte Aspekte des Systems dar. Die Wirkkettenarchitektur geht vertikal durch alle Schichten und definiert implizit auch die Softwarearchitektur. Im Gegensatz dazu stellt die technisch-physikalische Architektur den physikalischen Zusammenbau dar, ohne Fokus auf den funktionalen Zusammenhang der Komponenten zu legen, und hat im Schichtenmodell eher eine horizontale Anordnung über die beiden untersten Schichten hinweg.

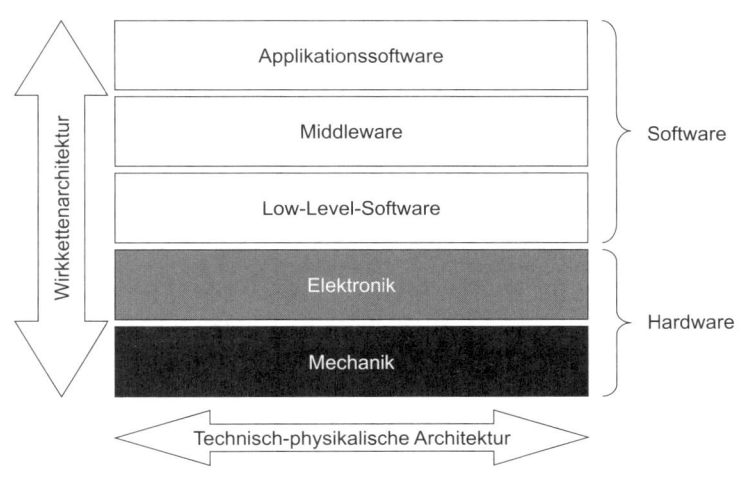

BILD 6.11 Schichtenmodell der Systemarchitektur

6.5 Architekturbaukasten

Durch Verwendung des in den vorangegangenen Abschnitten beschriebenen Architekturaufbaus ergeben sich eine ganze Reihe von Vorteilen für die Systementwicklung, insbesondere was Wiederverwendung bereits definierter Komponenten und die Änderbarkeit der Applikationssoftware angeht.

Stellen Sie sich vor, Sie führen ein Unternehmen, das Funkuhren für verschiedene Anwendungen herstellt: angefangen von Armbanduhren über Digitaluhren in der Größe einer Zigarettenschachtel bis hin zu einer Uhr für öffentliche Plätze mit einer metergroßen, beleuchteten Anzeige.

All diese Uhren ähneln sich darin, dass ein Funksignal empfangen, verarbeitet und angezeigt werden muss. Die oberste Ebene der Systemarchitektur aller genannten Uhren unterscheidet sich daher überhaupt nicht. Anforderungen, die an diese Komponenten und deren Schnittstellen gestellt werden, gelten für alle Systeme gleichermaßen. Die Architektur unterscheidet sich erst, wenn man in die Komponenten, das heißt in die Eingangs- und Ausgangssignalketten hineinschaut.

Wenn man nun verschiedene Varianten dieser Signalketten definiert, hier im Beispiel also insbesondere für die Anzeigenkette, dann kann man die Wirkketten einfach durch die passende Variante austauschen und erhält damit die passende Wirkketten-Systemarchitektur für das zu entwickelnde System. Um diesem Umstand Rechnung zu tragen, wendet man sinnvollerweise das Baukastenprinzip an.

Was sind nun die essenziellen Dinge eines Baukastens?

Zunächst enthält ein Baukasten Bausteine. Aus diesen Bausteinen kann man dann Systeme zusammenbauen. Neben den Bausteinen enthält ein Baukasten auch eine Anleitung, in der beschrieben ist, wie man die Bausteine kombinieren soll oder muss, um ein korrekt funktionierendes System zu erhalten. Eine solche Anleitung kann man auch als Vorlage (engl. *Template*) bezeichnen.

Eine wichtige Randbedingung eines Baukastens ist zudem, dass die Bausteine standardisiert sind. Das heißt, sie haben festgelegte Eigenschaften. Bekannte Baukästen kennt man typischerweise von Baukästen wie Lego, Fischer Technik, Märklin etc., um nur einige zu nennen. Hier gibt es mechanische oder auch elektromechanische Elemente fester Größe und mit Schnittstellen, die es erlauben, diese Bausteine mit anderen aus dem Baukasten zu kombinieren.

Auch im Bereich des Maschinenbaus wird das Baukastenprinzip angewandt. Es gibt beispielsweise genormte Schrauben mit festem Durchmesser und Längen. Der Vorteil einer Standardisierung ist, dass man diese genormten Bausteine, auch wenn sie von verschiedenen Herstellern kommen, miteinander kombinieren kann. So können Sie zum Beispiel eine genormte Mutter M5 eines Herstellers mit einer M5er-Schraube eines anderen Herstellers kombinieren.

Zusammengefasst setzt ein Baukasten folgende Konzepte um:

- Enthält standardisierte Bausteine
- Bausteine haben abgestimmte Schnittstellen, die es erlauben, Bausteine zu kombinieren
- Vorlagen beschreiben, wie man die Bausteine kombinieren muss, um ein funktionierendes System als Ganzes zu erhalten

Die Prinzipien des Baukastens lassen sich nun auch auf die modellbasierte Systementwicklung mit SysML anwenden. Die Bausteine dieses Baukastens sind dann die Signal- und Aktuatorketten der Wirkkettenarchitektur oder auch wiederverwendbare Elemente der physikalischen Architektur. Aus den Komponenten im Baukasten werden dann komplette Systeme aufgebaut. Durch die Verwendung der Signalketten als virtuelle Kapseln für Hard- und Software im funktionalen Zusammenhang ist es außerdem möglich, passende Kombinationen von Hardware- und Softwarekomponenten in diesem Architekturbaukasten zu hinterlegen, was die Variantenvielfalt einschränkt. Einmal im Rahmen einer Systementwicklung definierte Bausteine sind verfügbar, bereits getestet, bewährt und können für zukünftige Systementwicklung als betriebsbewährte Bausteine für neue Systementwicklung wiederverwendet werden. Außerdem haben diese Bausteine typischerweise auch Anforderungen zugeordnet, sodass sich direkt auch eine Wiederverwendung der Anforderungen ergibt. Die Kombinationen aus Hard- und Software müssen in einem neuen Projekt nicht erneut entwickelt und getestet werden, sondern man kann dann diese Bausteine nehmen und sie neu kombinieren, damit dann das neue, zu entwickelnde System entsteht.

■ 6.6 Abstraktionsebenen

Wenn man ein System modelliert, ist es oftmals notwendig, vom gleichen System oder Systemteil verschiedene Aspekte herauszuarbeiten. Dies kann man dadurch erreichen, dass man das System und dessen Aspekte unterschiedlich abstrakt darstellt. Wie man oben gesehen hat, definiert die oben vorgestellte Architekturmethodik eine technisch-physikalische und eine Wirkkettenarchitektur. Beide stellen das System aus einem speziellen Blickwinkel heraus dar. Man spricht hierbei oftmals von verschiedenen *Abstraktionsebenen*.

Durch die Abstraktion werden Teile abstrahiert, also bewusst weggelassen, um spezifische Aspekte darzustellen und hierbei unwichtige Details auszublenden. Beispielsweise abstrahiert die Wirkkettenarchitektur Mikrocontroller und Gehäuse. Diese sind nur in der technisch-physikalischen Architekturebene zu sehen. Dafür existieren in der Wirkkettenarchitektur virtuelle Komponenten in Form von Wirkkettenkapseln (*Chain-Properties*), um Hardware, Mechanik und Softwarekomponenten in einen funktionalen Zusammenhang zu bringen.

Die beiden Architekturebenen sind nur zwei Beispiele für Abstraktionsebenen. Man kann sich auch noch beliebig andere überlegen, um spezifische Aspekte des Systems im Modell darzustellen. Das Konzept der Abstraktionsebene ist daher als allgemein gültig anzusehen und so auch einsetzbar.

Abstraktionsebenen im Modell

Um das Systemmodell zu strukturieren, bietet SysML Pakete zur Strukturierung und Ordnung von Modellelementen und Viewpoints zur Strukturierung und Ordnung von Diagrammen an. Diese Konzepte sollte man daher auch nutzen, um das Modell bzw. die Modelldatenbank so zu strukturieren, dass Daten und Elemente von den Benutzern schnell und einfach gefunden und bearbeitet werden können.

Ich möchte Ihnen im Folgenden eine Paketstruktur vorstellen, die sich in der Praxis entwickelt und sich dort durch hundertfache Anwendung als tragfähig erwiesen hat. Diese Paketstruktur ist dabei so allgemein gehalten, dass man damit SysML-Modelle aus den unterschiedlichsten Anwendungsdomänen strukturieren kann. Da diese Struktur in der gesamten Modelldatenbank verwendet wird, ist es dem damit vertrauten Modellbenutzer außerdem möglich, durch das komplette Modell zu navigieren und Dinge im Modell zu finden, unabhängig davon, ob er selbst oder ein Kollege diesen Teil erstellt hat.

Bild 6.12 zeigt die Paketstruktur für ein System oder auch eine Systembaugruppe. Die meisten Pakete sind mit Stereotypen versehen. Dies bringt den Vorteil mit sich, dass man dann die Paketnamen umbenennen kann, ohne dass die eigentliche Bedeutungsinformation (Semantik) verloren geht. Eine solche Umbenennung kann man zum Beispiel dann vornehmen, wenn man die Paketnamen in einer speziellen Sprache (Deutsch, Englisch, Japanisch etc.) im Modell haben will. Wenn man nun vorhat, Daten aus Modellen mit Hilfe von Werkzeugen zu extrahieren und diese verschiedene Paketnamen verwenden, der Inhalt der Pakete aber die gleiche Bedeutung hat, ist es unbedingt notwendig, solche semantischen Informationen in maschinenlesbarer Form zu haben. Hier bieten sich daher die Stereotypen an.

Der Grundgedanke hinter dieser Paketstruktur ist, dass Modellelemente und Diagramme, die zu einer Abstraktionsebene gehören, getrennt voneinander in der Modelldatenbank abgelegt werden. Dafür wird der in SysML definierte Viewpoint- und View-Mechanismus verwendet. Sämtliche Diagramme zu einer Abstraktionsebene befinden sich daher in den «view»-Paketen unterhalb des «viewpoints»-Pakets.

Um die verschiedenen Aspekte und Sichten auf das Modell einer Abstraktionsebene darzustellen, gibt es sechs vordefinierte Sichten:

- **Architectural View**
  Der Architectural View (Architektursicht) enthält Diagramme, welche die Architektur des Systems aus der Sicht dieser Abstraktionsebene darstellen. Typischerweise enthalten solche Diagramme Property-Elemente mit Ports und Verbindungen zwischen diesen Ports mit Hilfe von Item-Flows.

```
⊟─ 📁 «fctsys» Ein System/Systembaustein
   ⊟─ 📁 «abstraction level» Eine Abstraktionsebene
      ⊟─ 📁 «viewpoints» Viewpoints
      │  ├─ 🗂 Viewpoints
      │  ├─ ⊟ 📁 «view» Architectural View
      │  │     └─ 📷 Architectural View
      │  ├─ ⊟ 📁 «view» Behavioural Allocation View
      │  │     └─ 📷 Behavioural Allocation View
      │  ├─ ⊟ 📁 «view» Behavioural View
      │  │     └─ 👥 Behavioural View
      │  ├─ ⊟ 📁 «view» Component Allocation View
      │  │     └─ 📷 Component Allocation View
      │  ├─ ⊟ 📁 «view» Decomposition View
      │  │     └─ 📷 Decomposition View
      │  └─ ⊟ 📁 «view» Requirements View
      │        └─ 📷 Requirements View
      ├─ 📁 «block properties» Block Properties
      ├─ ⊟ 📁 «behaviour» Behaviour
      │     ├─ 📁 Activities
      │     ├─ 📁 Sequences
      │     ├─ 📁 Statecharts
      │     └─ 📁 Use Cases
      └─ 📁 «requirements» Requirements
```

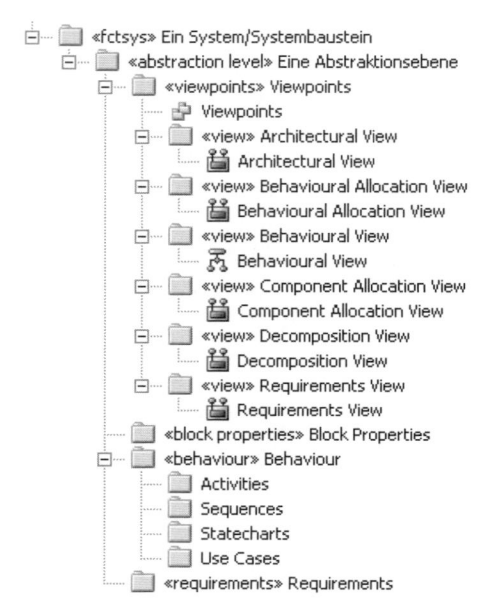

BILD 6.12 Paketstruktur für Systemteile und Abstraktionsebenen

- **Behavioural Allocation View**
  Der Behavioural Allocation View (Verhaltenszuordnungssicht) enthält Diagramme, die Allokationen zwischen Verhaltenselementen wie z.B. Zuständen, Aktivitäten, Anwendungsfällen und Architekturkomponenten darstellen. Dadurch lässt sich zum Beispiel modellieren, welcher Architekturkomponente ein Zustandsautomat zugeordnet ist.

- **Behavioural View**
  Der Behavioural View (Verhaltenssicht) enthält typische Verhaltensdiagramme, die das Verhalten des Systems im Kontext dieser Abstraktionsebene darstellen. Typische Diagramme sind hier Anwendungsfall-, Aktivitäts-, Sequenz- und Zustandsdiagramme.

- **Component Allocation View**
  Der Component Allocation View (Komponentenallokationssicht) stellt die Allokation von Architekturkomponenten und Schnittstellen dieser Abstraktionsebene zu Architekturkomponenten und Schnittstellen einer abstrakteren zweiten Abstraktionsebene dar. Die Diagramme, die hier eingeordnet werden, stellen als einzige, Elemente aus zwei verschiedenen Abstraktionsebenen gemeinsam auf einem Diagramm dar. Dies ist ansonsten streng untersagt, da eine Abstraktionsebene eine abgeschlossene Einheit im Modell bildet und ihre eigenen Diagramme und Elemente definiert.

- **Decomposition View**
  Der Decomposition View (Dekompositionssicht) stellt die Systemzerlegung und Systemstruktur als sogenannten Dekompositionsbaum dar. Dies ist deshalb notwendig, da auf einer Architektursicht normalerweise nur zwei Ebenen von Komponenten gleichzeitig dargestellt werden. Innerhalb einer Abstraktionsebene kann es aber sehr häufig mehr als zwei Hierarchieebenen geben. Um die Gesamtheit der Architekturzerlegung zu zeigen, benutzt man die Dekompositionssicht.

- **Requirements View**
  Der Requirements View (Anforderungssicht) zeigt alle Aspekte, die mit Anforderungen innerhalb dieser Abstraktionsebene zu tun haben. Typischerweise werden hier Anforderungsdiagramme hinterlegt, die die Zuordnung von Anforderungen zu Systemkomponenten darstellen und definieren. Man könnte die Anforderungen natürlich auch mit in der Architektursicht darstellen. Aus Übersichtlichkeitsgründen wird dies jedoch in zwei Sichten getrennt.

In der Praxis hat es sich bewährt, die in den Paketen der Sichten (Stereotyp «view») als Namenszusatz eine Abkürzung der Sicht zu geben. Dies erleichtert die Zuordnung eines Diagramms zu einer Sicht, wenn das Diagramm für sich allein gestellt dargestellt wird. So bekommen beispielsweise Diagramme der Architektursicht den Zusatz *AV* für *A*rchitectural *V*iew, Diagramme der Anforderungssicht den Zusatz *RV* usw.

Die weiteren Pakete einer Abstraktionsebene sind dazu da, die Modellelemente aufzunehmen, die auf den Diagrammen innerhalb der Views dargestellt werden. Das «blockProperties»-Paket enthält alle Architekturkomponenten (block properties, software properties, chain properties oder functional properties), die für diese Abstraktionsebene definiert und verwendet werden, um die Architektur zu definieren.

In das Paket «behaviour» und dessen Unterpakete werden die Elemente einsortiert, die für Verhaltensmodellierung verwendet werden. Typische Elemente dort sind daher Zustände, Aktivitäten, Anwendungsfälle usw.

Das Paket «requirements» enthält letztendlich Anforderungen, die innerhalb der Abstraktionsebene verwendet und definiert werden.

Eine Abstraktionsebene mit ihrem Paket mit dem Stereotyp «abstraction level» wird immer als Unterpaket unter ein Paket mit dem Stereotyp «fctsys» eingeordnet. Dieser Stereotyp ist ein Phantasiewort[4] und soll nur ausdrücken, dass für funktionale Architektur und technische Systemarchitektur die gleiche Paketstruktur verwendet wird. Unterhalb dieses «fctsys»-Paketes sind dann ein oder mehrere Abstraktionsebenen-Pakete mit ihren Unterpaketen zu finden – je nachdem, wie viele für dieses System bzw. diese Systembaugruppe definiert und benötigt werden, um sie vollständig zu spezifizieren.

Man kann diese Paketstruktur auch noch beliebig erweitern. Möchte man beispielsweise auch Testfälle im SysML-Modell repräsentieren und Verknüpfen, werden ein Paket zur Unterbringung der Testfallelemente und ein «view»-Paket für Diagramme von Testsichten zusätzlich benötigt.

Auch weitere zusätzliche Sichten können definiert werden, die über die hier dargestellten sechs hinaus weitere spezielle Sichten auf die Abstraktionsebene zeigen. Hier sollten Erfahrungen aus der Praxis genutzt werden, um die Struktur bei Bedarf sinnvoll zu erweitern.

In Abschnitt 8.2 werden Sie noch erfahren, wie man das Konzept des Architekturbaukastens mit Hilfe der Abstraktionsebenenstruktur praktisch umsetzen kann.

---

[4] Zusammengesetzt aus *Function* und *System*.

> **Praxistipp: Arbeiten mit Abstraktionsebenen im Modell**
>
> Wenn Sie in der Praxis mit der Struktur der Abstraktionsebenen arbeiten, werden Sie typischerweise mehrere dieser Paketstrukturen in Ihrem Modell haben und in unterschiedlichen Abstraktionsebenen arbeiten und modellieren.
>
> Die Unterpakete der Abstraktionsebene sind immer gleich benannt und haben immer die gleichen Stereotypen. Daher ist es leicht möglich, ein Paket der Abstraktionsebene mit einem gleichnamigen Paket einer anderen zu verwechseln. Dies ist eine potenzielle Gefahren- bzw. Fehlerquelle bei der Modellierungstätigkeit, da dann Änderungen vielleicht – wenn auch unabsichtlich – an der falschen Stelle im Modell vorgenommen werden.
>
> Um dies auszuschließen, sollten Sie immer nur die Pakete der Abstraktionsebenen aufklappen, an der Sie momentan arbeiten. Dies schließt die Gefahr der Verwechslung aus.

■ 6.7 Validierung und Verifikation

Neben den Entwicklungsschritten, die notwendig sind, um das Produkt zu entwerfen und zu spezifizieren, gehören auch immer Validierungs- und Verifikationsschritte zu einer Systementwicklung dazu. Dabei wird zum einen überprüft, ob das entwickelte System korrekt funktioniert (Testen), zum anderen muss aber auch während der laufenden Entwicklung überprüft werden, ob das gewählte Systemdesign korrekt die Systemanforderungen umsetzt.

Tests können dann ausgeführt werden, wenn bereits ein Produkt realisiert wurde. Solche Testaktivitäten lassen sich auch teilweise automatisieren.

Die Überprüfung der Entwicklung selbst kann z.B. mit Hilfe von Reviews durchgeführt werden. Dabei werden die Arbeitsprodukte durch einen oder mehrere Projektbeteiligte kritisch hinterfragt und auf inhaltliche Fehler hin überprüft. Da ein solcher Prozess immer das Fachwissen der Projektbeteiligten benötigt, kann so etwas nicht automatisch von Maschinen erledigt werden.

Modellbasierte Entwicklung mit SysML unterstützt die Validierungs- und Testaktivitäten zum einen dadurch, dass die Arbeitsprodukte in Modellform strukturiert vorliegen. Dies erleichtert eine strukturierte Vorgehensweise bei Review-Aktivitäten.

Weiterhin können Testfälle und Testdaten selbst mit Hilfe von SysML beschrieben und so auch in diesem Bereich die Vorteile der modellbasierten Entwicklung genutzt werden. Dies bezeichnet man als *modellbasiertes Testen*. Im Bereich des modellbasierten Tests gibt es bereits einige entwickelte Verfahren und Werkzeuge, die sich auch mit SysML kombinieren lassen (z.B. [Alt09], [UL07]). Einen guten Einstieg in die Thematik des modellbasierten Testens vermittelt [RBGW10].

Wenn Sie SysML bereits zur Entwicklung des Systems einsetzen, ist der Schritt in Richtung Testaktivitäten nicht mehr sehr groß. Man sollte sich dann überlegen, welche Aktivitäten im Testbereich durch SysML unterstützt werden können und wie weit man gehen möchte. Reicht es aus, das Modell zum Beispiel zunächst dazu zu nutzen, Testfälle darin als Modellelement abzubilden, um diese dann Anforderungen zuzuordnen, oder wollen Sie weiter gehen, Testfälle im Modell beschreiben oder sogar Testfälle aus einem Modell im Rahmen eines modellbasierten Testprozesses generieren?

Um die Qualität der Modellierung und die Einhaltung von bestimmten Modellierungsregeln und -vorgaben zu überprüfen, kann man in der modellbasierten Entwicklung Werkzeuge einsetzen, die nach vorgegebenen Kriterien die Einhaltung dieser Regeln überprüfen. Dies kann beispielsweise ein Review-Verfahren entlasten, da automatisiert überprüfbare Verletzung von Qualitätskriterien, die nicht inhaltlicher Natur sind, bereits im Vorfeld eines Reviews automatisiert gefunden und behoben werden können. Weitere Informationen zu dieser Thematik finden Sie in Abschnitt 8.6.

Manche der Modellierungswerkzeuge auf dem Markt bieten heute außerdem die Möglichkeit an, Modelle zu simulieren. Dies betrifft zumeist die dynamischen Modellierungen (Verhaltensmodellierung). Es kann dann schon in der frühen Arbeitsphase der Modellierung die Korrektheit des Verhaltensmodells geprüft werden, was eine erhebliche Kosteneinsparung mit sich bringen kann, da bekannterweise gilt: Je später ein Fehler gefunden wird, desto teurer wird dessen Behebung.

■ 6.8 Nachverfolgbarkeit

Mit Nachverfolgbarkeit (eng. *traceability*) ist gemeint, dass man Entwicklungsprodukte und Entwicklungsschritte nachvollziehbar dokumentiert.

Dies wird durchweg von Entwicklungsnormen (vgl. Abschnitt 6.3) gefordert. SysML bietet hier eine Reihe von Möglichkeiten: Dadurch, dass sich Architekturelemente, Anforderungen und auch Testfälle alle gemeinsam in einem SysML-Modell abbilden lassen, können diese über Verbindungen zueinander in Beziehung gesetzt werden.

Die wichtigsten Beziehungen zur Erstellung der Traceability in SysML zeigt das Anforderungsdiagramm aus Bild 4.21. Beispielsweise definiert SysML die «satisfy»-Beziehung zwischen einem Architekturelement und einer Anforderung. Es lässt sich damit dokumentieren, dass eine Komponente eine Anforderung erfüllt, oder auch aus dem Modell herausfinden, welche Anforderungen durch welche Komponenten erfüllt werden.

Man kann auch überprüfen, ob einer Komponente überhaupt eine Anforderung zugewiesen wurde. Ist dies nicht der Fall, fehlen entweder Anforderungen oder die Komponente ist überflüssig, da sie offensichtlich keine zugewiesene Funktionalität erfüllt.

In ähnlicher Weise kann auch mit Testfällen verfahren werden. Diese lassen sich in SysML mit Anforderungen verknüpfen.

Wer schon einmal versucht hat, Nachvollziehbarkeit durch Tabellen darzustellen, indem man die einen Elemente als Spalten und die anderen als Zeilen einträgt und mit Hilfe von Kreuzen die Zugehörigkeit festlegt, wird schnell festgestellt haben, dass solche Tabellen nur wenig Aussagekraft haben und außerdem sehr schlecht zu warten und zu pflegen sind – insbesondere, wenn Dutzende oder Hunderte von Elementen miteinander verknüpft werden müssen (Bild 6.13).

Die grafische Darstellung mit SysML bringt hier einen entscheidenden Vorteil. Elemente können grafisch miteinander verknüpft werden. Wenn ein Diagramm unübersichtlich zu werden

	Anf. 1	Anf. 2	Anf. 3	Anf. 4	Anf. 5	Anf. 6
Komponente A	X		X			
Komponente B		X				
Komponente C				X		X

BILD 6.13 Prinzip einer Traceability-Tabelle

droht, kann man einfach ein neues anlegen und die Inhalte aufteilen. Mehrere Diagramme mit Nachverfolgbarkeitsbeziehungen zu einem Element können zum Beispiel thematisch gegliedert werden.

Damit kann man die Übersicht über die Nachverfolgbarkeit auch in komplexen Systemen behalten. Mit Hilfe von Werkzeugen lassen sich diese Daten dann wiederum auslesen und andere Sichten der Nachverfolgbarkeit erzeugen. So ist auch denkbar, die Tabellensichten, die vielleicht in der Vergangenheit üblich waren, weiterhin zu erzeugen, aber nun automatisiert aus dem SysML-Modell.

> **Praxistipp: Große Modelle übersichtlich halten**
>
> Der Ansatz, unübersichtliche Diagramme – egal welcher Art – auf mehrere Diagramme aufzuteilen, funktioniert mit einer Sprache wie SysML immer gut, da Modell und Sicht getrennt sind (vgl. Abschnitt 4.5) und man beliebig viele Sichten auf das gleiche Modell bilden kann. Reduzieren Sie also Komplexität von Diagrammen dadurch, dass Sie bei Bedarf die Inhalte des Modells mit mehreren Diagrammen darstellen. Ein häufiger „Anfängerfehler" beim Einstieg in SysML oder UML ist, dass versucht wird, alle Inhalte in ein Diagramm zu packen. Bei mir war es nicht anders :-).
>
> Vermeiden Sie dies dadurch, dass Sie sich mit dem Konzept der Trennung von Modell und Sicht vertraut machen und dies dann konsequent anwenden. Die anderen Modellnutzer, die Ihre Diagramme verwenden, werden es Ihnen danken.
>
> Allerdings müssen die anderen Modellbenutzer auch verstehen, dass nicht alle Informationen auf einem einzelnen Diagramm zu sehen sind, sondern dass mehrere Diagramme vorhanden sind. Hier bietet es sich an, ein Einstiegsdiagramm als eine Art Inhaltsverzeichnis zu erstellen, von dem aus die anderen Diagramme dann erreichbar sind (z. B. über Hyperlinks).
>
> Die heutigen SysML-Werkzeuge bieten solche Mechanismen zur Verlinkung von Diagrammen an.

7 Beispielhafte Anwendung

Die Frage, die dieses Kapitel beantwortet:
- Wie werden die in Kapitel 6 beschriebenen Methoden konkret eingesetzt?

Nachdem Sie nun in den vorangegangenen Kapiteln die Grundlagen von SysML und den Entwicklungskontext an kleineren Beispielen kennengelernt haben, möchte ich mit Ihnen nun an einem größeren Beispiel die praktische Anwendung der Systementwicklung mit Hilfe von SysML zeigen. Dabei sollen die in Kapitel 6 erläuterten Konzepte zum Einsatz kommen.

7.1 Ein neuer Entwicklungsauftrag

Am Beginn einer Systementwicklung steht immer eine Idee oder ein Entwicklungsauftrag eines Kunden. Dies spiegelt sich in einer oder mehreren ersten Anforderungen wieder, auf deren Basis dann die gesamte weitere Systementwicklung aufbaut. Im Beispiel hier sind wir der Auftragnehmer, der von einem Kunden einen Entwicklungsauftrag erhält. Unser Kunde tritt mit folgendem Entwicklungsauftrag an uns heran:

(Anf. 1) Entwicklungsauftrag
Zu entwickeln ist ein System, das seine Umgebungstemperatur aufnimmt und als Text zur Anzeige bringt (z.B. Temperatur = 20°C).

Dieser Entwicklungsauftrag bildet gleichzeitig die allererste Anforderung unserer Systementwicklung. Diese Anforderung ist allerdings eine durch den Kunden formulierte sogenannte Kundenanforderung. In der Systementwicklung ist es jedoch üblich, nicht direkt mit Kundenanforderungen zu arbeiten, sondern mit internen Anforderungen. Diese internen Anforderungen sind das Ergebnis der Kundenanforderungsanalyse. Der Hauptgrund, warum man nicht direkt mit Kundenanforderungen arbeitet, liegt darin, dass Kundenanforderungen möglicherweise gar nicht erfüllbar sind. Dann muss gemeinsam mit dem Kunden nach einer machbaren Lösung gesucht werden. Das Ergebnis dieses Abstimmungsprozesses sind dann die internen Anforderungen. Zumeist dienen diese dann auch als rechtsverbindliche Grundlage für die Entwicklung. Man spricht hier vom Lastenheft/Pflichtenheft-Konzept, wobei im Lastenheft alle Kundenanforderungen und im Pflichtenheft die mit dem Kunden abgestimmten internen Anforderungen stehen.

■ 7.2 Eine erste Kontextabgrenzung

Bevor wir nun den Entwicklungsauftrag des Kunden in interne Anforderungen umsetzen, empfiehlt es sich, in einem allerersten Architekturschritt den Kontext des Systems abzugrenzen. Eine Kontextabgrenzung hat zum Ziel herauszuarbeiten, was *nicht* Teil des zu entwickelnden Systems ist, aber mit ihm interagiert bzw. Schnittstellen dazu hat. Im Rahmen einer Kontextabgrenzung wird noch keinerlei Annahme über den inneren Aufbau des Systems getroffen. Das System wird als Black-Box mit den Systemen dargestellt, die mit ihm interagieren.

Da SysML kein explizites Kontextdiagramm vorsieht, gibt es mehrere Möglichkeiten, eine solche Kontextabgrenzung vorzunehmen. Die einfachste ist, das zu entwickelnde System und die interagierenden Systeme auf einem Diagramm darzustellen und durch Assoziationsbeziehungen zu verbinden. Eine Assoziation ist dabei eine ungerichtete durchgezogene Linie.

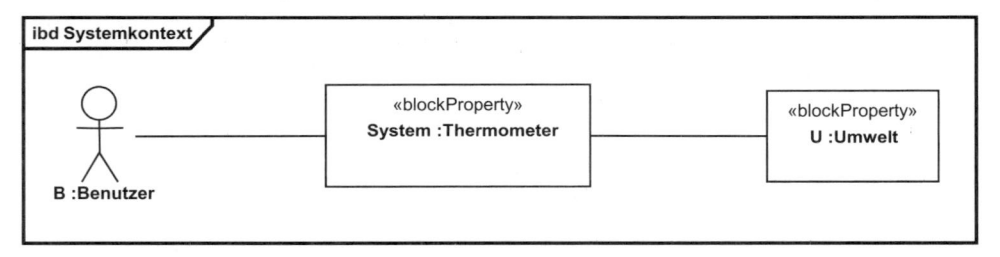

BILD 7.1 Der Systemkontext

Bild 7.1 zeigt ein solches einfaches Kontextdiagramm. Das zu entwickelnde System wird zentral in der Mitte dargestellt, und seine externen Partner werden mit Assoziationen außen herum angebunden.

Um ein solches Diagramm zu erstellen, ist es erforderlich, dem System auch einen aussagekräftigen Namen zu geben. Dies ist hier nun geschehen: Unser System ist ein Thermometer.

Der Kontext des Thermometers besteht zum einen aus dem Benutzer, der die angezeigte Temperatur abliest, und zum anderen aus der Umwelt, die eine Temperatur hat, welche vom Thermometer gemessen und angezeigt wird.

Neben der einfachen Möglichkeit, den Systemkontext mit Hilfe von Assoziationen abzugrenzen, kann man auch gleich auf die Möglichkeiten der Wirkkettenmodellierung und -architektur zurückgreifen (vgl. Abschnitt 6.4.2.2). Dies hat den Vorteil, dass dann mit dem Kontextdiagramm gleich auch die oberste Ebene der Wirkkettenarchitektur definiert wird, die man im Laufe der weiteren Entwicklung detailliert.

Eine Kontextabgrenzung als Wirkkette ist in Bild 7.2 dargestellt. Dieses Kontextdiagramm unterscheidet sich zu dem aus Bild 7.1 dadurch, dass Flow-Ports verwendet werden müssen, um

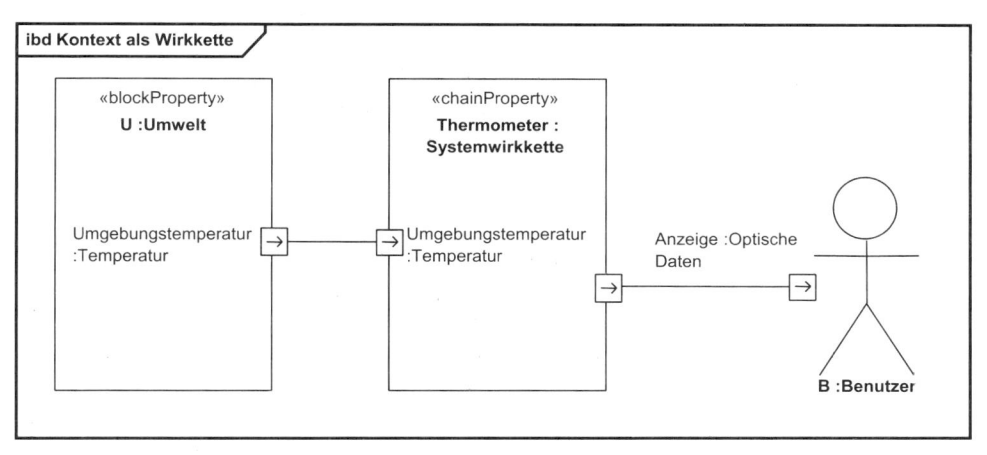

BILD 7.2 Der Systemkontext als Wirkkette

Signale an Ein- und Ausgang des Systems genauer zu spezifizieren. Die Schnittstellen unseres Systems sind dabei die Temperatur der Umwelt als Eingang und die optische Temperaturanzeige, die vom Benutzer des Systems abgelesen werden kann. Weiterhin können in einer Kontextabgrenzung als Wirkkette auch unterschiedliche Arten von Architekturkomponenten zum Einsatz kommen. Da hier der Kontext des Systems als Wirkkette abgegrenzt wird, wird das Thermometersystem auch als Chain-Property modelliert.

Nachdem mit der Darstellung des Systemkontextes der erste Architekturschritt auf Basis des Entwicklungsauftrages vollzogen wurde, können wir nun daran gehen, Anforderungen der obersten, ersten Ebene an das System zu formulieren. Dazu übernehmen wir den Entwicklungsauftrag inhaltlich, formulieren die internen Anforderungen allerdings so um, dass diese dem in Abschnitt 2.2.2.4 beschriebenen Textschema für qualitativ hochwertige Anforderungen entsprechen. Dies soll für unsere Entwicklung als Randbedingung für alle internen Anforderungen gelten.

Damit ergibt sich die erste interne Anforderung:

(Anf. 2) Temperaturanzeige
Das Thermometer muss dem Benutzer die Umgebungstemperatur in textueller Form anzeigen (z.B. Temperatur = 20°C).

Diese Anforderung kann nun in das SysML-Modell integriert und mit der Architektur verknüpft werden. Außerdem kann man über eine «deriveReqt»-Beziehung ausdrücken, dass diese Anforderung aus dem Entwicklungsauftrag hergeleitet wurde, sofern man diesen auch in das Modell integriert.

Bild 7.3 zeigt die Anforderungen und die Verknüpfung mit der Gesamtsystemwirkkette in Form eines Anforderungsdiagramms. Das dort dargestellte «chainPoperty»-Element *Thermometer* ist das gleiche, das bereits im Kontextdiagramm aus Bild 7.2 verwandt wurde. Hier zeigen sich nun die Vorteile von verschiedenen Sichten. Das Kontextdiagramm gehört zu den Architektursichten, und die Anforderungen und deren Beziehungen zu anderen Elementen werden aus Gründen der Übersichtlichkeit in getrennten Sichten dargestellt – sind jedoch

```
req Anforderungen 1. Ebene RV

    Entwicklungsauftrag
         tags
    Id = 1
         notes
    Zu entwickeln ist ein System, das
    seine Umgebungstemperatur
    aufnimmt und als Text zur Anzeige
    bringt (z.B. Temperatur = 20°C).
                △
                │
            «deriveReqt»
                │
    Temperaturanzeige
         tags                              «chainProperty»
    Id = 2                            Thermometer :Systemwirkkette
         notes        ◁ ─ ─ ─ ─ ─ ─
    Das Thermometer muss dem    «satisfy»
    Benutzer die Umgebungstemperatur
    in textueller Form anzeigen (z.B.
    Temperatur = 20°C).
```

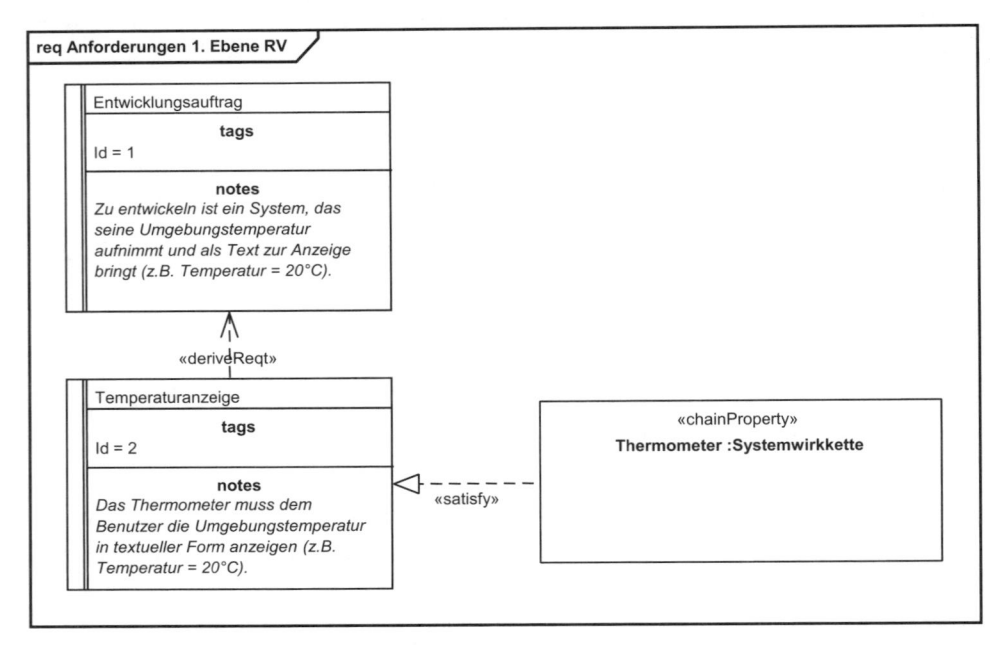

BILD 7.3 Anforderungen erster Ebene

keine Kopien, sondern die gleichen Elemente in verschiedenen Diagrammen mehrfach dargestellt.

■ 7.3 Technisches Wirkkettenmodell

Im nächsten Schritt geht es nun darum, die innere Architektur der Thermometerwirkkette festzulegen. Bislang war diese nur als Black-Box im Kontextdiagramm definiert. Nun gilt es, eine technische Lösung zu finden und in der Architektur zu dokumentieren. Diese Lösung muss natürlich alle Anforderungen erfüllen, die an die Gesamtwirkkette gestellt sind. In unserem Fall ist dies momentan nur eine, nämlich unsere interne Anforderung Nr. 2.

Es gibt nun verschiedene Möglichkeiten, diese Anforderung zu realisieren. Denkbar ist beispielsweise auch eine mechanische Lösung, bei der man mit Bimetallen oder ähnlichen temperaturabhängigen Materialien arbeitet und mechanisch eine Anzeige mit vordefinierten Anzeigetafeln ansteuert.

Daher soll hier noch als Randbedingung für die Systementwicklung gelten, dass die Realisierung auch Softwareteile enthalten soll. Dies ist wie gesagt für eine Lösung nicht zwingend erforderlich, soll aber aus didaktischen Gründen Verwendung finden, um bestimmte Aspekte zu zeigen.

Ein erster Entwurf einer internen Architektur für die Thermometerwirkkette ist in Bild 7.4 dargestellt. Als Lösung wurde ein Sensor gewählt, der die Umgebungstemperatur in einen Spannungswert umwandelt. Dieser Spannungswert wird dann von einem Analog-Digital-

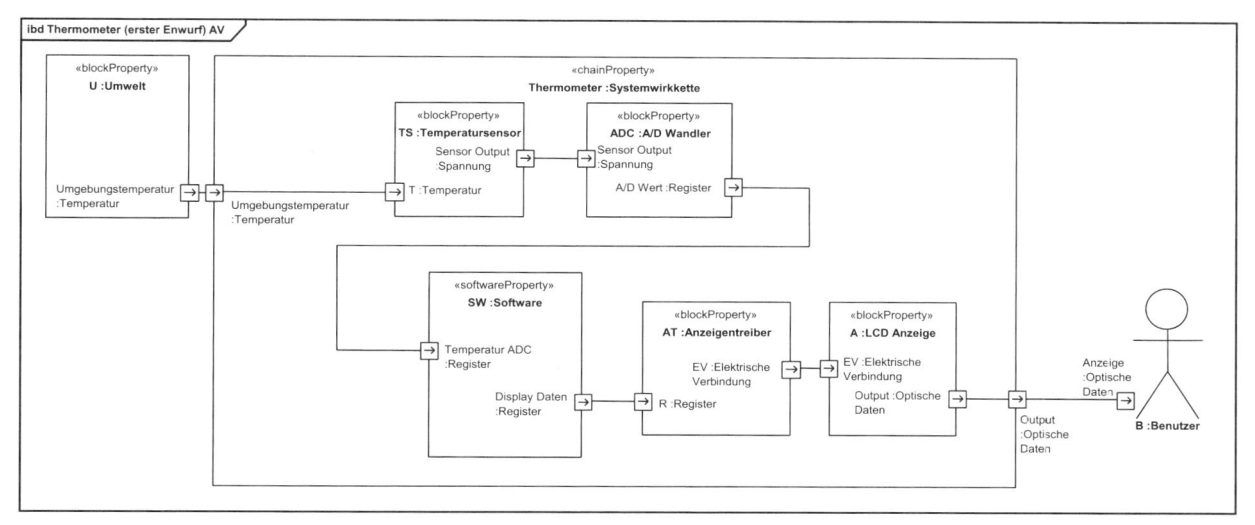

BILD 7.4 Erster Entwurf der internen Thermometerarchitektur

Wandler in einen digitalen Wert umgesetzt. Nun folgt in der Wirkkette die Software. Diese stellt das Bindeglied zwischen Eingangs- und Ausgangsseite dar. Da die Gesamtwirkkette des Systems sowohl aus Software- als auch aus Elektronik- und Mechanikkomponenten besteht, sind die Schnittstellen zwischen den Elementen mit speziellen Typen versehen.

Typischerweise ist eine Schnittstelle zwischen Software und Elektronik ein Register. Daher hat unsere Wirkkette am Ein- und auch am Ausgang eine solche Registerschnittstelle. Weiterhin gibt es Übertragung von Temperaturen aus der Umgebung und eine elektrische Verbindung auf der Ausgangsseite.

Der erste Architekturentwurf hat, so wie er ist, einen Nachteil: nämlich dass die Software als ein monolithischer Block modelliert ist, der direkte Schnittstellen zur Elektronik hat. Dadurch geht der funktionale Charakter der Wirkkette ein wenig verloren. Um diese Situation zu verbessern, machen wir einen verbesserten Architekturenwurf und trennen die Software in mehrere Teile auf. Diese verbesserte Wirkkette zeigt Bild 7.5.

Nun sind auf der Eingangs- und auf der Ausgangsseite zwei Software-Property-Komponenten hinzugekommen, die auf der einen Seite die Registerschnittstelle zur Hardware und auf der anderen Seite eine reine Softwareschnittstelle für Temperatur und Text, also eher funktional gegliedert anbieten. Die dritte, zentrale Softwarekomponente bildet dann die Applikationssoftware, die dafür verantwortlich ist, den Text für die Textausgabe aufgrund des eingehenden Temperaturwertes zu bestimmen.

Die erste Architekturwirkkette ist funktional genauso richtig oder falsch wie die zweite. Der Grund, warum bei der zweiten Wirkkette die Software in drei Teile unterteilt und explizit dargestellt wurde, liegt vor allem daran, dass man nun besser die Applikationssoftware von den anderen (Low-Level-)Softwarekomponenten unterscheiden kann. Wie man eine Architektur gestaltet, hängt verstärkt nicht von den funktionalen, sondern viel stärker von den nichtfunktionalen Anforderungen wie Wartbarkeit, Wiederverwendung, Testbarkeit etc. ab (vgl. Abschnitt 2.2.2.2). Sollen beispielsweise die verschiedenen Softwarekomponenten durch un-

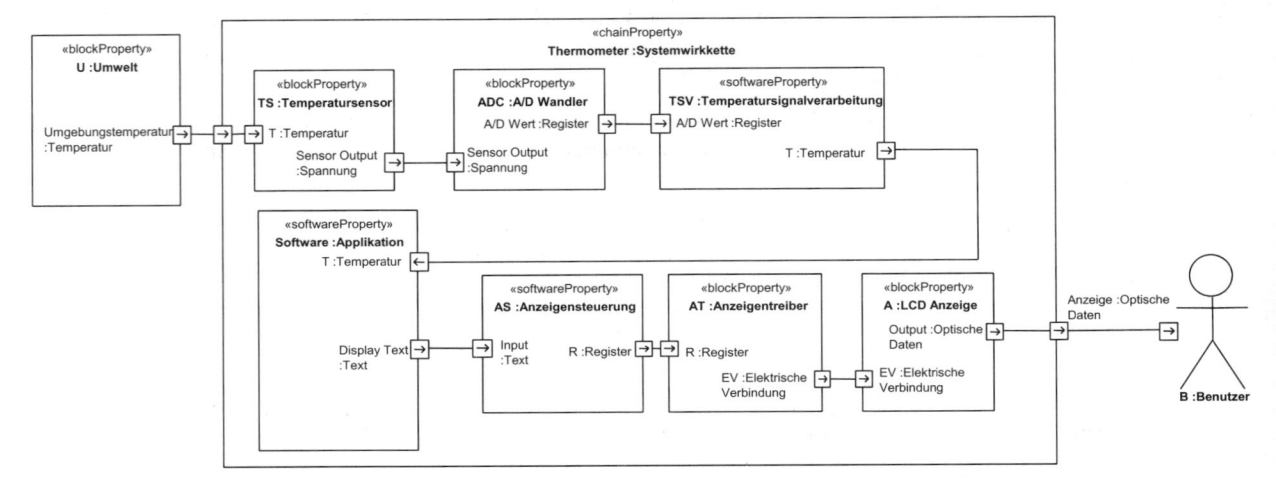

BILD 7.5 Wirkkettenarchitektur des Thermometers mit drei Softwarekomponenten

terschiedliche Bearbeiter realisiert werden, so bietet es sich hier auch an, die Aufstellung der Architektur an der geplanten Arbeitspartitionierung auszurichten.

7.3.1 Kapselung von Komponenten

Man kann nun noch einen Schritt weiter gehen und die Architektur mit Hilfe von Kapselung in funktionale Einheiten aufteilen. In Abschnitt 6.4.2.2 wurde das Konzept der Kapselung zur Erstellung von Signal- und Aktuatorketten bereits erläutert. Dieses Prinzip wenden wir nun auch auf die Systemwirkkette des Thermometers an und kapseln die Eingangssignalkette zur Temperaturerfassung zu einer Temperatursensorsignalkette und die Ansteuerung der Anzeige zu einer Anzeigeaktuatorkette.

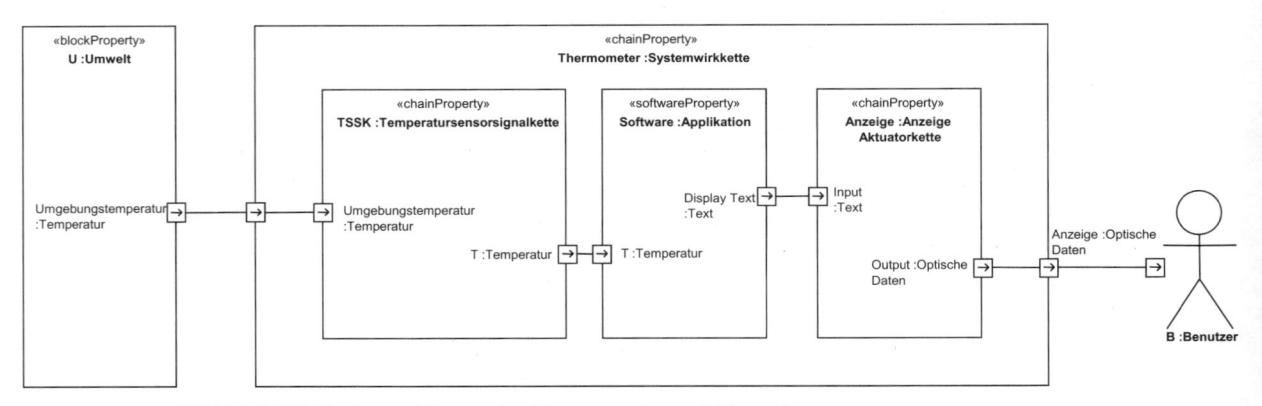

BILD 7.6 Wirkkettenarchitektur des Thermometers mit Kapselung

Bild 7.6 zeigt die Wirkkettenarchitektur des Thermometers mit nun gekapselten Sensor- und Aktuatorketten. Die Sensor- und Aktuatorketten fungieren als Bindeglied zwischen Applikationssoftware und dem externen Kontext des Systems. Die Idee dabei ist, die Schnittstellen der Ketten zwischen Systemumgebung und Applikationssoftware gleich zu lassen, die innere Struktur der Kette jedoch variabel zu halten. Damit ist es möglich, verschiedene Realisierungen der Eingangs- und Ausgangsgrößen für die Gewinnung und Weitergabe der Ein- und Ausgangssignale der Applikationssoftware zu modellieren, ohne die Applikationssoftware selbst ändern zu müssen.

Mit Hilfe der Kapselung können nun außerdem Anforderungen an die Sensor- und Aktuatorketten formuliert und zugewiesen werden. Dies ermöglicht ein sehr strukturiertes Herunterbrechen der Anforderungen, angefangen bei den Gesamtanforderungen an die Gesamtsystemwirkkette bis hinunter zu den einzelnen Systembausteinen wie Sensoren und Anzeigen, die sich als Unterkomponenten der Sensor- und Aktuatorketten ergeben.

Als Hauptanforderung an die Temperatursensorsignalkette ergibt sich:

(Anf. 3) Temperatursensorsignalkette
Die Temperatursensorsignalkette muss die Umgebungstemperatur aufnehmen und als Softwaresignal bereitstellen.

Diese Anforderung erfüllt und verfeinert Anforderung (Anf. 2) an das Gesamtsystem in Bezug auf die Aufnahme der Umgebungstemperatur.

Im nächsten Schritt kann man nun eine Realisierung bzw. die innere Struktur der Signalkette definieren. Eine solche mögliche Struktur ist in Bild 7.7 dargestellt.

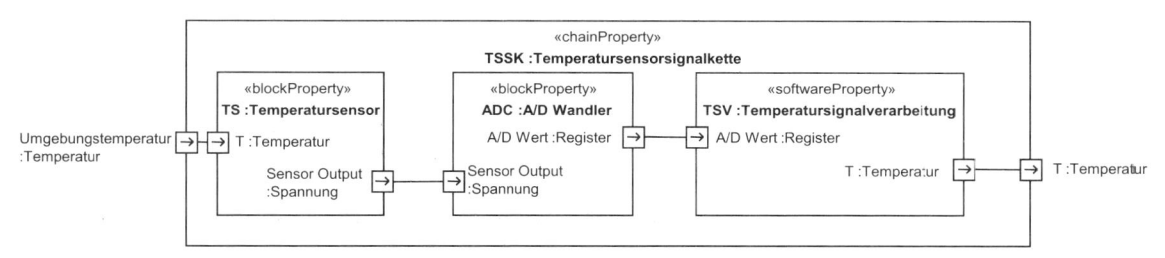

BILD 7.7 Gekapselte Temperatursensorkette

Die Temperatursensorsignalkette besteht intern aus den Komponenten, die bereits in der Architektur ohne Kapselung in Bild 7.5 verwendet wurden, nämlich Sensor, A/D-Wandler und Low-Level-Software.

Auch an diese Komponenten lassen sich nun Anforderungen finden, wie beispielsweise an den Temperatursensor:

(Anf. 4) Sensor Temperaturbereich
Der Temperatursensor muss die Umgebungstemperatur in einem Bereich zwischen -40°C und +80°C erfassen.

Diese Anforderung wiederum verfeinert und realisiert die Anforderung (Anf. 3) an die Temperatursensorsignalkette. Dass in dieser Anforderung nun konkrete Werte für den Temperaturbereich des Sensors stehen, in den höheren Anforderungen aber stets von Umgebungstemperatur die Rede war, kommt nicht von ungefähr. Solche Festlegungen muss man im Engineeringprozess erarbeiten. Entweder man probiert Dinge aus, um solche konkreten Aussagen zu Systemkomponenten machen zu können, oder man fragt beim Auftraggeber im Rahmen des Anforderungserhebungsprozesses nach. Genau dieses wurde hier getan und abgeklärt, dass es sich bei der Umgebungstemperatur um typische Lufttemperaturen handelt soll, deren Erfassung mit dem gewählten Temperaturbereich hinreichend abgedeckt ist.

Beispiele, wo Prüfungen von Bauteilen notwendig sein können, sind typischerweise Anforderungen über Lastzyklen oder Lebensdauer von Bauteilen. Diese müssen im Rahmen von Materialprüfungen, Dauerläufen etc. erst ermittelt werden. Die Ergebnisse können dann als Grundlage der Anforderungen an diese Teile herangezogen werden.

Auch empirisch ermittelte Benutzungsprofile von Systemen, Geräten und Produkten können helfen, Aussagen über die Lebensdauer von Bauteilen zu treffen. Dies kann zu erheblichen Kosteneinsparungen führen, da es durchaus einen Unterschied macht, ob beispielsweise ein Aktuatorventil 10.000 Schaltzyklen oder 20.000 Schaltzyklen halten muss. Wenn man jedoch solche Versuche und Daten während der Eintwicklung nicht durchführt bzw. erfasst, kann man nicht sagen, ob der Verbau eines Ventils mit 10.000 Schaltzyklen über die Lebensdauer ausreichend ist oder nicht.

An dieser Stelle kann die SysML die eigentliche Engineeringarbeit nicht ersetzen, sondern nur unterstützen. Ein Systemmodell, das mit einer SysML-Datenbank erstellt wird, kann immer nur so gut sein wie die Daten, auf denen es basiert. Es ersetzt nicht das Expertenwissen, sondern hilft, dieses zu kanalisieren, zu kommunizieren und zu dokumentieren.

Die Kapselung von Systemkomponenten zu Sensor- und Aktuatorketten hat noch einen weiteren Vorteil: Es kann dazu genutzt werden, Entwicklungsarbeiten zu partitionieren und gemeinsam im Team zu erarbeiten. So kann ein Team bestehend aus einem Sensorspezialisten, einem Spezialisten für Sensorverarbeitungselektronik und einem Softwareingenieur für Low-Level-Software gemeinsam die innere Architektur der Temperatursensorsignalkette erarbeiten, basierend auf den Schnittstellen und Anforderungen, die die Sensorkette als Black-Box erfüllen muss.

Weiterhin kann ein Gesamtsystemingenieur verantwortlich sein für die Gesamtsystemwirkkette und deren erste Unterebene, bestehend aus Sensor-, Aktuatorketten und Applikationssoftware. Er definiert die Architektur und legt die Anforderungen an diese Komponenten fest, gibt dann aber die Arbeit an die Expertenteams weiter, deren Aufgabe es ist, die Architektur und Anforderungen weiter zu verfeinern.

7.3.2 Dekompositionssicht

Nachdem im vorangegangenen Abschnitt bereits die Architektur in mehrere Ebenen aufgeteilt und dieses bereits grafisch in den Architekturdiagrammen dargestellt wurde, bleibt nun noch, diese bislang nur grafisch-informell dargestellte Information auch formal im SysML-Modell zu hinterlegen.

Dafür bietet sich die bereits in Abschnitt 4.6.3 vorgestellte Besteht-aus-Beziehung (*Part Association*) an. Diese lässt sich nicht nur auf Blöcke anwenden, sondern in gleicher Bedeutung auch auf die in der Architekturmodellierung verwendeten Property-Elemente. Damit kann man formal ausdrücken, dass die Temperatursensorsignalkette eine Unterkomponente der Thermometerwirkkette ist und der Temperatursensor wiederum ein Unterelement der Temperatursensorsignalkette. Es ergibt sich am Ende eine Baumstruktur, die die hierarchischen Zusammenhänge der Systemarchitektur aufzeigt: das Dekompositionsdiagramm.

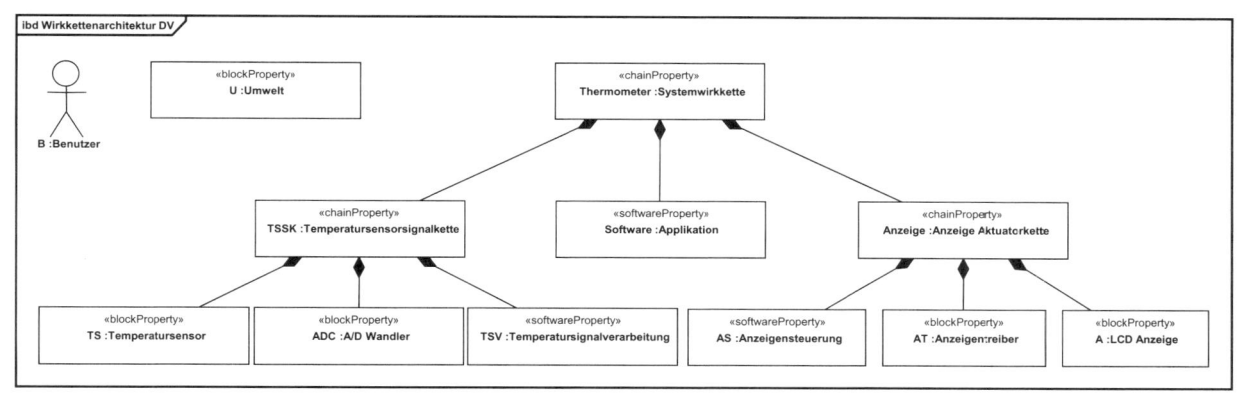

BILD 7.8 Dekompositionssicht der Wirkkettenarchitektur

Bild 7.8 zeigt die Dekompositionssicht der Wirkkettenarchitektur des Thermometersystems. Da der Benutzer und die Umwelt kein gemeinsames Oberelement haben, sind diese korrekterweise parallel zur Systemwirkkette dargestellt.

Die Erstellung einer solchen Dekompositionssicht ist verhältnismäßig einfach. Man fügt alle Architekturkomponenten in ein zusätzliches Diagramm ein und nutzt die normalerweise vorhandenen Fähigkeiten zur automatischen Layouterstellung des Modellierungswerkzeuges. So gut wie alle Werkzeuge sind in der Lage, solche Baumstrukturen automatisch im Diagramm zu erzeugen. Als Diagramm kann man auch hier ein internes Blockdiagramm verwenden.

Die formale Modellierung der Systemdekomposition bietet im Rahmen der modellbasierten Entwicklung auch noch weitere Vorteile. So wird es beispielsweise möglich, auch Dokumente, die aus einem solchen Systemmodell generiert werden, anhand der Dekomposition zu strukturieren (Kapitelstruktur). Wenn man die Information hat, kann man auch Dokumente für Unterkomponenten erzeugen, da man dann nur den Besteht-aus-Beziehungen folgen muss, um zu wissen, welche Komponente Unterkomponente ist.

7.3.3 Architekturbasierte Anforderungsfindung

Auch die Erarbeitung von Anforderungen lässt sich mit Hilfe der Architekturdekomposition um ein Vielfaches vereinfachen und strukturieren. Man beginnt mit den Anforderungen an die oberste Systemkomponente, ordnet diese zu und bricht dann, angelehnt an die Systemdekomposition, über die Architektur diese Anforderung immer weiter herunter.

In Bild 7.9 sind die Architekturkomponenten der Thermometersystemwirkkette und die bereits gefundenen Anforderungen mit ihren Beziehungen gemeinsam dargestellt. Man sieht, dass die Anforderungen sich analog zur Systemdekomposition herunterbrechen. Außerdem entsteht mit der Besteht-aus-Beziehung, der «satisfy»-Beziehung und der «deriveReqt»-Beziehung ein geschlossener Kreis aus Beziehungen zwischen Architektur und Anforderungen.

Die «deriveReqt»-Beziehungen ergeben sich im Prinzip fast automatisch aus der Architekturdekomposition. Natürlich lassen sich diese nicht automatisch ziehen, da im Falle von mehreren Anforderungen auf oberer Ebene entschieden werden muss, welche der oberen Anforderungen durch die unteren Anforderungen verfeinert werden. Aber die Dekomposition stellt eine Struktur bereit, mit der es einfach ist, neue Anforderungen strukturiert zu finden und diese mit einer «deriveReqt»-Ableitungsbeziehung zu versehen.

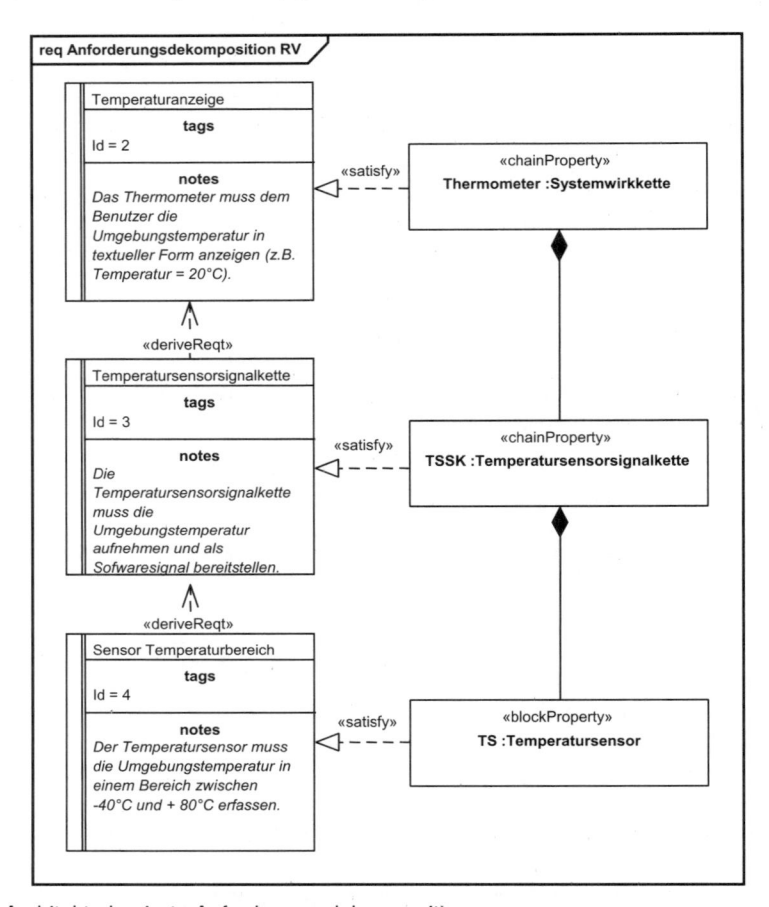

BILD 7.9 Architekturbasierte Anforderungsdekomposition

Es genügt, sich die Frage zu stellen: Welche Anforderungen muss die Unterkomponente in der Architektur erfüllen, um auch den Anforderungen an die oberen Architekturkomponenten zu genügen? Man arbeitet sich von oben nach unten mit Hilfe der Architektur und den Anforderungen immer weiter in die Tiefen der Systemdetails vor. In jeder Anforderung steckt dann auch immer ein Verweis auf die Architektur, da man eine Anforderung normalerweise immer mit der Benennung einer Architekturkomponente beginnt, auf die man Bezug nimmt: *Das **System** muss...*, *Die **Temperatursensorsignalkette** muss...* usw.

Man kann keine Anforderung schreiben, ohne eine Architektur (zumindest) im Kopf zu haben. Selbst wenn man immer das Wort *System* verwendet, kann man dieses in einem Kontextdiagramm hinzeichnen, definieren und die Anforderungen zuweisen. Dadurch hat man bereits einen Architekturschritt getan.

Ein Diagramm wie das in Bild 7.9 eignet sich sehr gut, um die Traceability zwischen Anforderungen und Architektur zu definieren. Hat man es mit mehreren Hundert oder Tausend Anforderungen zu tun, können solche Diagramme sehr unübersichtlich werden, sofern man diese nicht splittet und auf mehrere Diagramme aufteilt. Damit man trotzdem einen Gesamtüberblick über die Erstellung der Anforderungs-Architektur-Traceability bewahrt, empfiehlt es sich, die im Modell enthaltenen Informationen auf kompakte Art und Weise aufzubereiten.

```
Requirement Trace
    «requirement» Temperaturanzeige
        → Refined By
            «requirement» Temperatursensorsignalkette
                → Refined By
                    «requirement» Sensor Temperaturbereich
                        → Refined By
                        → Satisfied By
                            «blockProperty» TS: Temperatursensor
                → Satisfied By
                    «chainProperty» TSSK: Temperatursensorsignalkette
        → Satisfied By
            «chainProperty» Thermometer: Systemwirkkette
```

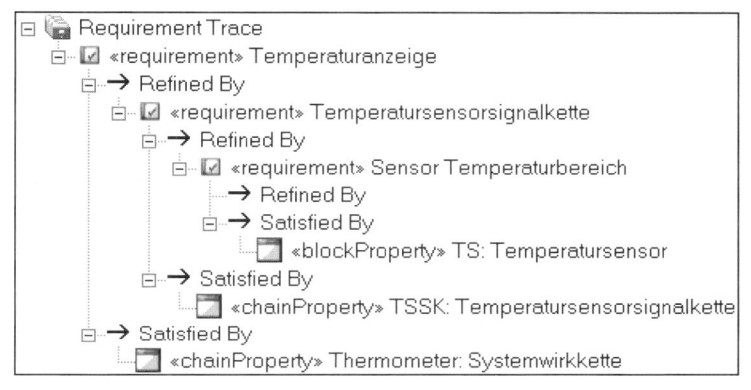

BILD 7.10 Ein aus dem Modell generierter Trace-Baum

Da die Daten werkzeuggestützt ausgelesen werden können, kann man einen sogenannten Trace-Baum erzeugen, der eine solche kompakte Darstellung bietet. Ein Beispiel eines solchen aus dem Thermometermodell erzeugten Trace-Baumes ist in Bild 7.10 gezeigt. Diese Darstellung enthält mit Ausnahme der Dekompositionsbeziehung alle Informationen, die auch im Diagramm aus Bild 7.9 zu sehen sind. Durch die kompakte Darstellungsform kann ein Systemingenieur oder auch das Management sich einen schnellen Überblick über die Vollständigkeit der Traceability im Projekt verschaffen.

7.3.4 Integration des Tests

SysML stellt auch Möglichkeiten bereit, Informationen für den Test des gesamten Systems, sogenannte Testgrundlagen oder Testinformation, selbst im Modell zu integrieren.

Zunächst kann man so wie die Systemarchitektur auch, die Testumgebung für das System modellieren. Eine Testumgebung ist all das, was an Hard- und Softwarekomponenten notwendig ist, um einen Testfall durchzuführen. Bild 7.11 zeigt ein Beispiel, wie man mit SysML eine Testumgebung modellieren kann. Diese Testumgebung basiert auf einem Heizelement mit dem das System unter Test (SUT), also das Thermometer auf verschiedene Umgebungstemperaturen gebracht werden kann. Angelehnt an das UML Testing Profile [OMG05] wurde das System unter Test zusätzlich mit dem Stereotyp «SUT» versehen und damit gekennzeichnet.

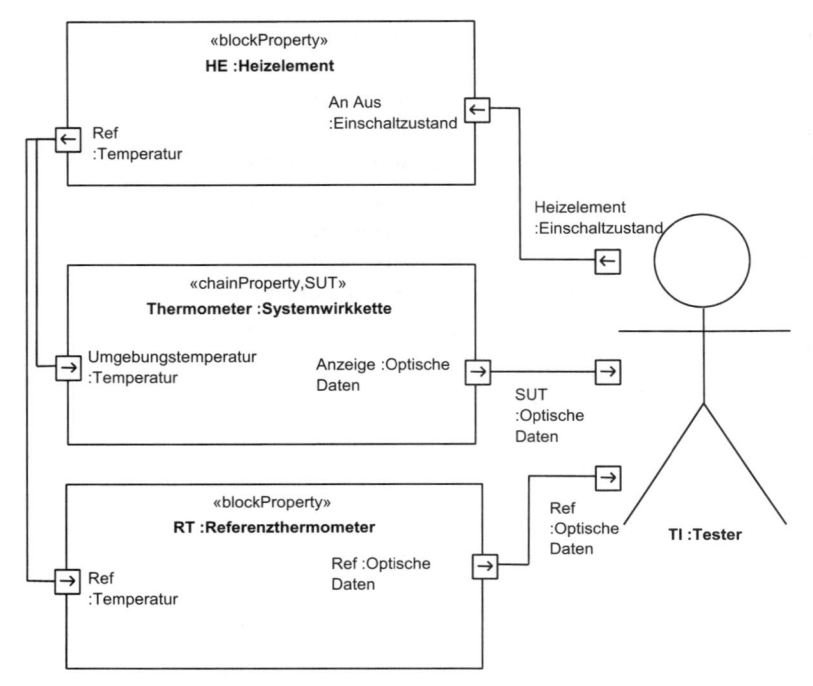

BILD 7.11 Modellierung einer Testumgebung mit SysML

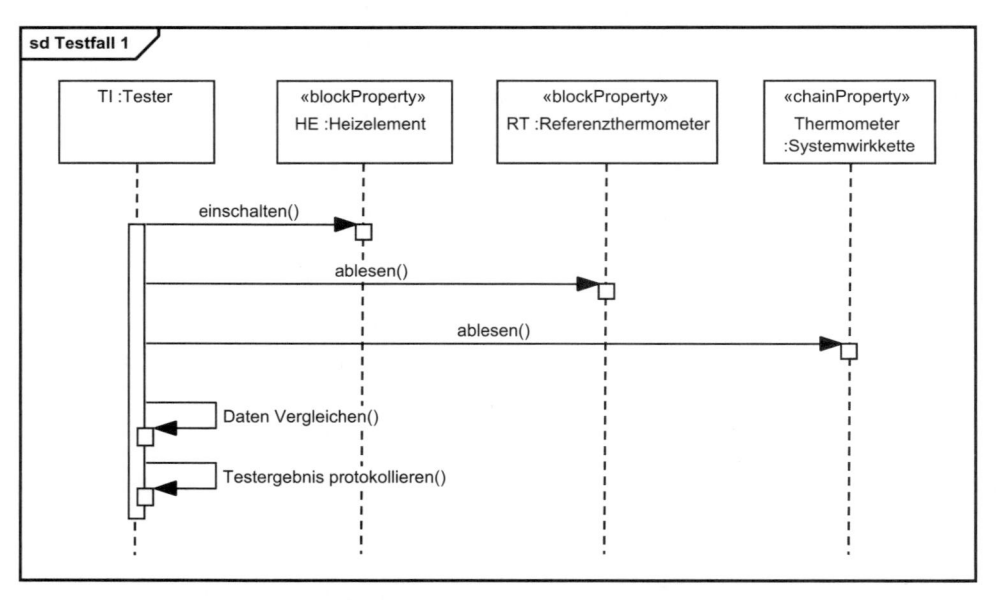

BILD 7.12 Eine Testfallbeschreibung als Sequenzdiagramm

Weiterhin dient ein geeichtes Referenzthermometer als Vergleichsgröße. Innerhalb dieser Testumgebung werden die Anzeigen der beiden Thermometer von einem Tester manuell verglichen. Man könnte die Testfälle auch automatisieren, dann müsste die Testumgebung jedoch anders aufgebaut sein bzw. durch Geräte ergänzt werden, die eine automatische Erzeugung von Testeingangsgrößen und einen automatischen Vergleich unterstützen.

Einen für die Testumgebung passenden Testfall zeigt Bild 7.12. Hier wurde ein Sequenzdiagramm verwendet, um die Testsequenz zu modellieren. Möglich wäre hier auch die Verwendung eines Aktivitätsdiagramms. Das Sequenzdiagramm hat allerdings den Vorteil der guten Darstellung der zeitlichen Abläufe, und es lassen sich die im Modell der Testumgebung verwendeten Komponenten direkt als Lebenslinien des Sequenzdiagramms einsetzen.

Zuordnung von Testfällen zu Anforderungen

Wenn man Testfälle im Modell hinterlegt hat, kann man diese wie alle anderen Elemente auch mit den restlichen Elementen im Modell verknüpfen. Bild 7.13 zeigt eine Zuordnung des Testfalles zu einer oben entwickelten Anforderung. Die Darstellung des Testfalles in Form eines Diagrammrahmens ist Bestandteil der SysML und stellt einen Verweis auf das Sequenzdiagramm des Testfalls (*Diagram Reference*) dar. Mit der «verify»-Beziehung kann man die durch die Prozessanforderungen an Nachvollziehbarkeit geforderte Verknüpfung zwischen Testfällen und Anforderungen ziehen.

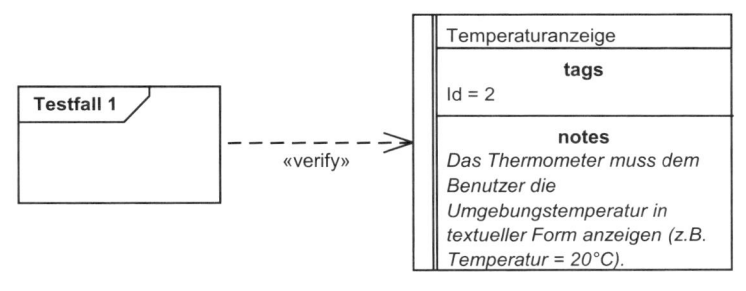

BILD 7.13 Testfall-Anforderungs-Trace

7.4 Physikalisches Modell

Nachdem im vorangegangenen Abschnitt die Wirkkette des Systems definiert wurde, ist damit bereits ein großer Teil der Definition der Systemarchitektur und das Finden der Systemanforderungen abgedeckt. Jedoch lässt die Wirkkettensicht einige Aspekte des Systems bewusst weg bzw. stellt Systemteile in einem anderen Kontext dar, als diese im realen System realisiert und sichtbar sind.

Daher fehlt nun noch die in Abschnitt 6.4.2.1 definierte physikalisch-technische Systemarchitektur, welche die sicht- und greifbaren Systemkomponenten darstellt. Während der Fokus bei der Wirkkettenarchitektur insbesondere auf der funktionalen Wirkkettendarstellung beruht, stellt die physikalische Architektur nun den realen Zusammenbau des Systems dar.

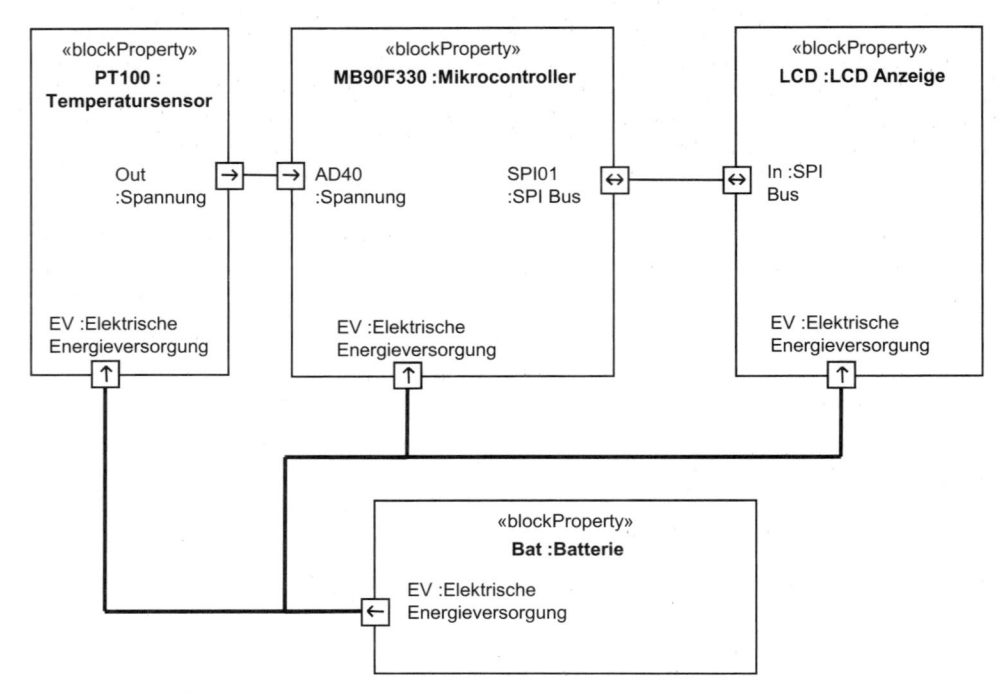

BILD 7.14 Physikalische Architektur des Thermometers

Die physikalische Architektur des Thermometers ist in Bild 7.14 dargestellt. Man erkennt den Aufbau des Thermometers, bestehend aus Sensorelement, Mikrocontroller und Anzeige, die elektrisch miteinander verbunden sind. Weiterhin ist in der physikalischen Sicht auch die Spannungsversorgung in Form einer Batterie eingezeichnet.

Die Spannungsversorgung war in der Wirkkettenarchitektur nicht sichtbar, sondern es wurde implizit davon ausgegangen, dass die Komponenten im Wirkkettenverbund entsprechend funktionsfähig sind. Man kann natürlich auch Spannungsversorgungsketten in die Wirkkettenarchitektur einbringen, wenn man beispielsweise Anforderungen an Unter- oder Überspannungsverhalten des Systems entwickeln will oder muss.

Ein Element, welches aber in dieser Form nie in der Wirkkettenarchitektur auftaucht, ist ein Mikrocontroller. Höchstens Teile dieses Controllers, z.B. in Form von A/D-Wandlerkanälen, werden in den Signal- und Aktuatorketten auftauchen. Und zwar genau dieser Kanal oder dieses Schaltungsmodul, das für den in der Signal- oder Aktuatorkette modellierten Wirkpfad notwendig ist.

Physikalisch gesehen ist ein Mikrocontroller eine Kapsel, die viele in den Wirkketten getrennt modellierte Komponenten, zum Beispiel aus Kosten- oder Herstellungsgründen, in einem realen Baustein vereint.

7.5 Allokation

Um nun ein gesamtes Bild des Systems zu bekommen, fehlt noch eine Verknüpfung zwischen der Wirkkettenarchitektur auf der einen und der physikalischen Architektur auf der anderen Seite. Beide Architekturen bilden jeweils eine Abstraktionsebene und bringen daher ihre eigenen Modellelemente und Diagramme mit.

Um die beiden Abstraktionsebenen verknüpfen zu können, stellt die SysML das Prinzip der Allokation bereit. Da die Wirkkettenarchitektur abstrakter als die physikalische Architektur ist, allokiert man von der Wirkkette in Richtung der physikalischen Architektur.

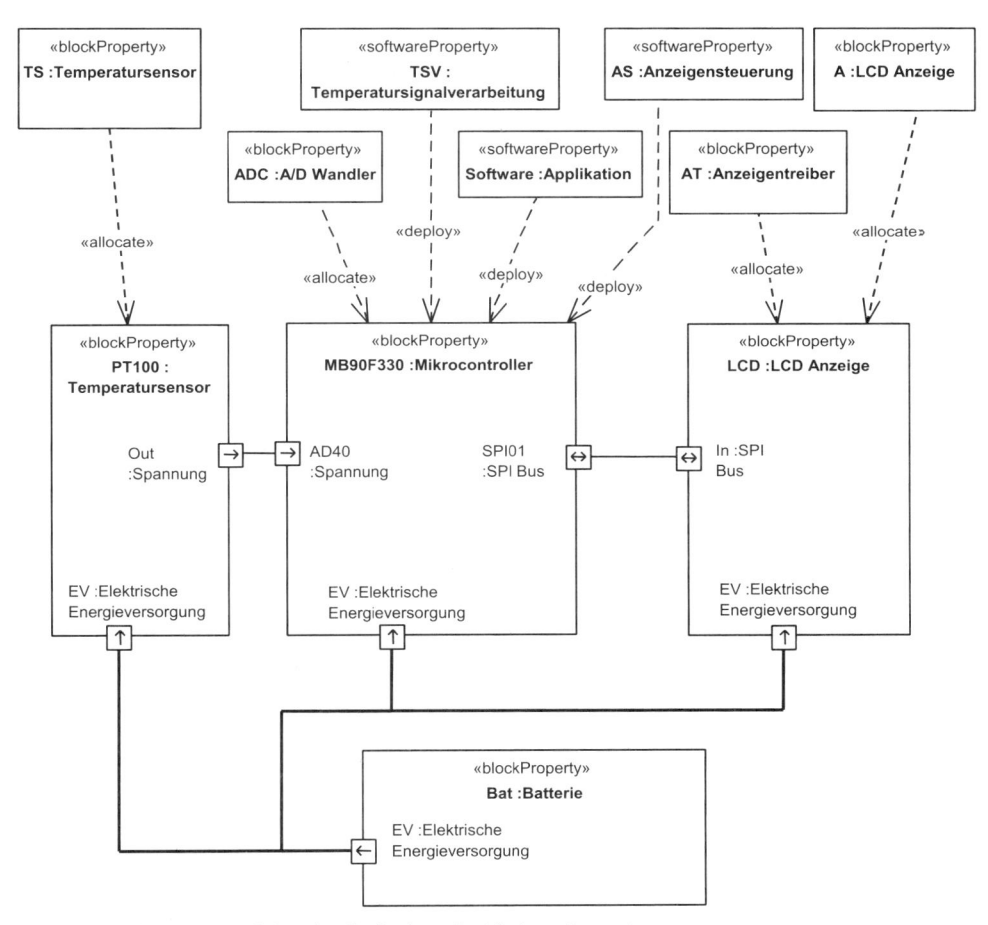

BILD 7.15 Allokation auf die physikalischen Architekturelemente

Bild 7.15 zeigt die Allokation (Zuordnung) der Elemente der Wirkkettenarchitektur auf die Elemente der physikalischen Architektur. Dabei wurde einfach das Architekturdiagramm der physikalischen Architektur noch einmal dargestellt und um Elemente der Wirkkettenarchitektur ergänzt.

Nun ist es möglich, sowohl die Hardware- als auch die Softwarekomponenten den physikalischen Komponenten zuzuweisen. Durch die Allokation wird nun erkennbar, wie sich die einzelnen Komponenten aus den Wirkketten im realen System verteilen. Waren Anzeigentreiber und Anzeige in der Wirkkette noch als getrennte Komponenten modelliert, so sind diese nun beide auf die LCD-Anzeige der physikalischen Architektur allokiert.

Auch die Software-Property-Komponenten lassen sich nun der Hardware zuordnen. In Anlehnung an die Bezeichnung der UML wurde hier auch eine spezielle erweiterte Form der Allokationsbeziehung angewandt, nämlich ein Konnektor mit dem Stereotyp «deploy». Dies hebt die Sonderstellung der Softwarekomponenten im System auch in der Allokationssicht nochmals hervor. Ob es unbedingt notwendig ist, deploy anstatt allocate zu verwenden, ist ein Stück weit Geschmackssache.

Die Allokationssicht ist die einzige Sicht, mit der man auf einem Diagramm Elemente aus verschiedenen Abstraktionsebenen gemeinsam darstellen darf. Der Übersichtlichkeit halber legt man fest, in welcher Abstraktionsebene das Allokationsdiagramm modelliert wird, um es nicht zweimal darzustellen.

Hier wurde entschieden, es in der Abstraktionsebene zu hinterlegen, auf deren Elemente allokiert wird (auf die der Allokationspfeil zeigt). Da man auf die Elemente der physikalisch-technischen Architektur allokiert, ist dieses Diagramm auch dort hinterlegt.

Die Allokation macht das Bild der Systemmodellierung in Bezug auf Architektur und Anforderungen komplett. Nun sind sowohl innerhalb der Abstraktionsebenen die Elemente untereinander mit Beziehungen wie besteht-aus oder «satisfy» verknüpft als auch übergreifend zwischen den Abstraktionsebenen mit Hilfe der «allocate»- und «deploy»-Beziehung.

Mit einem Systemmodell, wie es im vorangegangenen Abschnitt entwickelt wurde, kann man schon an die Realisierung des Systems gehen. Natürlich muss das Modell noch ein paar mehr Informationen beinhalten als die oben dargestellten, um alle Fragen der Komponentenentwickler abschließend behandeln zu können. Wie detailliert man das Systemmodell noch ausarbeiten muss, hängt auch ein Stück weit von den Erfahrungen der Personen ab, die das System realisieren sollen.

Ein bereits erfahrener Elektronikentwickler, ist beispielsweise in der Lage, mit den Vorgaben aus der physikalischen Architektur ein Schaltungsdesign zu entwickeln, das den Ansprüchen an das Produkt genügt. Ist jedoch ein unerfahrener Entwickler mit derselben Aufgabe betraut, sind möglicherweise weitere Vorgaben notwendig, um die gestellte Aufgabe in gleicher Weise zu erfüllen.

Daher ist es immer auch Ermessenssache der Modellierer (am besten gesteuert durch den Entwicklungs- und/oder Projektleiter, der seine Mitarbeiter und deren Fähigkeiten einschätzen kann), wie detailliert ein Systemmodell am Ende sein muss.

7.6 Erweiterung der Kundenwünsche

In den vorangegangenen Abschnitten ist bereits ein beispielhaftes Systemmodell entstanden. Ich möchte Ihnen nun noch zeigen, wie sich neue Systemanforderungen auf die Systementwicklung und hier insbesondere auf die Architektur auswirken.

Nachdem bereits einige Zeit im Rahmen unseres Entwicklungsprojekts vergangen ist, kommt der Auftraggeber mit der folgenden neuen Anforderung auf uns zu:

(Anf. 5) Luftdruckanzeige
Das System soll zusätzlich fähig sein, den Luftdruck im Wechsel mit der Temperatur anzuzeigen.

Da unser erster Systementwurf dieses Merkmal nicht vorsieht, ist es notwendig, die Systemarchitektur so anzupassen, dass auch diese Anforderung durch das System erfüllt werden kann.

7.6.1 Technisches Wirkkettenmodell

Im ersten Schritt müssen wir die Wirkkettenarchitektur so erweitern, dass auch der Luftdruck erfasst und der Applikationssoftware zur Verfügung gestellt wird. Um wiederum die Architekturmuster der Sensor- und Aktuatorketten anzuwenden, definieren wir einfach eine zusätzliche Sensorsignalkette, die den Luftdruck aus der Umwelt des Systems der Applikationssoftware als Eingangssignal zur Verfügung stellt.

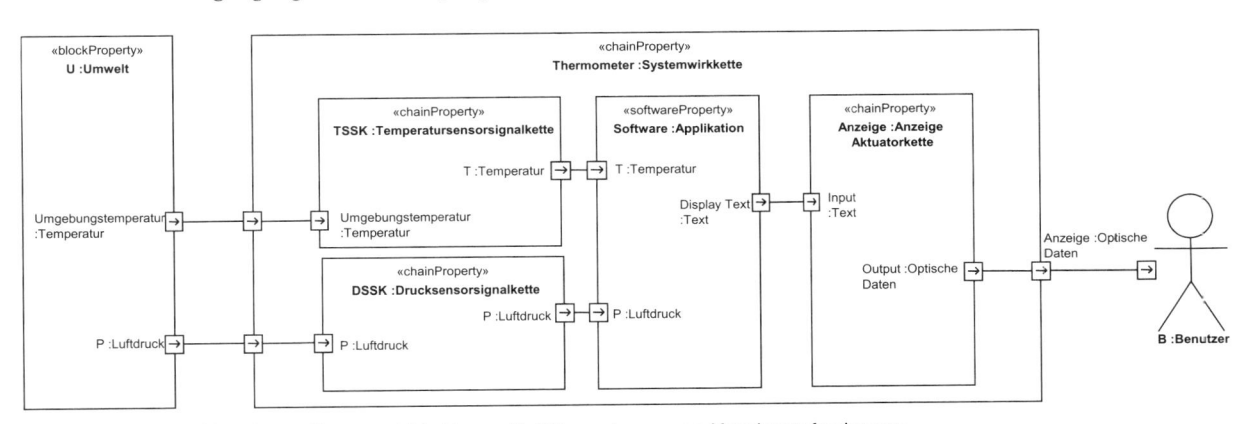

BILD 7.16 Erweiterte Systemwirkkette zur Erfüllung der neuen Kundenanforderung

Die erweiterte Systemwirkkette auf der oberen Ebene ist in Bild 7.16 dargestellt. Nun befindet sich die Drucksensorsignalkette parallel zur Temperatursensorsignalkette und stellt das neue Eingangssignal zur Verfügung.

Die interne Modellierung der Drucksensorsignalkette zeigt Bild 7.17. Ganz analog zur Temperatursensorkette ist auch hier ein Sensor, ein A/D-Wandlerkanal und eine Low-Level-Softwarekomponente modelliert.

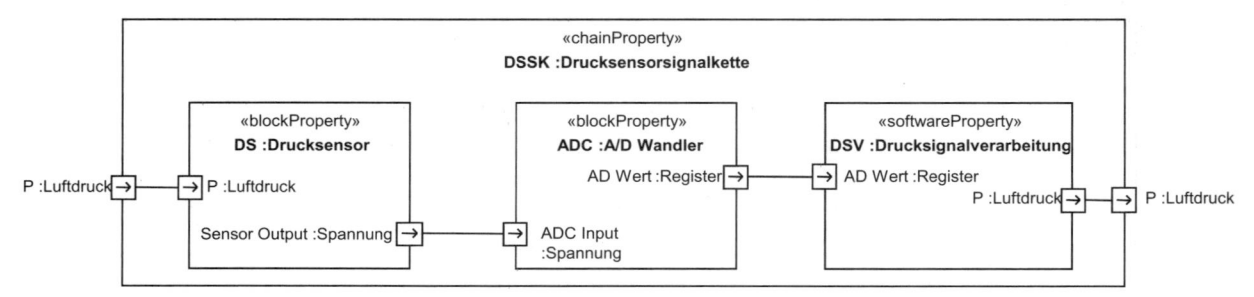

```
                          «chainProperty»
                          DSSK :Drucksensorsignalkette
┌─────────────────────────────────────────────────────────────────────────┐
│         ┌────────────────┐  ┌────────────────┐  ┌──────────────────┐    │
│         │ «blockProperty»│  │ «blockProperty»│  │ «softwareProperty»│   │
│         │  DS :Drucksensor│ │  ADC :A/D Wandler│ │ DSV :Drucksignalverarbeitung│
│                                                                          │
│ P :Luftdruck →  →  P :Luftdruck      AD Wert :Register → → AD Wert :Register
│                                                                    P :Luftdruck → → P :Luftdruck
│                  Sensor Output :Spannung →      → ADC Input
│                                                   :Spannung
│         └────────────────┘  └────────────────┘  └──────────────────┘    │
└─────────────────────────────────────────────────────────────────────────┘
```

BILD 7.17 Architektur der Drucksensorsignalkette

Da unsere Anzeigenaktuatorkette in der Lage ist, Information in textueller Form darzustellen, brauchen wir hier nichts zu ändern, da die Anzeige dann auch die Luftdruckinformation darstellen kann.

Was sich an der Architektur ändert, ist die zusätzliche Sensorkette auf der Eingangsseite und der zusätzliche Port an der Applikationssoftware. Selbstverständlich muss man auch die Applikationssoftware so erweitern, dass diese nun beide Signale verarbeitet und die Benutzerinformation über Luftdruck und Temperatur im Wechsel an die Anzeigenkette weiterreicht.

Da die Applikationssoftware bisher nicht weiter aufgeschlüsselt und verfeinert wurde, sieht man zumindest auf der in Bild 7.16 dargestellten Architektur keinen Unterschied mit Ausnahme des zusätzlichen Eingangssignals. Sofern man beispielsweise die Applikationssoftware aber in weitere Unterkomponenten unterteilt hätte, würde man auch hier die Ergänzungen sehen. Auf jeden Fall muss sich im Verhalten der Applikationssoftware einiges ändern.

7.6.2 Physikalisches Modell

Auch die physikalische Architektur wird entsprechend ergänzt und bekommt einen zusätzlichen Drucksensor. Glücklicherweise ist bei dem von uns eingesetzten Mikrocontroller noch ein A/D-Kanal frei, sodass der neue Sensor leicht in die bestehende physikalische Systemarchitektur eingegliedert werden kann (Bild 7.18).

Auch eine zusätzliche Verbindung zwischen Batterie und Drucksensor zum Zwecke der Spannungsversorgung wird modelliert. SysML kennt übrigens nur Punkt-zu-Punkt-Verbindungen zwischen zwei Ports. Die hier dargestellten Spannungsversorgungsleitungen verzweigen sich nicht, sondern führen alle von der Batterie zu den einzelnen Systemkomponenten und sind nur aus Übersichtlichkeitsgründen so angeordnet, als wäre es nur eine Leitung mit Abzweigen. Eine Kreuzung mit Verbindung, wie man es von elektrischen Schaltplänen her kennt, gibt es in SysML nicht.

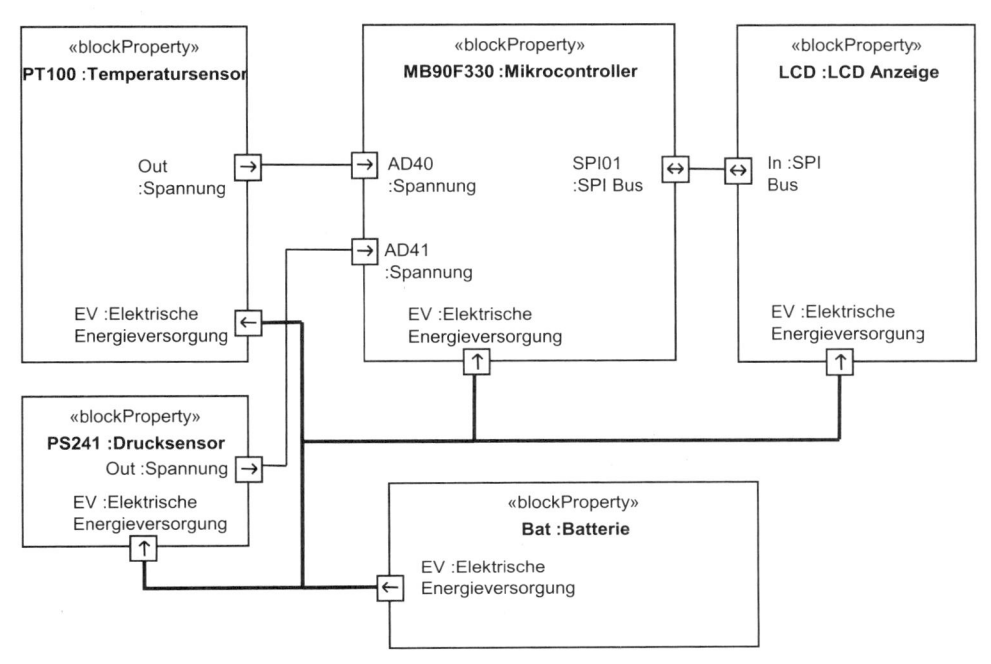

BILD 7.18 Erweiterte physikalische Architektur

7.7 Verhaltensmodellierung

Mit Hilfe der Architektur und der textuellen Anforderungen kann man ein System bereits soweit vollständig spezifizieren, dass das Entwicklerteam in der Lage ist, dieses in korrekter Weise zu realisieren. Man deckt damit zwei Bausteine des Systems Engineering (vgl. Abschnitt 2.2) ab.

Neben der Architektur und den Anforderungen kann man mit SysML natürlich auch sehr detailliert das Verhalten eines Systems semiformal oder komplett formal beschreiben, sodass eine solche Beschreibung von Rechnern weiterverarbeitet werden kann. Eine solche Art der Beschreibung kann durchaus vom Entwicklungsprozess gewollt oder gefordert sein (z.B. Entwicklung von sicherheitskritischen Systemen – vgl. Abschnitt 6.3.3). Der große Vorteil einer solchen formalen Verhaltensbeschreibung im Vergleich zu textuellen Anforderungen liegt zum einen in der bereits erwähnten Rechnerverarbeitbarkeit solcher Modelle, zum anderen aber auch in der eindeutigeren und unmissverständlichen Verhaltensbeschreibung durch Diagramme im Gegensatz zu textuellen Anforderungen, die manchmal auch missverständlich formuliert sein können.

SysML stellt nun drei[1] Verhaltensdiagrammarten (Sequenzdiagramme, Aktivitätsdiagramme und Zustandsdiagramme) zur Verfügung, die eine detaillierte semiformale oder formale Verhaltensbeschreibung erlauben. Ich möchte Ihnen einen kurzen Eindruck geben, wie man ei-

---

[1] Da das Anwendungsfalldiagramm keine detaillierte Verhaltensmodellierung erlaubt, wird es hier nicht mit eingerechnet.

ne solche Verhaltensbeschreibung aufbauen kann. Die nun folgenden Beispiele sind sicher alles andere als komplett, und dies hat zwei Gründe.

Zum einen kann es unter Umständen sehr aufwendig werden, das Verhalten eines Systems komplett mit Modellen zu beschreiben. Dies ist aber nicht unmöglich und je nach Anwendung auch notwendig[2]. Zum anderen muss man bei den eingesetzten Modellierungswerkzeugen und Werkzeugketten immer auch abwägen, welchen Aufwand die Verhaltensmodellierung erfordert und welchen Nutzen man daraus ziehen kann. Die Fähigkeiten der verschiedenen SysML-Werkzeuge, Verhaltensmodelle zu simulieren oder gar daraus Dinge wie Code oder Testfälle zu generieren, unterscheiden sich heute noch sehr stark oder sind noch in der Entwicklung.

Sofern Ihr Werkzeug SysML-Verhaltensmodelle simulieren kann, ist es sinnvoller, Aufwand in die Erstellung solcher Modelle zu stecken, als wenn diese ausschließlich dokumentierenden Charakter haben.

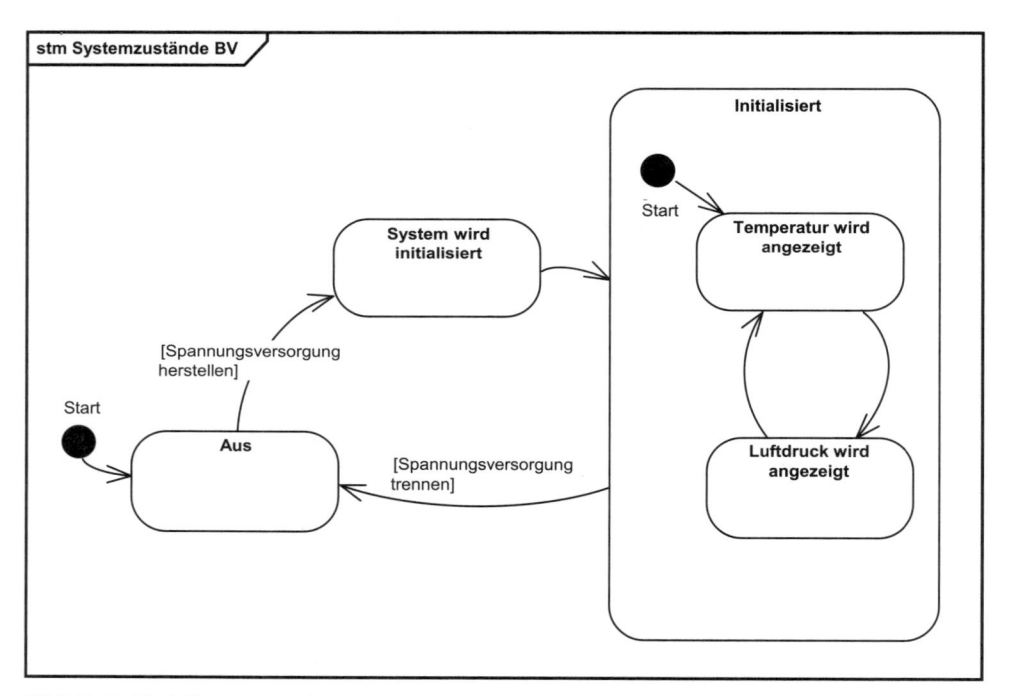

BILD 7.19 Modellierung der Systemzustände

In Bild 7.19 ist ein Zustandsautomat modelliert, der die Systemzustände des Thermometersystems beschreibt. Zunächst befindet sich das System im Zustand *Aus*. Wird die Spannungsversorgung hergestellt, werden zunächst die Software und die elektronischen Komponenten initialisiert. Dies geschieht im Zustand *System wird initialisiert*. Nach Abschluss der Initialisierung befindet sich das System im initialisierten Zustand und wechselt nun zwischen der

---

[2] Bei der Entwicklung von sicherheitskritischen Systemen wird explizit eine (semi-)formale Verhaltensbeschreibung gefordert.

Temperatur- und der Luftdruckanzeige hin und her. Diese Tatsache ist als Unterzustandsautomat im Zustand *Initialisiert* modelliert.

Mit Hilfe eines solchen Diagramms können sich Projektbeteiligte einen schnellen Überblick über die Systemzustände verschaffen, ohne dabei die Anforderungen alle im Einzelnen vorher lesen zu müssen. Wissen, das in den Anforderungen dokumentiert ist, sollte sich auch in den Verhaltensdiagrammen wiederfinden und umgekehrt. Man könnte sogar sämtliche funktionalen Anforderungen eines Systems komplett formal mit Verhaltensdiagrammen abbilden. Heutzutage ist die Systementwicklung aber normalerweise noch nicht so weit, da man auf Prosatexte nicht komplett verzichten will oder kann.

Vielleicht ändert sich diese Situation in den nächsten Jahren oder Jahrzehnten. Ob dies passiert, hängt aber auch immer davon ab, wie kompliziert die Erstellung und das Verstehen solcher Beschreibungsformen im Vergleich zu Prosatexten ist.

BILD 7.20 Definition von Zuständen mit Enumerationen

Zustände eines Zustandsautomaten kann man mit SysML auch noch auf eine andere Art und Weise definieren, nämlich mit Hilfe eines Enumeration-Elements. Bild 7.20 zeigt die Modellierung der beiden inneren Systemzustände als Enumeration. Dies benötigt man deswegen, weil man bei der Verwendung von Aktivitätsdiagrammen, oftmals Zustände des Systems abfragen muss, um damit den Aktionsfluss entsprechend zu steuern.

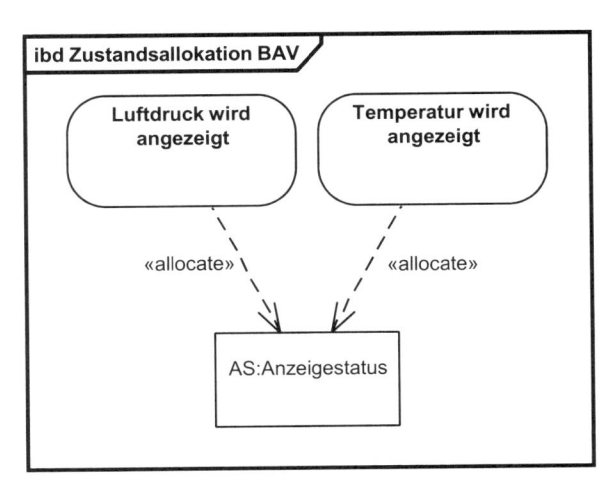

BILD 7.21 Allokation von Verhaltenselementen

Sofern sowohl Zustandsdiagramme als auch Aktivitätsdiagramme eingesetzt werden, kann es daher notwendig sein, Zustände sowohl im Zustandsdiagramm, als auch als Enumeration für die Verwendung bei der Aktivitätsmodellierung zu definieren. Um zu zeigen, dass es sich hierbei um äquivalente Modellelemente handelt, kann man die SysML-Allokation einsetzen, um die Zustände den Elementen der Aktivitätsdiagramme zuzuordnen.

In Bild 7.21 sind die beiden Zustände aus dem Zustandsdiagramm in Bild 7.19 zu einer Instanz der Enumeration aus Bild 7.20 zugeordnet. Mit Hilfe von solchen Diagrammen kann man Verhaltenselemente mit anderen Elementen im Modell, seien es andere Verhaltenselemente wie hier oder auch strukturelle Elemente aus der Systemarchitektur, verknüpfen[3]. Damit wird das Modell auch im Hinblick auf die Integration der Verhaltensmodellierung in sich konsistent.

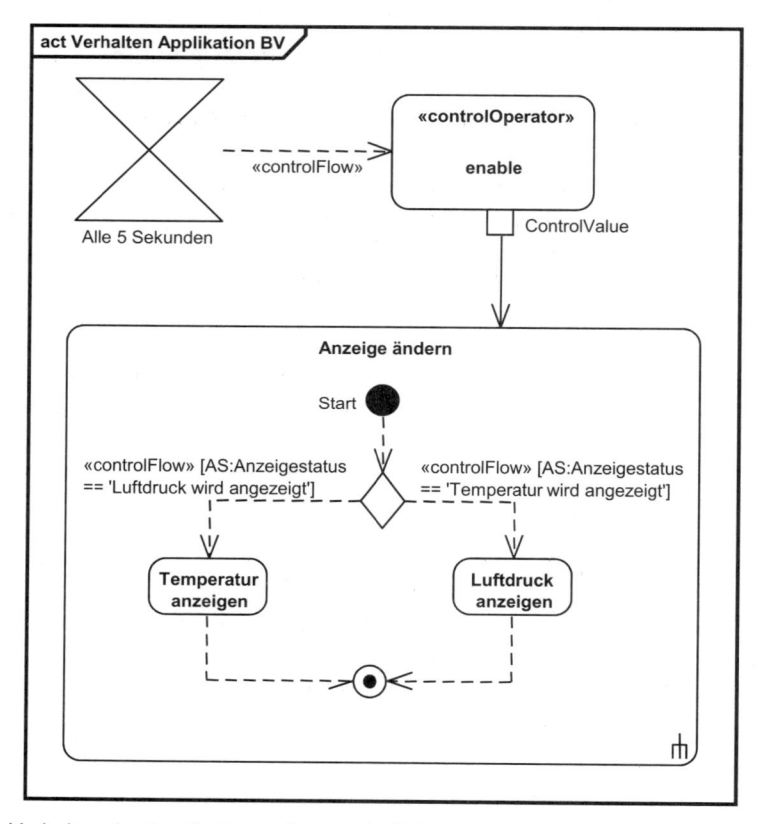

BILD 7.22 Verhalten der Applikationssoftware als Aktivitätsmodell

Abschließend möchte ich Ihnen in diesem Abschnitt nun noch zwei Beispiele für Aktivitätsmodellierung geben. Zunächst ist in Bild 7.22 ein Aktivitätsdiagramm modelliert, das das Verhalten der Applikationssoftware (grob) beschreibt. Bewusst wird in diesem Beispiel auch der Kontrolloperator der SysML verwendet, um dessen Anwendung zu demonstrieren. Es wäre nicht unbedingt notwendig gewesen, die Aktion *Anzeige ändern* durch einen Kopntrolloperator zu aktivieren; man hätte auch einen einfachen Kontrollfluss von der Timer-Aktion (*Alle*

---

[3] Zum Beispiel: Zuordnung von Zustandsautomaten zu einem Property-Element, das diese Zustände kennt.

5 Sekunden) zur Aktion *Anzeige ändern* ziehen können. Die Bedeutung der Modellierung wäre in diesem Fall die gleiche.

Das Diagramm zeigt, dass alle fünf Sekunden ein Kontrollfluss gestartet wird, der indirekt durch den Kontrolloperator die Aktion *Anzeige ändern* startet. Diese prüft intern am Entscheidungsknoten den Zustand `AS:Anzeigestatus` (vgl. Bild 7.21) und startet passende Aktionen, die die Anzeige entsprechend erscheinen lassen.

Ein weiteres Aktivitätsdiagramm ist in Bild 7.23 dargestellt. Hier ist modelliert, wie sich das Abtrennen der Spannungsversorgung auf die Durchführung der Aktion *Anzeige ändern* auswirkt.

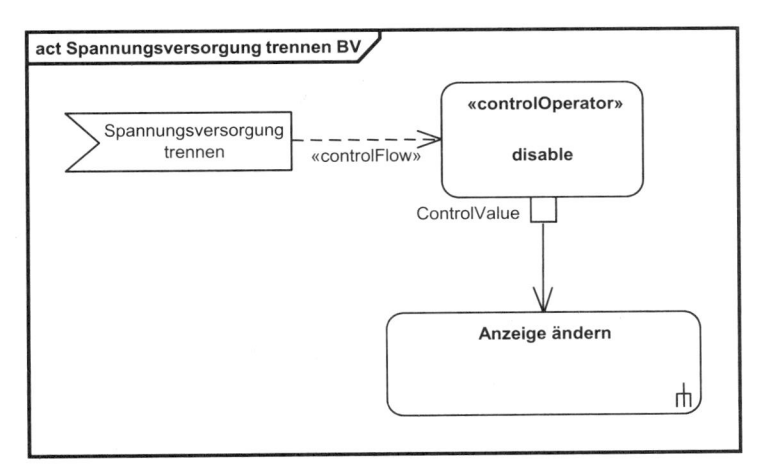

BILD 7.23 Modellierung des Ereignisses „Spannungsversorgung trennen"

Das Trennen der Spannungsversorgung ist dabei als *Accept Event*-Aktion modelliert. Diese startet den Kontrolloperator, der diesmal die Aktion nicht aktiviert, sondern deaktiviert.

Damit hat die Aktion *Anzeige ändern* im Modell sowohl einen Kontrolloperator zum Aktivieren als auch zum Deaktivieren. Beide sind im Modell vorhanden, aber in den oben gezeigten Beispielen nicht gemeinsam auf einem Diagramm sichtbar.

Die Verhaltensmodellierung kann und sollte auch nach Möglichkeit auf mehrere Diagramme verteilt werden, um die Übersichtlichkeit der Diagramme zu erhalten. Über das Konzept von mehreren Sichten und auch der Allokation lassen sich Elemente auf mehreren Diagrammen mehrfach nutzen bzw. Modellelemente miteinander verknüpfen. Dies führt bei entsprechender Anwendung am Ende zu konsistenten, übersichtlichen und trotzdem hilfreichen und aussagekräftigen Verhaltensmodellierungen.

7.8 Fazit

In diesem Kapitel wurde am Beispiel eines kleinen technischen Systems die Anwendung von SysML im Allgemeinen und der in Kapitel 6 beschriebenen Architekturmuster und -konzepte im Speziellen demonstriert. Mit SysML ist man in der Lage, besonders in der frühen Phase der Systementwicklung Systeme modellbasiert zu spezifizieren. Dies erstreckt sich vorwiegend auf die Architektur und die textuellen Anforderungen. Über das Systemmodell können Anforderungen und Architektur auf einfache Art und Weise integriert und strukturiert entwickelt werden. Auch die Integration von Testfällen und eine detaillierte Verhaltensbeschreibung sowie eine umfassende konsistente Vernetzung all dieser Entwicklungsbausteine lässt sich verwirklichen.

Durch den modellbasierten Ansatz, bei dem immer ein Repository im Hintergrund steht, lassen sich neue Sichten wie zum Beispiel ein Trace-Baum aus einem solchen Modell gewinnen. Die Benutzung einer standardisierten Modellierungssprache wie SysML hat weiterhin den Vorteil, dass ein solches Modell auch über die Grenzen des eigenen Entwicklungsbereichs oder sogar Unternehmens hinaus korrekt interpretiert werden kann.

Das Potenzial der modellbasierten Entwicklung ist damit sicher noch nicht ausgeschöpft. Mit leistungsfähigeren (zukünftigen) Werkzeugen und Werkzeugketten lassen sich noch weitere Vorteile aus einem solchen Modell ziehen. Dies kann in Richtung Simulation, modellbasiertes Testen, Codegenerierung oder auch automatisierte Variantengenerierung gehen. Zu einigen dieser Themen gibt es im folgenden Kapitel 8 weitergehende Ausführungen.

Modellbasierte Entwicklung kann auf jeden Fall heute schon die dokumentenzentrierte Entwicklung in großen Teilen ersetzen. Es trägt zu einer strukturierteren Vorgehensweise bei und hilft, die Anforderungen von Prozessvorgaben und Nachvollziehbarkeit in einer Weise zu erfüllen, dass auch Arbeitsergebnisse von großen Entwicklungsprojekten noch handhabbar und wartbar bleiben.

8 Unterstützende Prozesse und Konzepte

Fragen, die dieses Kapitel beantwortet:

- Wie lassen sich Versionen und Stände der Modelle verwalten?
- Wie kann man Dinge im Modell wiederverwenden, ohne sie doppelt pflegen zu müssen?
- Was ist ein Systembaukasten und wie lässt sich ein solcher aufbauen?
- Wie bekommt man Varianten in den Griff?
- Wie integriert man SysML-Modelle und andere Entwicklungswerkzeuge und deren Daten?
- Wie kann man Dokumente aus den Modellen generieren?
- Wie kann man die Qualität der Modelle ermitteln und bewerten?

Zu modellbasierter Systementwicklung gehört mehr als nur die Modellierung der Systemzusammenhänge. Wenn man in einem Unternehmensumfeld im Team zusammenarbeitet, muss man auch darauf achten, die entsprechenden unterstützenden Prozesse für eine solche Teamarbeit bereitzustellen.

Auch über Wiederverwendung bereits bestehender Modelle und Daten sollte man sich dann Gedanken machen, wenn man ein sehr ähnliches Produkt für mehr als einen Kunden entwickelt. Hier ist es sinnvoll, Arbeitsprodukte wiederzuverwenden, anstatt diese von Neuem zu erstellen.

Da SysML-Modelle nicht dazu gedacht sind, bestehende Werkzeuge zu ersetzten, sondern diese geeignet zu ergänzen, wird man sehr häufig ein Arbeitsumfeld antreffen, in dem bestimmte Werkzeuge und Verfahren bereits etabliert im Einsatz sind. Diese mit dem SysML-Modell geeignet zu verknüpfen und zu integrieren ist ein weiterer wichtiger Aspekt, den dieses Kapitel behandelt.

■ 8.1 Versionierung und Baselining

Versionierung und Baselining sind *die* Verfahren, die sich in der Software- und Systementwicklung bereits seit Langem etabliert haben, um zwei Probleme zu lösen. Zum einen sollen bestimmte Stände von Arbeitsprodukten gesichert und somit die Entwicklung nachvollziehbar gemacht werden. Dafür benutzt man Versionierungssysteme, mit deren Hilfe Dateien oder andere Daten mit Versionsnummern versehen werden, um diesen Stand der Daten zu sichern. So kann er auch zukünftig immer wieder hergestellt werden.

Zum anderen betrachtet Baselining dies nicht auf einer einzelnen Datei oder einem einzelnen Datum, sondern auf einer Menge von Daten. Die Baseline speichert eine Auflistung aller Daten und deren aktuelle Versionsnummer, um diesen Stand der Arbeitsprodukte später nachvollziehbar wieder herstellen zu können[1].

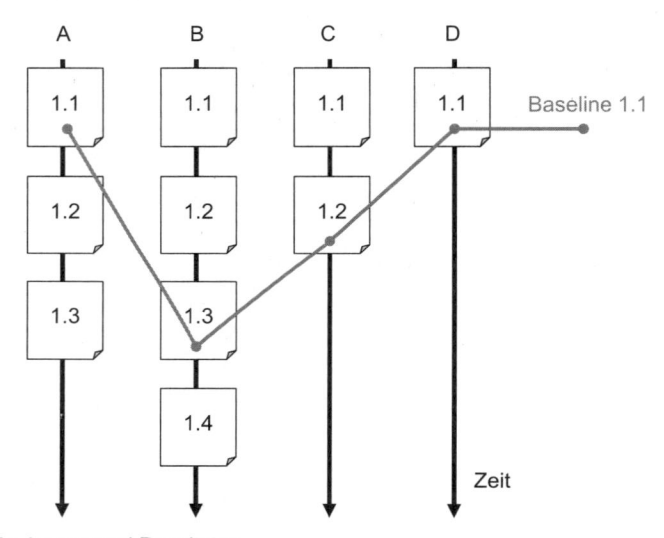

BILD 8.1 Versionierung und Baselining

Bild 8.1 veranschaulicht das Prinzip von Versionierung und Baselining. Die hier dargestellten vier Datensätze A bis D liegen unter Versionskontrolle. Im Laufe der Zeit wurden von allen mit Ausnahme von D bereits mehrere Versionen erzeugt. Auch eine Baseline wurde gezogen. Zum Zeitpunkt der Erstellung der Baseline hatten die Daten folgende Version: A 1.1, B 1.3, C 1.2 und D 1.1. Nun haben sich die Datensätze A und B in der Zwischenzeit weiterentwickelt und es entstanden neue Versionen. Durch die Baseline ist es jedoch möglich, den Stand zum Erstellungszeitpunkt der Baseline nachvollziehbar wiederherzustellen.

Neben der Sicherstellung der Nachvollziehbarkeit und Wiederherstellung von definierten Ständen erfüllt Versionierung noch einen zweiten Aspekt: Es ermöglicht die kontrollierte und koordinierte Zusammenarbeit mehrerer Teammitglieder an einem Satz von Daten. Dazu kann ein Teammitglied eine Datei oder ein Datum sperren, sodass nur er oder sie dieses bear-

---

[1] Anstatt *Baseline* sind auch die Begriffe *Checkpoint* oder *Stückliste* gebräuchlich.

beiten darf. Nach erfolgter Änderung wird eine neue Version über das Versionierungssystem erzeugt und steht ab da den anderen Teammitgliedern zur Verfügung.

8.1.1 Versionierung und Baselining von Modellen

Auch in der modellbasierten Entwicklung ist es unerlässlich, dass die Entwicklungsstände nachvollziehbar gespeichert werden und eine Zusammenarbeit an den Modellen im Team realisiert werden kann. Gegenüber anderen Arbeitsprodukten wie zum Beispiel Text oder Quellcode ergeben sich bei grafischen Modellen noch weitere Herausforderungen an die Versionierungswerkzeuge:

- Die Anzeige von Änderungen ist bei grafischen Modellen schwieriger. Wie vergleicht man beispielsweise zwei Versionen eines Diagramms? Hat sich nur das Layout oder auch der Inhalt geändert?
- Durch die starke Verknüpfung der Daten aufgrund der Möglichkeit, beliebige Modellelemente miteinander zu verknüpfen, muss beim Versionieren der Daten darauf geachtet werden, dass keine Inkonsistenzen dadurch entstehen, indem eine solche Relation einem Modellelement hinzugefügt wird, dem anderen aber nicht, da das Modellelement momentan für die Bearbeitung durch einen anderen Benutzer gesperrt ist.

Datenbank versus dateibasierte Speicherung

Heutige Modellierungswerkzeuge speichern ihre Daten entweder mit Hilfe einer Datenbank oder in einzelnen Dateien ab. Beide Ansätze habe Vor- und Nachteile im Hinblick auf die Versionierung und das Baselining.

Sofern die Daten mit Hilfe einer Datenbank gespeichert werden, bringt dies folgende Vor- und Nachteile mit sich:

- Datenbanken sind normalerweise immer mehrbenutzerfähig, d.h. man kann mit dem Modell parallel als Team arbeiten, und jeder Benutzer sieht stets den aktuellen Stand.
- Verknüpfungen zwischen verschiedenen Datenelementen sind leicht zu realisieren, da Datenbanken dieses Konzept von Grund auf anbieten.
- Der Nachteil einer Datenbank im Hinblick auf die Versionierung ist, dass in einer Datenbank alle Daten in einem zentralen Speicher (Datenbank-Repository) hinterlegt werden und damit Versionskontrolle auf Einzelelemente zusätzlich innerhalb der Datenbankstruktur realisiert werden muss. Man kann nicht ohne Weiteres zum Beispiel Versionskontrollsysteme für Dateien auf Datenbanken anwenden.

Werden die Daten als einzelne Dateien abgelegt, ergeben sich die folgenden Vor- und Nachteile:

- Versionskontrollsysteme für Dateien können für die Verwaltung der Modelldaten wiederverwendet werden. Dateien lassen sich sperren und neue Versionen erzeugen.
- Durch die Verwendung von Dateien ergeben sich jedoch auch einige Nachteile: Alle Benutzer arbeiten mit den gleichen Dateien und müssen daher nach einer Änderung durch einen anderen Benutzer die Dateien mit der neuen Version nachladen.

- Durch Verwendung von Dateien können Inkonsistenzen auftreten, sofern Querbeziehungen zwischen mehreren Dateien existieren und Versionen nicht konsistent an beiden Stellen geändert werden.

Beide Speicherkonzepte bringen Vor- und Nachteile mit sich. Die heute verfügbaren Modellierungswerkzeuge haben hier alle noch das eine oder andere Problem. Hier sind die Werkzeughersteller gefragt, ein funktionsfähiges Konzept anzubieten, dass den Anforderungen der modernen Systementwicklung an Versionierung und Baselining gerecht wird.

Solange dies noch nicht der Fall ist, muss man mit den Nachteilen der Werkzeuge leben. Diese sind jedoch nicht so gravierend, dass man mit heutigen Werkzeugen keine modellbasierte Systementwicklung realisieren kann. Es ergeben sich so gut wie immer Zwischenlösungen, um mit Unzulänglichkeiten fertigzuwerden. Beispielsweise kann man eine Baseline auf einer Datenbank dadurch ziehen, dass man die Rohdaten der gesamten Datenbank sichert. Damit kann dieser Stand zu einem späteren Zeitpunkt immer wiederhergestellt werden.

8.1.2 Versionierung von Hilfswerkzeugen

Sofern man sich Hilfswerkzeuge erstellt, um Arbeitsabläufe zu vereinfachen oder Werkzeugunzulänglichkeiten auszugleichen (siehe auch Abschnitt 10.5), sollte man auch diese versionieren, damit man später bei Bedarf einen alten Stand wieder herstellen kann. Zum Beispiel haben Sie einen eigenen Dokumentengenerator geschrieben, um automatisiert Dokumente aus den Modelldaten zu erzeugen. Die Qualität eines generierten Dokuments hängt zum einen von den Inhalten im Modell, zum anderen aber auch vom benutzten Dokumentengenerator ab. Ist dieser fehlerhaft oder ändert er sich im Laufe der Zeit, sieht auch das generierte Dokument anders aus. Um einen alten Stand nachvollziehbar wieder herstellen zu können, sollte daher auch das Generierungswerkzeug in einer alten Konfiguration wieder hergestellt werden können.

■ 8.2 Wiederverwendungskonzepte

Wiederverwendung spielt immer dann eine Rolle, wenn man nicht nur ein Produkt mit ähnlichen Eigenschaften entwickelt, sondern mehrere. Spätestens beim Nachfolgeprojekt einer erfolgreichen ersten Systementwicklung sollte man auf den Ergebnissen der Vergangenheit aufbauen, diese wiederverwenden und gegebenenfalls erweitern. Dies spart Kosten, Zeit und unnötige Doppelarbeit, erfordert jedoch, sich im Vorfeld Gedanken über Wiederverwendung zu machen.

Das in Abschnitt 6.5 beschriebene Konzept des Architekturbaukastens ist Teil eines solchen Wiederverwendungskonzeptes. Architekturkomponenten werden als austauschbare und wieder- bzw. mehrfach verwendbare Bausteine modelliert und als Teile des Architekturbaukastens abgelegt. Aus diesen Bauteilen werden dann ganze Systeme zusammengebaut (Bild 8.2).

Architekturbausteine   System

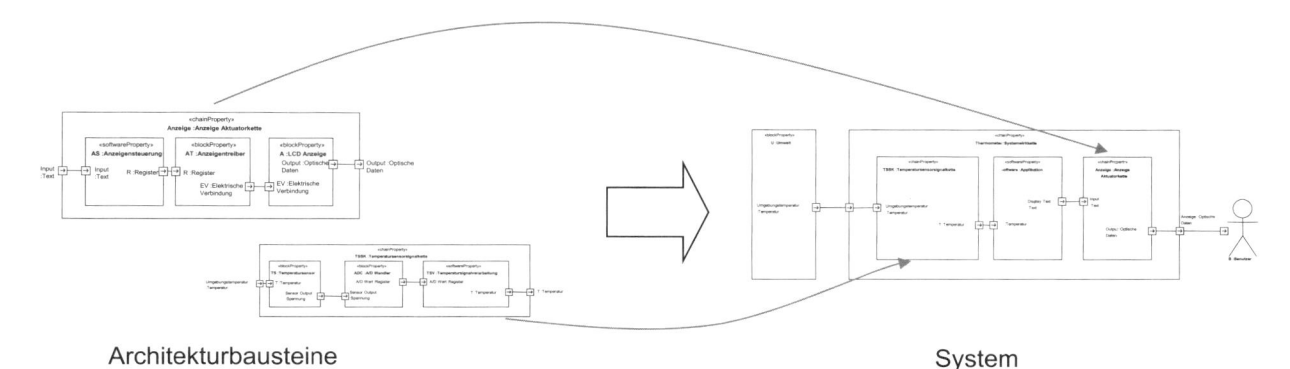

BILD 8.2 Prinzip der Anwendung eines Architekturbaukastens

Referenzierung

Wenn man Dinge kopiert und damit ein und dieselbe Information vervielfältigt, ist es notwendig, bei einer Änderung alle Kopien zu ändern, um die Information konsistent und deren Richtigkeit zu erhalten. Dieses Problem kann man dadurch umgehen, dass man Information nur an einer einzigen Stelle vorhält und pflegt, und jeder, der diese Information braucht, fügt eine Referenz auf diese Information bei sich ein.

Ein Beispiel, wo man diesem Prinzip täglich begegnet, ist das World Wide Web (www) des Internet. Eine Seite wird dort nicht tausendfach kopiert, sondern über Hyperlinks referenziert. Ändert sich der Inhalt der verlinkten Seite, so bekommt der Anwender, der den Link benutzt, immer den aktuellen Inhalt angezeigt.

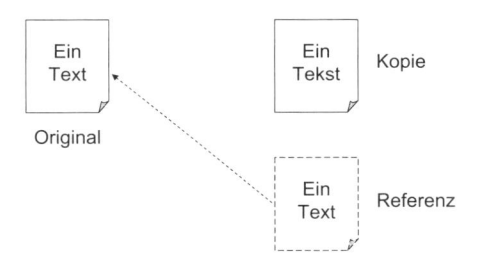

BILD 8.3 Prinzip von Kopie und Referenz

Bild 8.3 veranschaulicht den Unterschied zwischen Kopie und Referenz. Die Kopie wurde zu einem Zeitpunkt gezogen, als das Original noch fehlerhaft war (Schreibfehler). In der Zwischenzeit wurde der Fehler zwar im Original, nicht aber in der Kopie behoben. Im Gegensatz zur Referenz, die lediglich einen Verweis auf das Original bildet, bleibt der Fehler in der Kopie erhalten. Aus der praktischen Erfahrung heraus kann ich Ihnen nur den dringenden Rat geben, wo immer möglich mit Referenzen zu arbeiten und Arbeitsprodukte erst dann zu kopieren, wenn dies unbedingt notwendig wird und das Original einen gewissen Reifegrad erreicht hat!

Um nun die Bausteine im Architekturbaukasten in gleicher Weise nur an einer Stelle warten und pflegen zu müssen, sollte man auch diese nicht für jedes Systemmodell kopieren, sondern referenzieren. Der SysML-Standard kennt ein solches Referenzkonzept und übernimmt dieses aus dem UML-Standard. Das Prinzip dabei ist genau das Gleiche wie oben in Bild 8.3 dargestellt. Ist ein Architekturelement eine Referenz, stellt dieses lediglich einen Verweis auf ein Original dar. Gemäß dem SysML/UML-Standard wird eine Referenz dadurch gekennzeichnet, dass das Element eine gestrichelte Kannte bekommt.

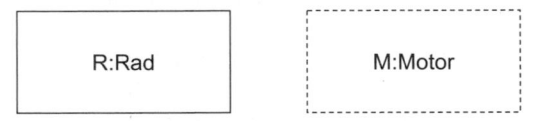

BILD 8.4 Darstellung von Original und Referenz gemäß SysML/UML-Standard

In Bild 8.4 ist diese Darstellungsweise prinzipiell dargestellt. Das rechte Element ist eine Referenz, das linke nicht. Die Kopplung zwischen Referenz und Original geschieht über gleiche Namen und Typen.

In der Praxis hat sich jedoch gezeigt, dass eine Kopplung über Konnektoren zwischen Referenz und Original mehr Vorteile bringt. Daher möchte ich Ihnen hier eine erweiterte Form der Referenzierung vorstellen, die eine detailliertere Veknüpfung zwischen Referenz und Original ermöglicht.

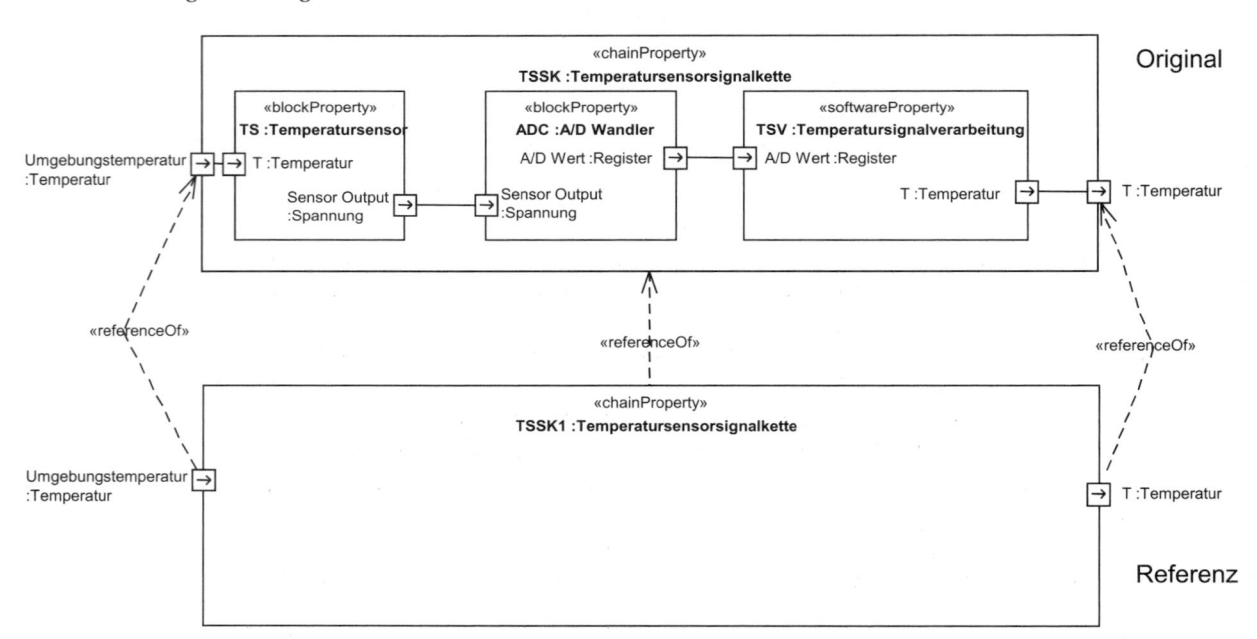

BILD 8.5 Referenzierung über eine «referenceOf»-Beziehung

Grundidee hinter dem erweiterten Referenzkonzept ist die formale Verlinkung zwischen Referenzen und Original über eine bestimmte Beziehung. Dazu wird ein gerichteter Konnektor mit dem Stereotyp «referenceOf» verwendet, der von der Referenz zum Original zeigt. Bild 8.5 zeigt die Anwendung am Beispiel der Temperatursensorkette.

Die «referenceOf»-Beziehung besteht hier nicht nur zwischen der Architekturkomponente, sondern auch zwischen deren Schnittstellen (Ports). Der Vorteil dieser zusätzlichen Verbindung besteht darin, dass man Änderungen am Original, wie neue Ports oder Änderung der Portnamen und -typen, über diese Beziehungen nachverfolgen, und werkzeuggestützt automatisch wieder mit der Referenz synchronisieren kann. Auch die Namen der Referenzelemente können sich zum Original unterscheiden[2].

Als Konsequenz der Referenzierung ergibt sich, dass zwar die äußere Hülle des Architekturelements und seine Schnittstellen kopiert werden, nicht aber die innen liegenden Unterkomponenten. Auch Anforderungen, die mit den Architekturelementen verlinkt werden, sind nur noch am Originalelement verlinkt und nicht an der Referenz. Über die «referenceOf»-Beziehungen kann man jedoch schnell und einfach das Originalelement von der Referenz aus finden und damit auch alle inhaltlichen Modellierungen.

Durch Referenzierung kann dadurch aus den Baukastenelementen eine Systemarchitektur aufgebaut werden, ohne die Baukastenelemente mehrfach zu kopieren. Die Pflege der Bausteine erfolgt an genau einer Stelle: am Original.

In der Praxis wird man die Bausteine in einer eigenen Abstraktionsebene und deren Paketstruktur hinterlegen. Gleichzeitig wird die Vorlage, wie man die Bausteine kombiniert, wiederum in einer eigenen Abstraktionsebene hinterlegt.

Damit haben Sie einen Modellteil, der die Abstraktionsebenen für die Bausteine des Baukastens enthält, und ein oder mehrere Modellteile mit Abstraktionsebenen, die diese Bausteine verwenden (Vorlagenmodelle). Die Verbindung zwischen Vorlage und Baukastenelementen sind die «referenceOf»-Beziehungen.

Wie man das Baukastenprinzip auf das in Kapitel 7 entwickelte Beispiel anwendet, erfahren Sie in Kapitel 9.

■ 8.3 Variantenmanagement

Varianten spielen in der Systementwicklung eine große Rolle. Um nicht jedes System stets von Neuem zu entwickeln, wird vielfach ein bestehendes System mit neuen Merkmalen (engl. *Features*) ausgestattet. Dieses neue System ist dann eine Variante des alten. Viele Teile werden dabei wiederverwendet, und prinzipiell brauchen nur die Teile des Systems von Grund auf entwickelt zu werden, die die neuen Merkmale erfüllen bzw. realisieren.

Varianten findet man überall: angefangen bei Normteilen wie DIN-Schrauben, die es in variablen Standardgrößen gibt, bis hin zu kompletten Systemen wie einem Automobil, dass basierend auf einem Plattformkonzept in den unterschiedlichsten Ausprägungen durch den Kunden bestellt und durch die Hersteller geliefert wird.

Durch die konsequente Anwendung des Konzepts von Varianten lässt sich während der Systementwicklung viel Zeit und Geld einsparen. Jedoch erfordert dies auch eine entsprechende Infrastruktur und Werkzeuge, mit denen man eine Variante mit möglichst geringem Aufwand aus einer Basiskonfiguration erzeugen kann. Eine solche Basiskonfiguration wird oftmals auch als *Produktlinie* bezeichnet.

---

[2] Dieses Referenzkonzept ist vergleichbar mit einer Instanziierung von Klassen durch Objekte. Da die Originale jedoch bereits Instanzen von Blöcken sind, kann man diese nicht erneut instanziieren und braucht daher ein solches Konzept.

Der oben vorgestellte Architekturbaukasten realisiert viele der Randbedingungen, die man braucht, um effizient Varianten zu erzeugen. Die Architektur ist aus den Wirkketten als Einzelkomponenten zusammengebaut. Will man eine neue Variante eines Systems aufbauen, so braucht man nur diese Komponenten so zu kombinieren, dass die gewünschte Systemvariante daraus entsteht. Neue Merkmale kann man dadurch abdecken, dass man neue Systembausteine entwickelt und diese zum Baukasten hinzufügt.

8.3.1 Featuremodellierung

Im Zuge einer modellbasierten Entwicklung liegen die Bausteine in maschinenverarbeitbarer Form in einer Datenbank vor. Damit lassen sich sogar die Schritte zur Erstellung einer Variante automatisieren. Nötig dazu ist ein Verfahren, mit dessen Hilfe Variantenkonfigurationen formal erstellt und verwaltet werden: die Featuremodellierung.

Die Idee hinter dem Verfahren der Featuremodellierung, das zu Beginn der 1990er Jahre entwickelt wurde [KCH+90], ist es, alle Features einer Produktlinie in Form einer Baumstruktur zueinander in Beziehung zu setzen. Dabei werden vier Arten von Features unterschieden:

- **Notwendige Features** (*Mandatory*) sind Merkmale, die das System immer haben muss. Ohne diese wäre es unvollständig und würde nicht funktionieren.
- **Alternative Features** sind Merkmale, aus denen genau eines ausgewählt werden darf, damit eine sinnvolle Variante entsteht.
- **Optionale Features** können im System vorhanden sein, müssen aber nicht.
- **Oder-Features** sind angelehnt an das mathematisch logische ODER. Im System müssen ein oder mehrere Merkmale dieser Art vorhanden sein, damit es eine korrekte Konfiguration von Merkmalen ergibt.

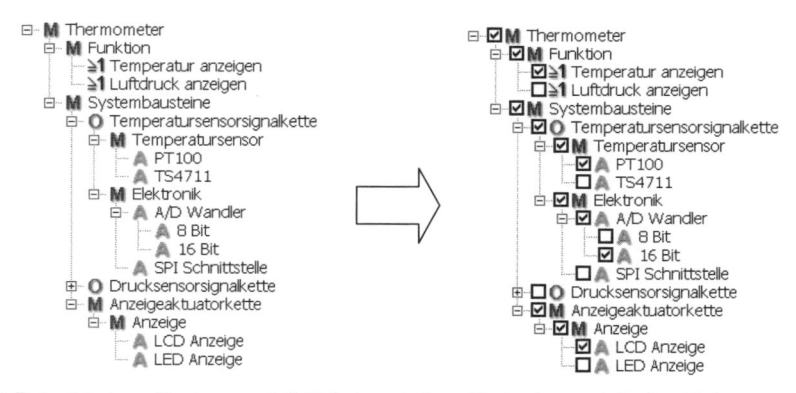

BILD 8.6 Beispiel eines Featuremodell (links) und eines Variantenmodells (rechts)

In Bild 8.6 sind für das in Kapitel 7 verwendete Beispiel ein Featuremodell und ein Variantenmodell gegeben. Der Featurebaum strukturiert die Merkmale des Systems hierarchisch. Dabei steht M für Mandatory, A für Alternativ, O für Optional und ≥ 1 für ODER. Alle Features entsprechen dabei einer booleschen Variablen, die wahr oder falsch sein kann.

Der Unterschied zwischen dem Featuremodell und einem Variantenmodell besteht darin, dass Ersteres alle Merkmale definiert, während Letzteres zusätzlich Schalter anbietet, mit denen man Merkmale ein- oder ausschalten kann. Die Variante ist somit normalerweise immer eine ausgewählte Untermenge aller Features[3].

Über weitere Regeln, die Implikationsrelation ($F1 \rightarrow F2$, „Wenn Feature F1 ausgewählt wird, muss auch Feature F2 ausgewählt werden.") und die Ausschlussrelation ($\neg(F1 \wedge F2)$, „Wenn Feature F1 ausgewählt wird, darf Feature F2 nicht ausgewählt werden, und umgekehrt.") zwischen Features können weitere Abhängigkeiten definiert und damit beispielsweise sonst optionale Merkmale zu dann notwendigen Merkmalen gemacht werden.

Damit lässt sich zum Beispiel festlegen, dass bei Auswahl des Merkmals *Temperatur anzeigen* das Merkmal *Temperatursensorsignalkette* impliziert wird. Die Temperatursensorkette wird dann vom optionalen zum notwendigen Merkmal.

Hinter der Idee der Featuremodellierung liegen noch weitere Regeln wie zum Beispiel, dass nur eine von mehreren Alternativen jeweils ausgewählt werden kann. Editoren, die den Aufbau von Feature- und Variantenmodellen unterstützen, können aufgrund dieser Regeln bereits im Vorfeld bei der Erstellung einer Variante Fehlkonfigurationen verhindern. Tabelle 8.1 gibt einen Überblick über diese formalen Regeln.

TABELLE 8.1 Semantik der Featuremodellierung nach [Wik11b]

Featuremodellregel	Formale Semantik
W ist das Wurzelmerkmal	W
F_1 ist optionales Untermerkmal von F	$F_1 \Rightarrow F$
F_1 ist notwendiges Untermerkmal von F	$F_1 \Leftrightarrow F$
$F_1 \ldots F_n$ sind alternative Untermerkmale von F	$(F_1 \vee \ldots \vee F_n \Leftrightarrow F) \wedge \bigwedge_{i<j} \neg(F_i \wedge F_j)$
$F_1 \ldots F_n$ sind ODER-Untermerkmale von F	$F_1 \vee \ldots \vee F_n \Leftrightarrow F$
F_1 schließt F_2 aus	$\neg(F_1 \wedge F_2)$
F_1 impliziert F_2	$F_1 \Rightarrow F_2$

8.3.2 Variantengenerierung

Durch die Bildung eines Variantenmodells entsteht eine Liste bzw. Menge von ausgewählten Features als Untermenge der Gesamtzahl aller möglichen Features. Mit Hilfe dieser Daten wird es nun möglich, Variantengeneratoren zu steuern. Damit eine solche Generierung funktioniert, braucht man neben dem Feature- und Variantenmodell auch Arbeitsprodukte in Form von Basismodellen und Vorlagen, die in formaler Form mit dem Featuremodell verknüpft werden.

Diese Verknüpfung ordnet Features aus dem Featuremodell den Inhalten in den Basismodellen und Vorlagen in eindeutiger Weise zu. Damit kann man definieren, dass ein Element aus dem Basismodell nur dann in einer Variante vorkommen darf, wenn dieses Feature ausgewählt ist. Typischerweise werden diese Verknüpfungen als Restriktion gehandhabt, das heißt,

---

[3] Es sei denn, es werden alle Features ausgewählt – was aber normalerweise in der Praxis aufgrund der Featuretypen im Featuremodell nicht vorkommen kann.

sofern ein Element im Basismodell keine solche formale Verknüpfung mit dem Featuremodell hat, wird sie immer in die Variante mit hineingenommen.

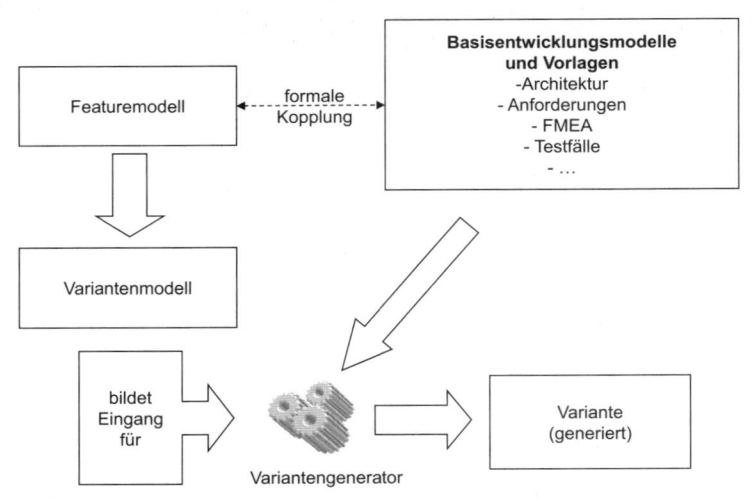

BILD 8.7 Prinzip der featuremodellbasierten Variantenbildung

Bild 8.7 zeigt das Prinzip des Verfahrens. Die Basisentwicklungsmodelle und Vorlagen bilden sogenannte Maximal- oder 200%-Modelle, in denen alle möglichen Systemkomponenten, die in der Produktlinie verfügbar sein sollen, hinterlegt sind. Über die Restriktionen werden Teile dieser Maximalmodelle dann ein- bzw. ausgeschaltet. Der Variantengenerator benutzt als Eingangsdaten das Variantenmodell und die Basismodelle, um darauf aufbauend eine Variante zu erzeugen. Dies geschieht normalerweise so, dass ein Basismodell kopiert wird und man beim Kopieren überprüft, ob die am Basismodell verknüpften Featurerestriktionen für die Variante erfüllt sind oder nicht. Sind sie erfüllt, wird das entsprechende Teil kopiert, ansonsten nicht.

Ein großer Vorteil an der Nutzung des featuremodellbasierten Ansatzes ist der, dass das Featuremodellverfahren selbst technologieunabhängig ist. Das heißt, dass die in Bild 8.7 dargestellten Basismodelle von unterschiedlichster Art sein können. Beispiele für solche Modelle sind:

- Architekturmodelle, aus denen Architekturvarianten generiert werden
- Sammlungen von Anforderungen, aus denen Anforderungsvarianten gebildet werden
- Softwaremaximalkonfigurationen, aus der eine passende Software für die definierte Variante generiert wird
- Sammlungen von Testfällen, aus denen die passenden Tests für die Variante ausgewählt werden

Die Möglichkeiten sind hier kaum begrenzt und auf viele weitere Arten von Arbeitsprodukten anzuwenden.

Am Beispiel des oben entwickelten Architekturmodells möchte ich Ihnen nun noch einmal zeigen, wie das Featuremodell verwendet werden kann, um eine passende Variante zu generieren.

In Bild 8.8 ist ein 200%-Modell für die in Kapitel 7 eingesetzte Anzeige Aktuatorkette dargestellt. Man erkennt, das diese Aktuatorkette mehr als eine Art von Displaykomponente enthält, nämlich eine LC- wie auch ein LED-Anzeige. Ohne weitere Bedingungen wäre dieses Modell formal falsch modelliert, da hier mit einem Ausgangsport mehr als ein Item-Flow verbunden ist, was normalerweise nicht vorkommen darf, da dadurch ein deterministischer Daten- oder Materialfluss nicht mehr gewährleistet werden kann.

Das Modell enthält jedoch auch zwei sogenannte Constraints, die Verweise auf das in Bild 8.6 dargestellte Featuremodell darstellen. Constraints sind spezielle Zusatzbedingungen oder Zusicherungen, die im Modell enthalten sein können und entsprechend erfüllt werden müssen.

Die Constraints an den beiden Anzeigekomponenten haben einen speziellen Stereotyp «FeaRestr» als Abkürzung für *Feature Restriction*, also Merkmalseinschränkung. Ein Variantengenerator kann nun diese Feature-Restriction-Constraints auswerten und im Variantenmodell nachschlagen, ob die dort hinterlegte Auswahl, die im Constraint definierte Bedingung erfüllt. Ist dies der Fall, ist das Constraint erfüllt, und das Element muss Bestandteil der Architekturvariante werden. Im anderen Fall wird das Element nicht Bestandteil der Architekturvariante.

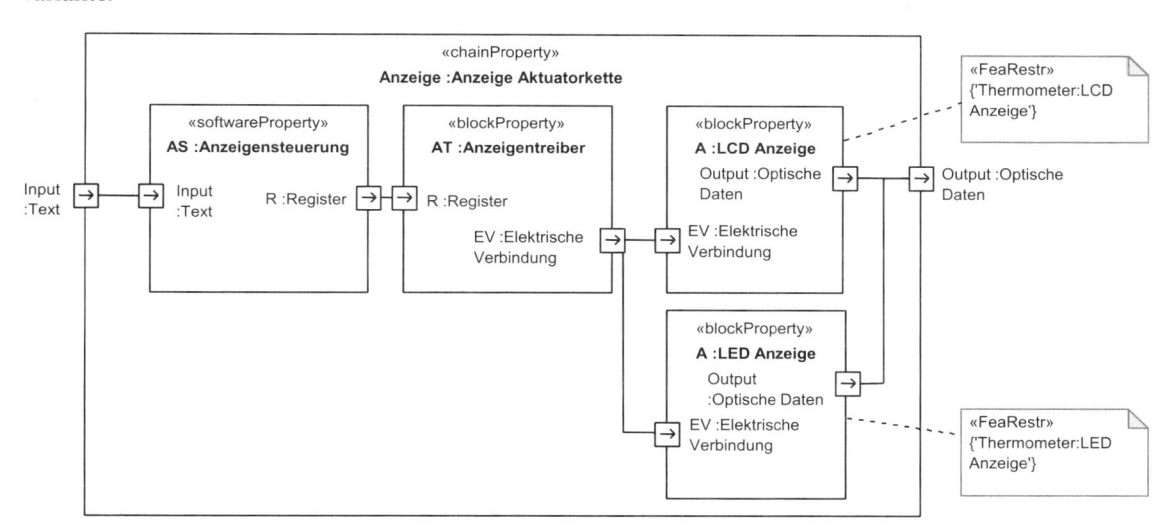

BILD 8.8 Nutzung von Feature-Constraints zur Definition von Architekturvarianten

Technisch wird eine Variantenbildung auf einem Modell, wie bereits oben angedeutet, dann typischerweise so realisiert, dass eine Kopie des 200%-SysML-Modells erstellt wird, und die Teile, für welche die Feature-Restriction-Constraints nicht erfüllt sind, werden weggelassen oder herausgelöscht. Solche Feature-Restriction-Constraints lassen sich auch noch komplexer gestalten, indem man mehrere Features aus dem Featuremodell mit boolescher Logik, also AND, OR und NOT, miteinander kombiniert. Ausgewertet wird dann der gesamte logische Ausdruck.

Da beim Herauslöschen eines Property-Elements in der Architektur auch automatisch die dort angefügten Ports und die an ihnen hängenden Item Flows mit entfernt werden, reichen im Beispiel hier zwei Constraints an den Property-Elementen selbst. Es ist aber von

SysML her möglich, solche Constraints auch für Ports und Konnektoren zu definieren. Dadurch kann eine sehr feingranulare Auswahl im Architekturmodell und auch in Verhaltensmodellteilen erfolgen.

Das Prinzip, mit solchen Merkmalseinschränkungen zu arbeiten, kann man nicht nur auf SysML-Modelle anwenden, sondern auch auf andere Arten von Arbeitsprodukten wie z.B. Anforderungen oder auch Testfälle. Man muss nur entsprechend ein Attribut für die Aufnahme dieser Constraints vorsehen und eine Werkzeugkette bereitstellen, die in der Lage ist, die Variantenbildung durch selektives Kopieren durchzuführen.

Die Features als Einschränkung zu verwenden, hat den Vorteil, dass man nicht jedes Arbeitsprodukt, Modellelement oder Anforderung explizit mit einem Feature versehen muss, sondern nur jene, die in einer bestimmten Variante ausgeblendet werden sollen. Elemente ohne Einschränkung sind in jeder Kopie und daher auch in jeder Variante enthalten. Sie entsprechen damit notwendigen Merkmalen (*mandatory features*).

Es gibt verschiedene Werkzeuge aus Forschung und Industrie (unter anderem [Uni11] und [pur11]), die heute schon die featuremodellbasierte Variantengenerierung in der Praxis ermöglichen. Sofern man es mit Produktlinien zu tun hat, sollte man über den Einsatz von Featuremodellierung als Ergänzung zur modellbasierten Systementwicklung nachdenken, da man dadurch neue Varianten in einem Bruchteil der Zeit entwickeln kann, die sonst erforderlich wäre, wenn man die Architektur und die anderen Arbeitsprodukte jeweils von Hand anpasst. Natürlich muss man dazu im Vorfeld Aufwand in die Erstellung des Featuremodells und in die Verknüpfungen zu den Basismodellen stecken. Dieser hält sich aus der praktischen Erfahrung heraus in Grenzen und wird sich mit jeder weiteren, automatisiert erzeugten Systemvariante mehr bezahlt machen.

■ 8.4 Werkzeugintegration

Innerhalb der Systementwicklung wird es normalerweise nicht nur ein Modellierungswerkzeug zur Erstellung des Systemmodells mit SysML geben, sondern man findet eine ganze Reihe von Werkzeugen vor, die man benötigt, um alle Aufgaben zur Erzeugung der Arbeitsprodukte im Produktentstehungsprozess durchzuführen. Typischerweise findet man Spezialwerkzeuge für Elektronikentwicklung wie Schaltplanzeichner, CAD-Werkzeuge in der mechanischen Konstruktion und Entwicklungsumgebungen für die Softwareentwicklung vor. In einem modellbasierten Entwicklungsumfeld kommt dann noch das SysML-Werkzeug hinzu.

Nun sollen sich diese Werkzeuge nicht gegenseitig Konkurrenz machen, sondern es muss das Ziel sein, diese im Rahmen einer durchgängigen Werkzeugkette so miteinander zu koppeln, dass die Werkzeuge und deren Arbeitsprodukte sich gegenseitig produktiv ergänzen. Glücklicherweise besitzen heutzutage fast alle Entwicklungswerkzeuge Schnittstellen oder Datenformate, mit denen man auf die Daten der Werkzeuge bzw. der Werkzeugdatenbanken zugreifen kann. Typischerweise werden hier SQL-Datenbanken oder dateibasierte Speicherformate wie strukturierter ASCII-Text oder XML [BM98] verwendet. Auf diese Weise kann man Daten, die Ausgangsprodukt eines Werkzeugs sind, so umwandeln, dass diese als Eingangsprodukt eines anderen Werkzeugs verwendet werden können. Diesen Vorgang bezeichnet man typischerweise als *Werkzeugintegration* oder *Werkzeugdatenintegration*.

8.4.1 Integration von Anforderungen

In der modellbasierten Entwicklung mit SysML sind die textuellen Anforderungen im SysML-Modell integriert und werden zwecks Nachvollziehbarkeit mit anderen Modellelementen verknüpft.

Nun werden heutzutage Anforderungen normalerweise nicht ausschließlich mit Modellierungswerkzeugen verwaltet. Hierfür kommen spezielle Anforderungsmanagementsysteme und -datenbanken wie zum Beispiel IBM DOORS, MKS Requirements Management etc. zum Einsatz. Um nun die Anforderungen nicht noch einmal im SysML-Modell zu erstellen, bietet es sich an, die Daten aus der Anforderungsdatenbank auszulesen und automatisiert in die SysML-Datenbank zu übertragen (Bild 8.9). Eine solche werkzeuggestützte Kopplung muss darüber hinaus sicherstellen, dass Änderungen der Daten immer nur an einer Stelle erfolgen dürfen. Dazu wird festgelegt, welche Datenbank der Master ist, an dem alle Änderungen gemacht werden, und welche lediglich eine Kopie erhält (Slave/Referenz).

BILD 8.9 Integration von Anforderungen im SysML-Modell

Im Entwicklungskontext der Systementwicklung mit einer Anforderungsdatenbank wird man üblicherweise diese als Masterdatenbank für alle Anforderungsdaten definieren, zumal im SysML-Modell auch nicht alle Daten oder Attribute der Anforderungen benötigt werden. Hier genügt es, wenn man den Titel, den Text und die eindeutige ID (Identifier) der Anforderung überträgt und werkzeuggestützt konsistent hält. Zur Kopplung der Daten kann dabei die eindeutige ID verwendet werden. Werden Daten in der Anforderungsdatenbank geändert, können diese dann entweder unmittelbar, zu festgelegten Zeitpunkten oder per Knopfdruck neu mit dem SysML-Modell synchronisiert werden. Dabei bleibt die ID erhalten, und die anderen Daten werden jeweils mit den in der Anforderungsdatenbank vorhandenen Daten überschrieben.

Änderungen im SysML-Modell an Anforderungen lassen sich dadurch unterbinden, dass entsprechende Werkzeugerweiterungen das Standardverhalten des Modellierungswerkzeuges so abändern, dass alle Änderungen verhindert werden oder gleich in der Architekturdatenbank erfolgen.

8.4.2 Einbindung der FMEA

Die Fehler-Möglichkeits- und Einfluss-Analyse (FMEA) ist eine strukturierte Vorgehensweise, um potenzielle Fehlerquellen und Schwachstellen eines Systementwurfs bereits im Entwicklungsstadium zu identifizieren und dann entsprechende Maßnahmen abzuleiten. Sie gehört damit zu den Verfahren der Validierung und Verifikation (V&V), genauso wie Tests oder Reviews.

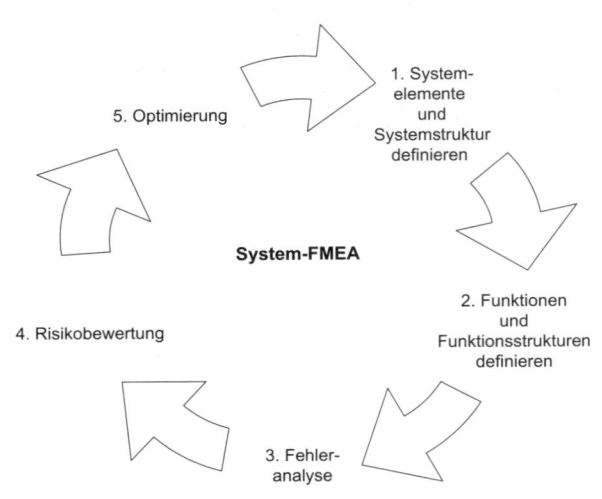

BILD 8.10 Prozessschritte der System-FMEA (nach [Ver96])

Das Verfahren gliedert sich dabei in fünf Schritte (Bild 8.10): Im ersten Schritt erstellt der FMEA-Ingenieur einen Strukturbaum, der die Systemstruktur baumartig darstellt. Danach erfolgt die Definition und Zuordnung von Funktionen, die die strukturellen Systemkomponenten erfüllen bzw. ausführen sollen. In Schritt drei erfolgt dann die Fehleranalyse. Man überlegt, welche Art von Fehlfunktion auftreten kann. Beispielsweise ist eine typische Fehlfunktion für die Funktion *Lampe leuchtet*, dass die Lampe nicht leuchtet.

Über die Zuordnung der Funktionen und Fehlfunktionen zu den Strukturkomponenten des Systems kann eine hierarchische Fehleranalyse erfolgen. Dadurch kann bestimmt werden, durch welche Fehlfunktionen die Funktionalität des Gesamtsystems wie beeinträchtigt wird. Über eine Risikobewertung und Eintrittswahrscheinlichkeiten für Fehlfunktionen lässt sich dann abschätzen, wie kritisch sich ein Fehler auswirken kann. Daraus können Optimierungsmaßnahmen abgeleitet werden, die Struktur des Systems so zu verändern, dass der Fehler einen geringeren oder unkritischeren Einfluss im Gesamtsystem hat.

Typische Maßnahmen sind

- die redundante Systemauslegung (hat eine Komponente einen Fehler, so kann die Funktion von einer zweiten übernommen werden)
- die Verwendung anderer Komponenten, die eine höhere Sicherheit durch eine geringere Fehlerwahrscheinlichkeit bieten (Beispiel: Eine Schraube mit größerem Durchmesser bricht nicht mehr oder viel seltener unter gleicher Belastung)

Die Begriffe der FMEA und der modellbasierten Entwicklung mit SysML sind zwar verschieden, jedoch lassen sich hier Gemeinsamkeiten finden, die die FMEA in erheblicher Weise verkürzen können, da typische Arbeitsschritte der FMEA durch Verwendung bereits vorhandener Daten aus dem SysML-Modell entfallen können.

In Schritt 1 erstellt man die hierarchische Systemstruktur. Dies entspricht haargenau der Systemdekomposition, wie sie bei der Architekturmodellierung (Decomposition View) entsteht. Daher kann der SysML-Dekompositionsbaum direkt als Grundlage für die FMEA verwendet werden.

Sofern man bereits Verhaltensmodellierung im SysML-Modell mit Zustands- oder Aktivitätsdiagrammen hat, kann man diese außerdem als Funktionen in die FMEA übernehmen. Die Verknüpfung der Verhaltenselemente zu den Architekturelementen geschieht über den Behaviour Allocation View.

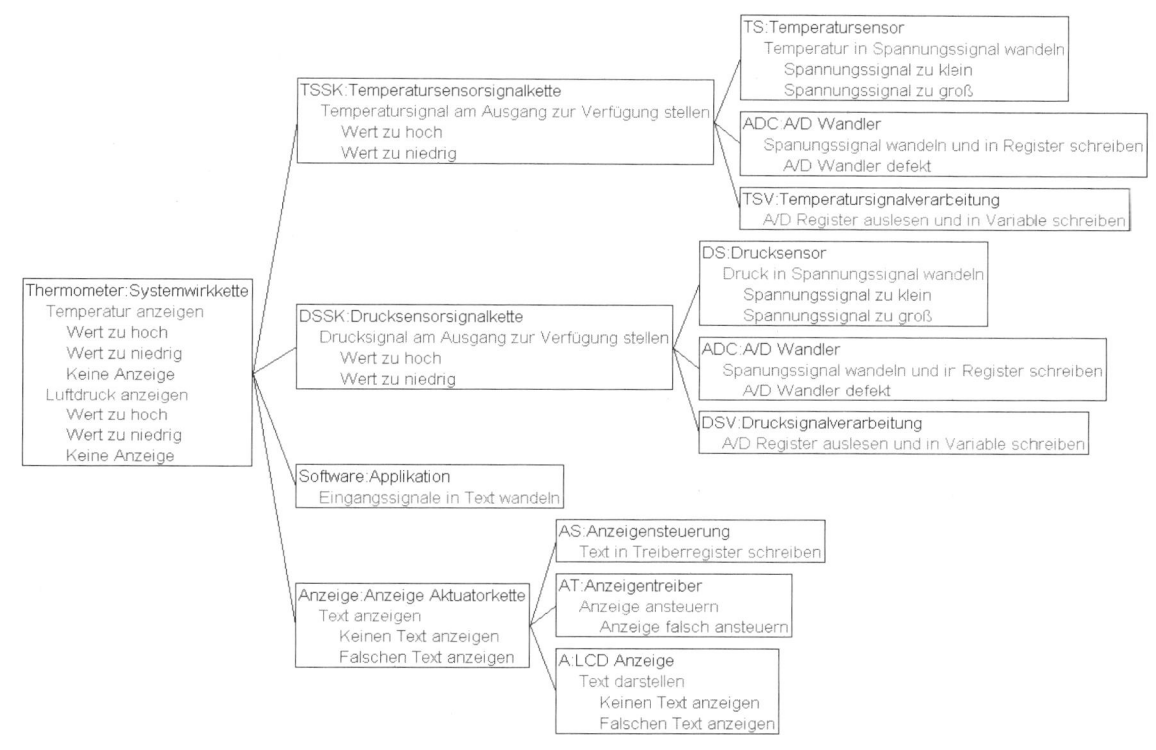

BILD 8.11 Auf der Architektur basierender FMEA-Baum

In Bild 8.11 sieht man beispielhaft einen FMEA-Strukturbaum plus dargestellter Funktionen und Fehlfunktionen, der auf der in Kapitel 7 erstellten Wirkkettenarchitektur basiert. Der Strukturbaum entspricht genau dem Dekompositionsbaum des SysML-Modells.

Durch die Datenintegration zwischen SysML-Modellierung und der FMEA können damit ein bis zwei Schritte im FMEA-Prozess eingespart werden. Als V&V der Architektur können sich außerdem auch neue architektonische Erweiterungen des Systems aus der FMEA heraus ergeben. Diese Daten könnten dann umgekehrt in das SysML-Modell einfließen, um die Architektur robuster und das System sicherer zu machen.

Eine technische Realisierung dieses Ansatzes ist in der Praxis leicht machbar, da das FMEA-Werkzeug APIS IQ-RM [API11], welches den Quasistandard auf diesem Gebiet darstellt, eine gut dokumentierte XML-Import/Exportschnittstelle bietet.

8.4.3 Einbindung funktionsorientierter Entwicklung

Als abschließendes Beispiel von Werkzeugintegration möchte ich Ihnen nun noch aufzeigen, wie man Werkzeuge der funktionsorientierten Entwicklung wie Matlab/Simulink oder Ascet SD mit dem SysML-Modell koppeln kann. Sicher gibt es noch weitere Werkzeuge und Verfahren in der Systementwicklung, die Daten aus der Systemmodellierung als Eingangsgrößen verwenden können. Daher kann an dieser Stelle sicher nicht abschließend alles behandelt werden. Jedoch hoffe ich, einen Eindruck für das Grundprinzip geben zu können. Prinzipiell sollte man immer schauen, wo es Gemeinsamkeiten gibt, und dann versuchen, bestehende Daten in das andere Werkzeug zu transferieren.

Die Werkzeuge der funktionsorientierten Entwicklung haben ihre Stärken in der Modellierung von regelungstechnischen und mathematischen Zusammenhängen. Auch können solche Modelle simuliert werden, um bereits in der frühen Entwicklungsphase erste Aussagen über das Systemverhalten treffen zu können.

SysML und den Werkzeugen der funktionsorientierten Entwicklung gemeinsam ist die grafische Modellierung der Zusammenhänge. Während SysML jedoch den Fokus eher auf der Darstellung der Gesamtzusammenhänge aller Systemkomponenten hat, sind die funktionsorientierten Modelle eher auf die funktionalen Komponenten auch unter dem Ziel der Softwarecodegenerierung fokussiert.

Bei beiden ergibt sich jedoch eine Schnittstelle: Es ist in SysML nicht sinnvoll, das System bis in das letzte Detail der Realisierung zu beschreiben, zumal die SysML-Werkzeuge heute noch keine oder nicht sehr ausgereifte Simulationsfähigkeiten mitbringen. Hier ist es zielführend, die Vorteile beider Welten entsprechend zusammenzubringen und dort, wo das SysML-Modell endet, mit den funktionsorientierten Werkzeugen weiterzumachen.

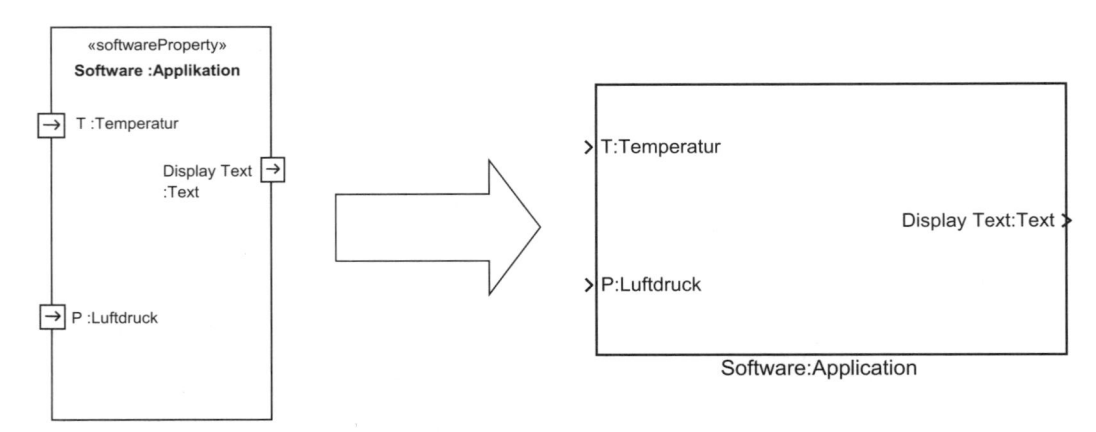

BILD 8.12 Prinzip der Übertragung von SysML-Komponenten nach Simulink

Beispielsweise definiert das Werkzeug Simulink ein Modellelement *Subsystem*, das prinzipiell einer Architekturkomponente (Property-Element) in SysML entspricht. Zur Kopplung beider Werkzeuge können nun die Namen der Architekturkomponenten und deren Schnittstellen aus dem SysML-Modell 1:1 in das Simulink-Modell als Subsysteme eingebunden werden. Dadurch ist die Nachverfolgbarkeit im Entwicklungsprozess sichergestellt, und man kann dann die weitere Ausmodellierung der Komponente im funktionsorientierten Werkzeug vornehmen.

In Bild 8.12 ist dieses Prinzip beispielhaft verdeutlicht. Die Softwarekomponente aus der SysML-Systemarchitektur wird als Subsystem in Simulink mit identischen Namen integriert. Namen der Komponenten und Schnittstellen können in der in SysML und UML üblichen Schreibweise von <Name>:<Klassenname> in das Simulink-Modell übernommen werden, ohne dass dies negative Auswirkungen hätte[4].

Auch ein Werkzeug wie Simulink bietet ein dokumentiertes Dateiformat, sodass ein Datenaustausch teil- oder vollautomatisch werkzeuggestützt stattfinden kann.

8.5 Dokumentengenerierung

In einem Umfeld, wo modellbasiert mit SysML entwickelt wird, liegen die meisten Entwicklungsdaten als Modell in Datenbanken vor. Modellbasierte Entwicklung soll ja auch die dokumentenzentrierte Entwicklung ablösen. Trotzdem sind Dokumente in Papier- oder elektronischer Form oftmals noch nötig. Beispielsweise sollen Entwicklungsdaten mit einem externen oder internen Zulieferer ausgetauscht werden, der selbst noch dokumentenzentriert entwickelt, oder man möchte nicht das Modell komplett austauschen oder für gewisse Projektbeteiligte zugänglich machen. Dann braucht man Möglichkeiten, um Daten in Form von Dokumenten zu extrahieren.

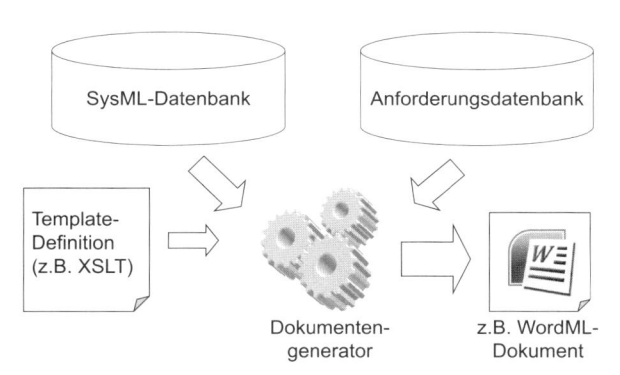

BILD 8.13 Prinzip von Dokumentengenerierung aus mehreren Datenbanken

Da die Entwicklungsdaten in der modellbasierten Umgebung in Datenbanken vorliegen, ist es einfach, diese werkzeuggestützt auszulesen und in eine Dokumentenform zu bringen. Die dann erforderliche Arbeit besteht darin, sich Gedanken darüber zu machen, welche Daten aus den Modelldatenbanken in welcher Form in ein Dokument extrahiert bzw. generiert werden sollen.

In Bild 8.13 ist das Prinzip einer Dokumentengenerierungskette beispielhaft dargestellt. Da man es oftmals auch mit mehreren integrierten Datenbanken zu tun hat, kann es notwendig

---

[4] Bei Werkzeugen, die mit Sonderzeichen Probleme haben, muss hier eine entsprechende Ersetzung stattfinden.

werden, dass ein Dokumentengenerator sich Daten aus mehreren Datenbanken beschaffen muss. Daneben wird in einem Template definiert, wie die ausgelesenen Daten zu einem Dokument zusammengefügt werden sollen.

Als Struktur für ein Dokument, das aus einem SysML-Modell gewonnen wird, bietet sich vorrangig der Dekompositionsbaum der Architektur an. Dieser kann als Kapitelstruktur im Dokument abgebildet werden. Zusätzlich können auch weitere gruppierende Attribute wie zum Beispiel die Einordnung von Anforderungen in bestimmte Thematiken als weitere Struktur im Dokument manifestiert werden. Beispiele solcher Themen sind die Gruppierung von Anforderungen nach Kategorien wie funktionale Anforderungen, Sicherheitsanforderungen, Unterspannungsthemen, Laufzeitanforderungen usw.

In der Praxis haben sich bei der Dokumentengenerierung zwei technische Randbedingungen als hilfreich erwiesen. Zum einen ist dies die Erzeugung der Eingangsdaten für den Dokumentengenerator als XML-Datei(en). Dieses Format lässt sich dann leicht mit frei zugänglichen Werkzeugen in andere Formate umwandeln (transformieren). Solche XML-Daten können entweder mit Bordmitteln oder Erweiterungen der Modellierungswerkzeuge aus den Datenbanken erzeugt werden.

Zum zweiten hat es sich als sinnvoll herausgestellt, die generierten Dokumente in einem editierbaren Format zu erzeugen. So kann man auch nach der Generierung bei Bedarf als Bearbeiter noch manuelle Änderungen und Ergänzungen einpflegen. Beispiele solcher editierbaren Formate sind z.B. das RTF-Format oder das seit MS Office 2003 verfügbare Word-XML-Speicherformat *WordML*. WordML hat zudem den Vorteil, selbst ein XML-Format zu sein, und kann daher leicht aus einem XML-Eingangsdokument per XSL-Transformation generiert werden. Eine detaillierte Beschreibung dieses Formats und seiner Anwendung für automatisch generierte Dokumente findet sich in [PS06].

Nicht editierbare Formate wie z.B. PDF lassen sich dann auch ganz einfach per PDF-Export eines solchen Dokuments mit Bordmitteln von z.B. MS Office ab Version 2007 oder frei erhältlichen PDF-Generatoren erstellen.

■ 8.6 Modellüberprüfung und Metriken

In einem Modell, an dessen Daten man mit verschiedenen Teams und vielleicht auch verteilt über mehrere Standorte hinweg arbeitet, braucht es Regeln und Vorgaben, wie dieses Modell erstellt und gewartet werden muss. Ohne solche Regeln entsteht ein Sammelsurium von Daten, in dem man sich nicht mehr oder nur schwer zurechtfinden kann. All das, was auch für dokumentenzentrierte Entwicklung oder Softwareentwicklung gilt, wie z.B. Dokument-Templates oder Codierrichtlinien, lässt sich auch auf die modellbasierte Entwicklung übertragen.

8.6.1 Formale Modellierungsregeln

In einer modellbasierten Entwicklungsumgebung ist man in der glücklichen Lage, viele solcher Regeln automatisiert durch Werkzeuge überprüfen lassen zu können. Beispiele solcher

Modellierungsregeln können die Einhaltung von vorgegebenen Paketstrukturen und Ablageorten für Modellelemente und Diagramme sein, Namenskonventionen für Modellelemente, oder auch die Überprüfung, ob alle Ports mit einem Classifier versehen oder ob zwei verbundene Ports typkompatibel sind usw.

Die Möglichkeiten zur Aufstellung und Überprüfung solcher Modellierungsregeln sind vielfältig. Hingegen kann man natürlich nicht überprüfen, ob die Inhalte im Modell so wie modelliert korrekt sind. Dies kann nur über Review-Maßnahmen erfasst werden.

Trotzdem sind formal überprüfbare Regeln sinnvoll, da durch die Einhaltung der Regeln durch die Modellierer das Modell in einem formal korrekten Zustand ist. Folglich liefern auch Werkzeuge wie Varianten- oder Dokumentengeneratoren sinnvolle Ergebnisse, da diese Werkzeuge die Modellelemente in einem festgelegten Zustand als Eingangsgröße erwarten.

Vergleichbar ist das Ganze auch mit der Softwareentwicklung. Hier kann ein Compiler die formale Korrektheit eines Quellcodes überprüfen, aber nicht, ob dieser Code auch das tut, was er tun soll.

In Anhang A sind Beispiele solcher formalen Modellierungsregeln aufgelistet. Diese basieren auf den in Kapitel 6 und in diesem Kapitel vorgestellten Modellstrukturen und Randbedingungen.

8.6.2 Metriken

Wenn man in der Lage ist, formale Prüfungen des Modells durchzuführen, dann kann man auch die Ergebnisse solcher Überprüfungen als Metrik im Entwicklungsprozess einsetzen. Ich möchte Ihnen hier zwei einfache Metriken vorstellen, die so in der Praxis eingesetzt werden[5].

$$Q_{Regel} = 1 - \frac{n_{gefundeneFehler}}{n_{überprüfteElemente}} \qquad (8.1)$$

Q_{Regel}: Formale Qualität des Modells gegenüber einer Regel.
$n_{gefundeneFehler}$: Anzahl der Elemente, welche die Regel verletzen.
$n_{überprüfteElemente}$: Anzahl der überprüften Elemente.

Metrik in Gleichung 8.1 errechnet eine Qualitätszahl einer Regel gegenüber einem überprüften Modell oder einem überprüften Modellteil. Diese Qualitätszahl liegt zwischen 0 und 1, wobei 0 bedeutet, dass alle überprüften Modellelemente fehlerhaft sind und 1, dass keines der überprüften Modellelemente fehlerhaft ist.

---

[5] Hier gebührt der Dank Tobias Breiten, der maßgeblich zur Definition und Anwendung dieser Metriken beigetragen hat.

Um nun eine Gesamtaussage über die Qualität des überprüften Modells oder Modellteils über alle Regeln treffen zu können, braucht man eine weitere Metrik. Diese Metrik ist in Gleichung 8.2 gegeben.

$$Q_{Modell} = \frac{\sum_{i=1}^{k}(1 - \frac{i_{gefundeneFehler}}{i_{überprüfteElemente}})^P}{k} = \frac{\sum_{i=1}^{k}(1 - Q_{Regel_i})^P}{k} \quad (8.2)$$

Q_{Modell}: Formale Qualität des Modells gegenüber k-Regeln.
$i_{gefundeneFehler}$: Anzahl der Elemente, welche die Regel i verletzen.
$i_{überprüfteElemente}$: Anzahl der durch Regel i überprüften Elemente.
$P \in [1\ldots2]$: Prioritätsgewichtung der Regel i.
k: Anzahl der Regeln mit einer Priorität höher als Warnung.

Dabei wird nicht nur ein Durchschnitt der Ergebnisse der Regelüberprüfung über alle Regeln gebildet, sondern zusätzlich eine Gewichtung der Ergebnisse nach einer Priorität vorgenommen.

Es kann ja möglich sein, dass es Modellierungsregeln gibt, die unbedingt und hochprior erfüllt sein müssen, und andere, deren Erfüllung eher weniger Priorität hat.

Tabelle 8.2 zeigt beispielhaft, wie man solche Regeln gewichten kann. Natürlich muss es Ziel sein, am Ende alle Regeln zu 100 % zu erfüllen. Jedoch kann man im Rahmen eines Entwicklungsprozesses auch Ausnahmen erlauben und Vorgaben machen, zu welchem Zeitpunkt der Entwicklung welche Regeln zu 100 % zu erfüllen sind.

TABELLE 8.2 Mögliche Prioritäten der Regeln und ihre Gewichtung

Priorität	Gewichtung P
Kritisch	$P = 2.0$
Hoch	$P = 1.75$
Mittel	$P = 1.5$
Niedrig	$P = 1.25$
„Nice to have"	$P = 1.0$
Warnung	Kein Einfluss

Mit den so im Laufe der Zeit gewonnen Daten lassen sich Trendanalysen und Qualitätsaussagen über das Modell treffen und erstellen, die entsprechend aufbereitet im Rahmen des Projektmanagements als Fortschritts- und Qualitätsdaten herangezogen werden können.

9 Modelldetails

Fragen, die dieses Kapitel beantwortet:
- Wie werden die in Kapitel 7 gezeigten Beispiele konkret im realen Modell umgesetzt?
- Wie kann man das in Abschnitt 8.2 beschriebene Baukastenprinzip auf das Beispielsystem anwenden?

In diesem Kapitel möchte ich Ihnen nun noch einige weitere Details über das Thermometerbeispiel aus Kapitel 7 erläutern – insbesondere auch die Einordnung der dort vorkommenden Modellelemente und Diagramme in das Gesamtmodell. Dies soll bei Ihnen das Verständnis für die praktische Anwendung der Konzepte erhöhen und zeigen, wie sich diese anwenden lassen und wie sich Modelle, die nach diesem Schema aufgebaut sind, genau darstellen.

9.1 Modellstruktur

Die Beispielmodelle verwenden die in Abschnitt 6.6 vorgestellten Konzepte der Abstraktionsebenen und deren Paketstrukturen zur Strukturierung und Einordnung der Modelle. Bild 9.1 zeigt die oberste Paketebene und deren erste Unterstrukturen, wie sie für das Beispielmodell verwendet werden.

Zunächst existiert ein Paket, welches mit dem Stereotyp «modelLibrary» gekennzeichnet ist. Darin werden gemeinsam verwendete Elemente wie Blöcke, Porttypen, Aktivitäten, Viewpoints etc. aufgenommen. Innerhalb dieses Pakets sind hier Unterpakete angelegt, die die unterschiedlichen Elemente beinhalten. Diese Unterteilung ist nicht zwingend erforderlich, erleichtert allerdings das Einsortieren und Auffinden dieser Bibliothekselemente.

Als weitere Sortierhilfe kann man außerdem noch Unterpakete mit Namen A bis Z anlegen und dort die Elemente anhand ihrer Anfangsbuchstaben einsortieren. Ein Block Thermometer ist demnach innerhalb des Modells in folgendem Paket der Bibliothek einsortiert:

Model Library → Block Type Definitions → Blocks → T

Während die Elemente der Bibliothek gemeinsam genutzte Elemente sind, enthält das andere Paket der obersten Ebene die Modelle des Systems.

Im Beispielmodell findet sich hier ein Paket mit Namen *System Model*, das das oberste Paket der Modellstruktur für das Beispielsystem bildet.

Unterhalb dieses Paketes finden sich dann die in Kapitel 6 definierten Standardpaketstrukturen zur Definition von Systemen und Abstraktionsebenen.

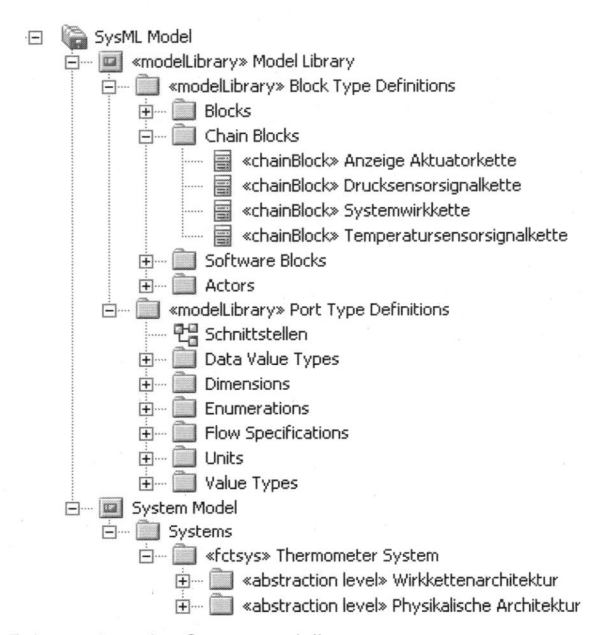

```
SysML Model
  «modelLibrary» Model Library
    «modelLibrary» Block Type Definitions
      Blocks
      Chain Blocks
        «chainBlock» Anzeige Aktuatorkette
        «chainBlock» Drucksensorsignalkette
        «chainBlock» Systemwirkkette
        «chainBlock» Temperatursensorsignalkette
      Software Blocks
      Actors
    «modelLibrary» Port Type Definitions
      Schnittstellen
      Data Value Types
      Dimensions
      Enumerations
      Flow Specifications
      Units
      Value Types
  System Model
    Systems
      «fctsys» Thermometer System
        «abstraction level» Wirkkettenarchitektur
        «abstraction level» Physikalische Architektur
```

BILD 9.1 Oberste Paketstruktur des Systemmodells

Bild 9.1 zeigt auch die Unterpaketstruktur des *System Model*-Pakets. Unterhalb eines Pakets *Systems* befindet sich das Paket mit dem Stereotyp «fctsys» mit Namen *Thermometer System*. Unterhalb dessen befinden sich die Abstraktionsebenen. Diese sind durch den Stereotyp «abstraction level» gekennzeichnet. Für das Beispielsystem sind zwei Abstraktionsebenen definiert: eine für die Wirkkettenarchitektur und eine für die physikalische Architektur.

Jede Abstraktionsebene ist ein für sich abgeschlossener Modellteil mit eigenen Modellelementen und Diagrammen. Auf den Diagrammen einer Abstraktionsebene dürfen auch nur die Modellelemente dargestellt werden, die innerhalb der Abstraktionsebene definiert sind. Einzige Ausnahme bilden die Allokationsdiagramme, welche die Verknüpfungen zwischen Modellelementen aus zwei verschiedenen Abstraktionsebenen zeigen (Allokation).

Auch bei Anforderungen kann es sein, dass diese über Abstraktionsebenen hinweg Modellelementen zugeordnet werden sollen oder müssen. Dann ist es sinnvoll, diese Anforderungen im Modell übergreifend einzusortieren und nicht nur innerhalb einer Abstraktionsebene. Im Beispiel sind diese allerdings innerhalb der Abstraktionsebene der Wirkkettenarchitektur einsortiert.

In Bild 9.2 sieht man die aufgeklappten Abstraktionsebenenpakete für die Wirkkettenarchitektur und die physikalische Architektur gemeinsam nebeneinander dargestellt. Die Modellelemente befinden sich innerhalb der Pakete *Block Properties*, *Behavioural Elements* und *Requirements*.

9.1 Modellstruktur

```
«abstraction level» Wirkkettenarchitektur
    «behaviour» Behaviour
    «blockProperties» Block Properties
        B: Benutzer
        «blockProperty» A: LCD Anzeige
        «blockProperty» ADC: A/D Wandler
        «blockProperty» ADC: A/D Wandler
        «softwareProperty» AS: Anzeigensteuerung
        «blockProperty» AT: Anzeigentreiber
        «chainProperty» Anzeige: Anzeige Aktuatorkette
        «blockProperty» DS: Drucksensor
        «chainProperty» DSSK: Drucksensorsignalkette
        «softwareProperty» DSV: Drucksignalverarbeitung
        «softwareProperty» Software: Applikation
        «blockProperty» TS: Temperatursensor
        «chainProperty» TSSK: Temperatursensorsignalkette
        «softwareProperty» TSV: Temperatursignalverarbeitung
        «chainProperty» Thermometer: Systemwirkkette
        «blockProperty» U: Umwelt
    «requirements» Requirements
        «requirement» Entwicklungsauftrag
        «requirement» Sensor Temperaturbereich
        «requirement» Temparaturanzeige
        «requirement» Temperatursensorsignalkette
    «viewpoints» Viewpoints
        «view» Architectural View
            Thermometer AV
            Anzeige Aktuatorkette AV
            Drucksensorkette AV
            Temperatursensorkette AV
        «view» Behavioural Allocation View
            Zustandsallokation BAV
        «view» Behavioural View
            Spannungsversorgung trennen BV
            Systemzustände BV
            Verhalten Applikation BV
        «view» Decomposition View
            Wirkkettenarchitektur DV
        «view» Requirements View
            Anforderungsdekomposition RV

«abstraction level» Physikalische Architektur
    «behaviour» Behaviour
    «blockProperties» Block Properies
        «blockProperty» Bat: Batterie
        «blockProperty» LCD: LCD Anzeige
        «blockProperty» MB90F330: Mikrocontroller
        «blockProperty» PS241: Drucksensor
        «blockProperty» PT100: Temperatursensor
    «requirements» Requirements
    «viewpoints» Viewpoints
        «view» Architectural View
            Physikalische Architektur AV
        «view» Behavioural Allocation View
        «view» Behavioural View
        «view» Component Allocation View
            Allokation CAV
        «view» Decomposition View
        «view» Requirements View
```

BILD 9.2 Unterstruktur der beiden Abstraktionsebenen

Getrennt davon liegen die Sichten (*Viewpoints*), also die Diagramme, die bestimmte Aspekte der Abstraktionsebene darstellen. Um diese Diagramme sofort den Sichten zuordnen zu können, werden die Diagrammnamen durch eine kurze Abkürzung des Sichtpakets ergänzt (Postfix).

Alle Architektursichten liegen innerhalb des *Architectural View*, und die Diagramme tragen am Ende das Postfix *AV*. Diagramme der Architektursicht der Wirkkettenarchitektur sind zum Beispiel die Diagramme aus den Bildern 7.6 und 7.7. Die Architektursicht der physikalischen Architektur ist das Diagramm aus Bild 7.14.

In der Dekompositionssicht wird die baumartige Zerlegung des Systems dargestellt. Diese Sicht ist notwendig, da die Besteht-aus-Beziehungen in den Architektursichten von den Werkzeugen nicht dargestellt werden, da die Elemente dort grafisch ineinander geschachtelt dargestellt werden und die Werkzeuge dann die Besteht-aus-Beziehungen automatisch ausblenden. Um zu überprüfen, ob eine Besteht-aus-Beziehung vorhanden ist, wird daher die

Dekompositionssicht benötigt. Das Diagramm aus Bild 7.8 ist eine solche Dekompositionssicht für die Wirkkettenarchitektur des Beispielsystems.

Da in der physikalischen Architektur im Beispielsystem alle Modellelemente auf einer Ebene liegen, wird hier zunächst keine Dekompositionssicht benötigt. Sofern sich dies jedoch im Lauf der Entwicklung ändern sollte, muss auch eine entsprechende Dekompositionssicht erstellt werden.

Die nächste Sicht in den Abstraktionsebenen, die rein statische Aspekte der Modellierung darstellt, ist die Allokationssicht (Component Allocation View). Die Diagramme hier zeigen die Zuordnungen zwischen Elementen dieser und einer anderen Abstraktionsebene (allocate und deploy). Für das Beispielsystem existiert hier nur ein Diagramm in der physikalischen Architektur, da per Definition das Diagramm dort angelegt wird, wo die Allokationsbeziehungen hinzeigen.

Im Beispiel werden die Elemente der Wirkkettenarchitektur auf die Elemente der physikalischen Architektur allokiert (Bild 7.15). Daher liegt das Allokationsdiagramm hier in der Abstraktionsebene der physikalischen Architektur. Hätte man eine weitere Abstraktionsebene, die abstrakter wäre als die Wirkkettenarchitektur und deren Elemente auf die Elemente der Wirkkettenarchitektur allokiert werden sollten, so müsste es auch in der Abstraktionsebene der Wirkkettenarchitektur ein solches Allokationsdiagramm geben.

In der Anforderungssicht (Requirements View) werden die Diagramme eingeordnet, die all das zeigen, was mit Anforderungselementen zu tun hat. Dies ist vorwiegend die Zuordnung der Anforderungen zu anderen Modellelementen, also typischerweise die Zuordnung zu Property- und Flow-Port-Elementen mit Satisfy-Beziehungen.

Aber auch Diagramme, die ausschließlich Anforderungen zeigen, gehören in diese Sicht. Auf solchen Diagrammen zeigt oder modelliert man dann typischerweise die Verfeinerung der Anforderungen untereinander durch Verwendung der «deriveReqt»-Beziehung. Das Diagramm aus Bild 7.9 ist ein solches Anforderungsdiagramm. Aus Übersichtlichkeitsgründen geht man auch oftmals her und legt innerhalb einer Sicht mehrere Diagramme an, die jeweils nur einen Teil des gesamten Modells zeigen. Zumeist wird bei Anforderungsdiagrammen eine solche Trennung thematisch begründet (z.B. zeigt ein Diagramm alle Komponentenanforderungen, ein weiteres alle Schnittstellenanforderungen).

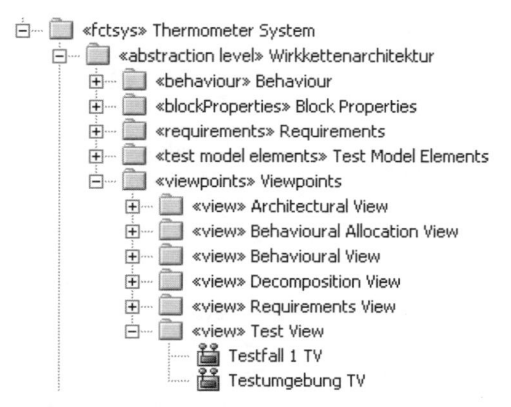

```
«fctsys» Thermometer System
  «abstraction level» Wirkkettenarchitektur
    «behaviour» Behaviour
    «blockProperties» Block Properties
    «requirements» Requirements
    «test model elements» Test Model Elements
    «viewpoints» Viewpoints
      «view» Architectural View
      «view» Behavioural Allocation View
      «view» Behavioural View
      «view» Decomposition View
      «view» Requirements View
      «view» Test View
        Testfall 1 TV
        Testumgebung TV
```

BILD 9.3 Erweiterte Abstraktionsebenenpakete für Testmodellierung

Letztendlich bleiben noch die Verhaltenssicht (Behavioural View) und die Verhaltensallokationssicht (Behavioural Allocation View) in der Abstraktionsebene. Dort stehen die Diagramme der Verhaltensmodellierung und, sofern vorhanden, die Diagramme, die die Zuordnung der Verhaltenselemente zu den statischen Modellelementen zeigen. Diagramme der Verhaltenssicht sind in den Bildern 7.19, 7.22 und 7.23 gegeben. Ein Diagramm der Verhaltensallokation ist das aus Bild 7.21.

Sofern, wie im Beispiel kurz aufgezeigt (vgl. Abschnitt 7.3.4), auch Testinformationen oder Testfälle modelliert werden sollen, so muss die Paketstruktur um ein Paket zur Aufnahme der Testmodellelemente und eine Sicht zur Aufnahme der Testsichtdiagramme erweitert werden.

Bild 9.3 zeigt die erweiterte Paketstruktur der Wirkkettenarchitektur für die Einordnung der Testmodelle aus den Bildern 7.11, 7.12 und 7.13. Für die Zuordnung des Testfalles zu Anforderungen wurde keine neue Sicht eingeführt. Dafür kann auch die Anforderungssicht verwendet werden.

9.2 Auftrennung des Systems in Bausteine

In Abschnitt 8.2 wurde das Konzept der wiederverwendbaren Systemkomponenten und des Systembaukastens vorgestellt. Dieses Konzept lässt sich natürlich auch auf das Beispielsystem anwenden. Dazu werden die Systembausteine, die wiederverwendet werden sollen, aus dem Gesamtsystem ausgelagert und nur noch über Referenzierung zum Gesamtsystem zusammengeschaltet.

Als wiederverwendbare Komponenten bieten sich vor allem die Signal- und Aktuatorketten an. Im Beispiel wurde die Temperatursensorsignalkette, die Drucksensorsignalkette und die Anzeigenaktuatorkette modelliert.

Diese drei Systembausteine sind bereits durch Chain-Property-Elemente gekapselt, sodass sie sich leicht aus dem System in den Systembaukasten auslagern lassen.

Um das Prinzip der Referenzierung anzuwenden, werden die auszulagernden Systembausteine, also die Sensor- und Aktuatorketten in eigene Abstraktionsebenen verschoben.

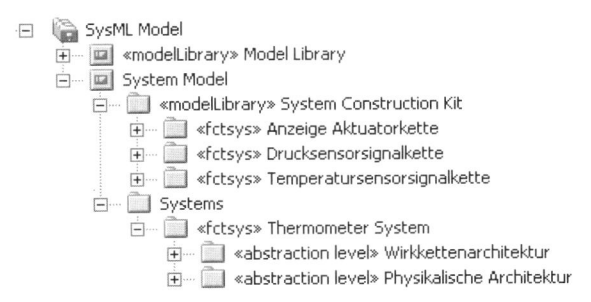

```
□ SysML Model
   ⊞ «modelLibrary» Model Library
   □ System Model
      □ «modelLibrary» System Construction Kit
         ⊞ «fctsys» Anzeige Aktuatorkette
         ⊞ «fctsys» Drucksensorsignalkette
         ⊞ «fctsys» Temperatursensorsignalkette
      □ Systems
         □ «fctsys» Thermometer System
            ⊞ «abstraction level» Wirkkettenarchitektur
            ⊞ «abstraction level» Physikalische Architektur
```

BILD 9.4 Paketstruktur mit Baukastenmodellierung

Bild 9.4 zeigt die ersten Paketebenen im Modell nach der Auslagerung der Ketten in einen Systembaukasten. Unterhalb des System Model-Pakets existiert nun ein Paket *System Construction Kit* (deutsch: Systembaukasten), das die «fctsys»- und Abstraktionsebenenpakete der Systembausteinmodelle aufnimmt. Das *System Construction Kit*-Paket ist mit dem Stereotyp «modelLibrary» gekennzeichnet. Auch die Elemente und Modelle hierin bilden eine Bibliothek von wiederverwendbaren Elementen. Die Bibliothek im Baukasten hat allerdings einen anderen Charakter als die der Blöcke und Datentypen. Während die Blöcke und Datentypen von allen Modellen gemeinsam verwendet werden und eher den Charakter von Begriffsdefinitionen haben, sind die Bausteine des Systembaukasten schon fertig aufgebaute Module mit Architektur, Verhalten und Anforderungen[1].

Innerhalb des *System Construction Kit*-Pakets befinden sich nun die Modelle der Systembausteine, beginnend mit der umgebenden Chain-Property-Hülle. Im eigentlichen Systemmodell des Gesamtsystems werden dann nur noch Referenzen auf diese Bausteine verwendet (vgl. Abschnitt 8.2). Hier finden sich dann nur noch die Chain-Property-Elemente als Referenzelemente, aber nicht mehr deren Unterelemente wie Sensoren, Softwarekomponenten etc. Diese sind nur noch im Baukasten vorhanden.

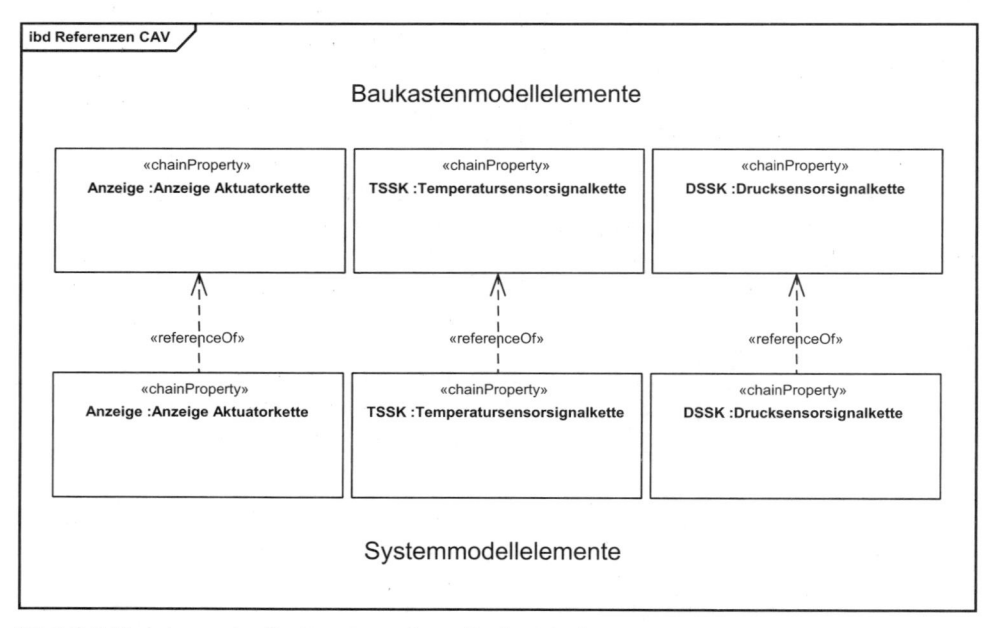

BILD 9.5 Zuordnung der Systemelemente zu Baukastenelementen

In Bild 9.5 sind die Referenzbeziehungen zwischen Systemmodell und Bausteinmodellen definiert. Da auch auf diesem Diagramm Elemente aus verschiedenen Abstraktionsebenen miteinander in Beziehung gesetzt werden, kann man auch hier das Komponentenallokationsdiagramm verwenden, und es braucht keine neue Sicht für die Referenzierung definiert zu werden.

---

[1] Sofern Sie mit den Konzepten der Metamodellierung vertraut sind, kann man hier eine Analogie ziehen und sagen, dass die Blockbibliothek eher den Charakter eines Metamodells hat, während der Baukasten und die Gesamtmodelle wiederum auf der Modellebene einzuordnen sind. Zieht man außerdem eine Analogie zwischen der Referenzierung und der Instanziierung, ist das Gesamtmodell eine Verschaltung von Instanzen der Baukastenelemente.

Der Dekompositionsbaum des Gesamtsystems Thermometer hört nun natürlich dort auf, wo eine Komponente eine Referenz auf ein Baukastenelement ist. Bild 9.6 zeigt den Unterschied der Systemkomposition mit Referenzen im Gegensatz zur Dekomposition ohne Referenzen aus Bild 7.8.

Normalerweise stellt man ein solches Dekompositionsdiagramm des Systems und der Baukastenelemente gar nicht explizit her, da alle Informationen erstens über mehrere Abstraktionsebenen gehen und dieses Diagramm daher abstraktionsebenenübergreifend ist, und zweitens die dort dargestellten Informationen bereits mit Hilfe der Dekompositions- und Komponentenallokationssichten in den einzelnen Abstraktionsebenen definiert worden sind. Zum besseren Verständnis kann es aber von Fall zu Fall hilfreich sein.

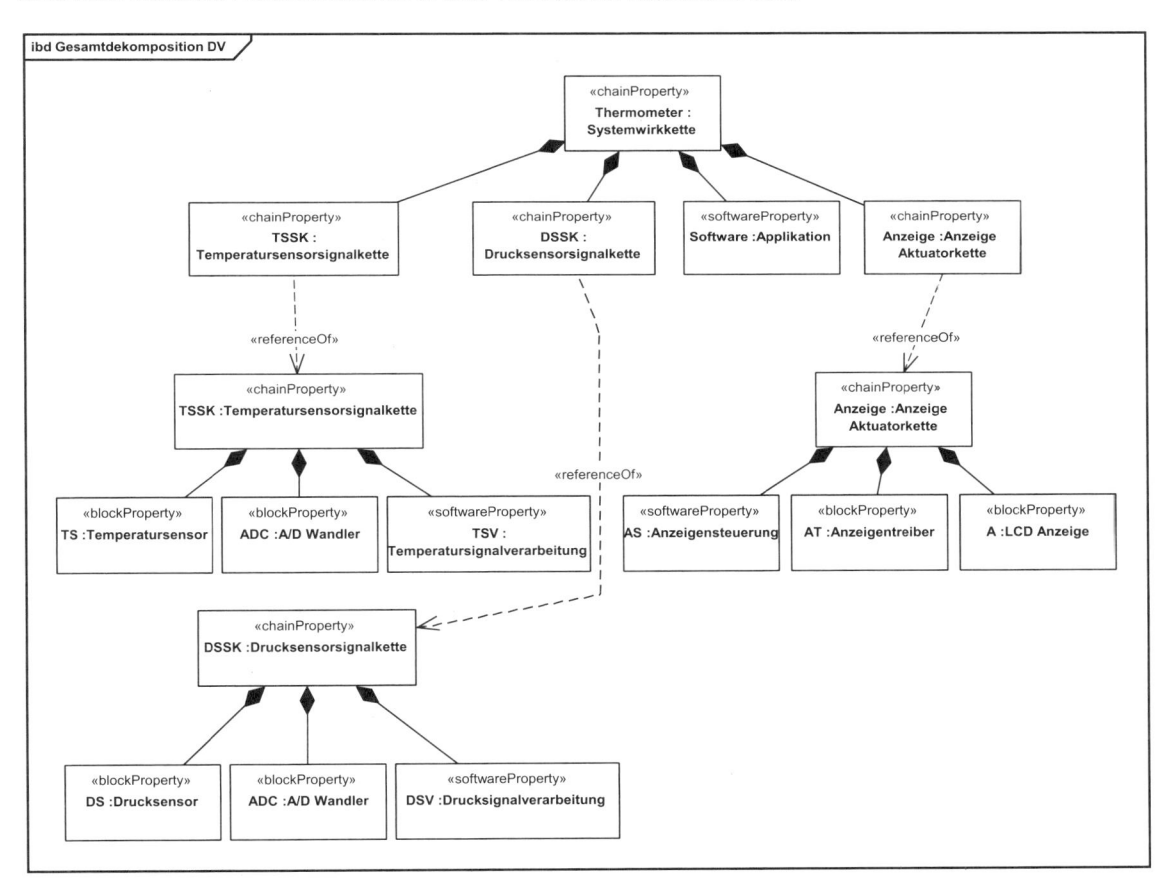

BILD 9.6 Dekomposition mit Referenzen

Das Beispielsystem benutzt nur eine Ebene der Referenzierung: vom System zu den Baukastenelementen. Es ist aber auch möglich, die Referenzierung innerhalb des Baukastens zu verwenden und damit auch die Systembausteine wiederum aus kleineren Bausteinen zusammenzusetzen. Dies kann beliebig tief weitergehen. Da jeder Baustein in einer eigenen Abstraktionsebene modelliert wird und diese eine für sich abgeschlossene Einheit darstellt, kann man mit diesem Ansatz gut auch Verantwortung für einzelne Bausteine fest Personen oder Teams zuweisen und damit die Entwicklungsaufgaben des Gesamtsystems anhand der Architekturzerlegung strukturiert im Entwicklungsteam verteilen.

10 Einführung von modellbasierter Systementwicklung

Fragen, die dieses Kapitel beantwortet:

- Welche nichttechnischen Einflüsse können den Einsatz von modellbasierter Entwicklung fördern oder behindern?
- Auf was sollten Sie achten, wenn Sie modellbasierte Entwicklung für Ihr Unternehmen oder für Ihre Projekte einführen?

Die Einführung und der Einsatz von modellbasierter Systementwicklung bringt neben der technischen Realisierung auch eine Reihe von nichttechnischen Anforderungen mit, deren Berücksichtigung und Umsetzung entscheidend zum Gelingen beitragen. Auf solche *weichen* Faktoren (sogenannte *Soft Skills* [VS07]) möchte ich Sie in den folgenden Abschnitten aufmerksam machen. Nur wenn diese entsprechende Berücksichtigung finden, werden Sie letztendlich die Vorteile der modellbasierten Systementwicklung auch voll nutzen können.

10.1 Paradigmenwechsel erforderlich

Mit der Einführung von modellbasierter Systementwicklung ist ein Paradigmenwechsel erforderlich. Informationen über das System in der Entwicklung werden in einem zentralen, für alle Projektbeteiligten zugänglichen Modell hinterlegt. Dieses Modell soll dann dazu genutzt werden, um Informationen über das System zu verteilen und Eingangsdaten für nachgeordnete Entwicklungsaktivitäten und -werkzeuge zu liefern. Da diese Daten dann in einer Form vorliegen, die für Rechner verarbeitbar ist, können diese Schritte auch mehr oder weniger automatisiert mit Hilfe von Werkzeugen erfolgen.

In der nicht modellbasierten Entwicklung werden Dokumente, Zeichnungen etc. verwendet, um Entwicklungsdaten auszutauschen. Diese Dokumente werden zumeist von einzelnen zuständigen Sachbearbeitern erstellt, gepflegt und verteilt. Es gibt klare Zuständigkeiten und Verantwortlichkeiten.

Die Einführung der modellbasierten Entwicklung bedeutet, dass nun diese Informationen in das gemeinsam genutzte Systemmodell eingetragen werden müssen und diese dann sofort für alle Modellbenutzer sichtbar sind. Einer solchen Arbeitsweise stehen Mitarbeiter, die es gewohnt sind, dokumentenzentriert zu arbeiten, zunächst oftmals reserviert gegenüber. Typische Befürchtungen gegenüber dem modellbasierten Ansatz sind, dass unfertige Arbeitsprodukte von Kollegen gesehen werden, wo diese doch in der Vergangenheit immer erst „fertige Dokumente" bekommen haben. Auch die Befürchtung, eigenes, sich erarbeitetes Know-how nun öffentlich zu machen und dadurch als Fachexperte weniger zu gelten, ist gegenüber dem modellbasierten Ansatz zu finden. Weiterhin findet man auch Widerstand aufgrund mangelnder Bereitschaft gegenüber Veränderungen. Wer jahrelang nicht modellbasiert gearbeitet hat und von der Sinnhaftigkeit modellbasierter Entwicklung (noch) nicht überzeugt ist, der wird häufig versuchen, an seinen bisherigen Arbeitsweisen solange wie möglich festzuhalten.

Die notwendigen Veränderungsprozesse hin zu modellbasierter Systementwicklung einzuleiten, kann daher eine durchaus schwierige Angelegenheit sein. Wichtig ist es daher, die notwendigen Rahmenbedingungen zu schaffen. Als Hauptfaktoren gelten dabei:

- Managementunterstützung
- Auswahl geeigneter Mitarbeiter
- Schulung von Mitarbeitern
- Unterstützung der Arbeit durch geeignete Werkzeuge

In den folgenden Abschnitten möchte ich auf die oben genannten Punkte etwas näher eingehen und Ihnen ein paar Anregungen geben, die bei der Einführung modellbasierter Entwicklung helfen können. Nicht zu vernachlässigen ist auch die Breite des Einsatzes von modellbasierter Entwicklung. Es ist meistens sinnvoll, zunächst ein oder zwei ausgewählte, neue Projekte modellbasiert durchzuführen. Damit hält sich der Aufwand der Schulung und Betreuung von Mitarbeitern in einem überschaubaren Rahmen, und man kann auch noch flexibel Veränderungen vornehmen, wenn man merkt, dass die verwendete Methodik noch Lücken oder Schwächen aufweist. Nach der Umsetzung in diesen Pilotprojekten sollte dann eine Analyse erfolgen, um die Stärken und Schwächen des angewandten modellbasierten Ansatzes zu analysieren und mögliche Verbesserungen zu erarbeiten. Mit diesem Wissen kann dann die modellbasierte Entwicklung weiter ausgeweitet werden.

10.2 Managementunterstützung

Die wichtigste Rahmenbedingung bei der Einführung von modellbasierter Entwicklung ist sicherlich die Unterstützung durch das Management. Wenn Sie damit betraut sind, modellbasierte Entwicklung einzuführen, brauchen Sie eine klare Aussage des Managements möglichst weit oben in der Hierarchie, dass es ein gewolltes Ziel ist, dies auch wirklich und konsequent im Unternehmen zu tun. Dies muss dann auch durch das Management so klar kommuniziert und überprüft werden. Da es durch den oben beschriebenen Paradigmenwechsel durchaus auch bei manchen Managern Widerstände geben kann, muss es für Sie möglich sein, solche Dinge beim zuständigen übergeordneten Management zu berichten, damit diese Widerstände verringert oder aufgelöst werden können.

Modellbasierte Systementwicklung betrifft immer verschiedene Bereiche und Entwicklungsabteilungen. Daher sollte dies immer auch vom übergeordneten Management vertreten werden.

Bei der Einführung der neuen Verfahren kann es durchaus auch einmal erforderlich werden, Dinge zunächst anzuordnen. Wie bei fast allen Neuerungen und Veränderungen kann einem auch hier zunächst Skepsis und Ablehnung entgegenschlagen, bis die Vorteile der Neuerung erkannt und schließlich wie selbstverständlich eingesetzt werden.

Ähnliche Entwicklungen kennt man auch aus der ferneren und näheren Vergangenheit, sei es bei Einführung des elektrischen Lichts oder der Einführung elektronischer Datenverarbeitung und Computern.

10.3 Besetzung der Rollen mit den richtigen Mitarbeitern

Wenn Sie modellbasierte Systementwicklung in Ihrer Organisation einführen, müssen Sie Leute auswählen, die die Rolle des Systemingenieurs besetzen sollen. Bei der Auswahl der Personen sollten Sie darauf achten, dass diese Mitarbeiter auch entsprechend motiviert sind, die neuen Arbeitsweisen anzunehmen und umzusetzen.[1] Nur wenn es gar nicht anders geht, sollten Mitarbeiter, die zwar das notwendige Fachwissen besitzen, jedoch modellbasierte Entwicklung als unnötigen Ballast empfinden, mit den damit verbundenen Tätigkeiten betraut werden. Dies kann die erfolgreiche Umsetzung des neuen Entwicklungsansatzes in erheblicher Weise behindern oder sogar scheitern lassen.

Natürlich kann eine anfängliche Ablehnung aufgrund von positiven Erfahrungen, die durch die Anwendung gemacht werden, auch mit der Zeit in Unterstützung umschlagen.

10.4 Schulungen

Eine Hilfe, einen solchen Sinneswandel zu unterstützen, ist die Schulung von Mitarbeitern. Wenn etwas bekannt und klar ist, hat man in der Regel auch weniger Berührungsängste und steht einer Sache aufgeschlossener gegenüber. Hier ist es dann die Aufgabe der Verantwortlichen für die Einführung der modellbasierten Entwicklung, eine Strategie durch geeignete Mitarbeiterauswahl und Schulung zu erarbeiten und zu verfolgen.

Mit Hilfe einer Schulung ist es möglich, Mitarbeiter umfassend und in kurzer Zeit mit den Methoden und Werkzeugen der modellbasierten Entwicklung vertraut zu machen. Schulungen sind deshalb ein wichtiger Schlüsselfaktor bei der Umsetzung von modellbasierter Entwicklung im Unternehmen oder Projekt, in Bezug auf Wissenstransfer und Produktivität.

---

[1] Eine gute Übersicht über typische Verhaltensmuster von Mitarbeitern in Projekten als Hilfestellung bietet z.B. [DHM+07].

Geschult werden sollten alle Mitarbeiter, die modellbasierte Entwicklung durchführen. Hierbei kann man dann noch eine Abstufung machen. Beispielsweise kann man Kurzschulungen für Mitarbeiter durchführen, die lediglich die Arbeitsprodukte der modellbasierten Entwicklung als Informationsquelle nutzen. Hier genügt es oft, die Grundprinzipien der Methodik und die Ablagestruktur der Modelle zu schulen, damit die Mitarbeiter in der Lage sind, Informationen im Modell zu finden. Für Mitarbeiter, die aktiv Daten ins Modell einstellen oder ändern, sollte eine vollständige Schulung von Methodik und Werkzeugen erfolgen.

Je nachdem, wieviel Inhalte geschult werden, dauert eine Schulung von einem halben Tag bis hin zu fünf Tagen. Dies hängt davon ab, ob lediglich der Umgang mit SysML geschult wird oder das ganze Systems Engineering inklusive Anforderungsmanagement, Architektur und Test.

Bei der Planung von Schulungen sollte immer abgewogen werden, ob die Schulung intern oder durch einen externen Schulungsanbieter konzipiert und durchgeführt wird. Beide Möglichkeiten haben Vor- und Nachteile: Werden externe Anbieter beauftragt, kommt es öfter vor, dass die vermittelten Inhalte einen eher allgemeinen Überblick über die Thematik geben. Auf Besonderheiten, die für das jeweilige Unternehmen oder Projektumfeld gelten, wird nicht eingegangen. Dieses kann dazu führen, dass die Schulungsteilnehmer zwar einen guten allgemeinen Überblick bekommen, aber keine konkreten Anwendungstipps für die tägliche Praxis gegeben werden. Ein Vorteil bei einer externen Schulung besteht darin, dass man eventuell zwischen mehreren Schulungsanbietern wählen kann und keinen eigenen Aufwand für Organisation und Konzeption der Schulung hat.

Dem gegenüber steht die interne Schulungsdurchführung. Hier können ganz auf die Anwendung zugeschnittene Inhalte vermittelt werden. Nachteil dabei ist der Zusatzaufwand für den internen Mitarbeiter, der die Schulung konzipieren und durchführen muss.

Um Vorteile beider Möglichkeiten zu nutzen kann man dazu übergehen, Know-how und speziell auf die Anwendung zugeschnittene Inhalte mit dem externen Anbieter abzustimmen und dann die Schulungen durch diesen durchführen zu lassen. Dabei hat man zwar einen initialen Abstimmungsaufwand, jedoch werden die Schulungen dann eigenständig vom externen Schulungsanbieter durchgeführt.

Eine grundsätzliche Aussage, welche der beschriebenen Möglichkeiten für Sie die am besten passende ist, lässt sich meiner Meinung nach nicht treffen. Dies sollten Sie in Ihrem speziellen Umfeld von Fall zu Fall jeweils bewerten und dann entsprechend entscheiden.

■ 10.5 Durchgängige Werkzeugkette

Die Akzeptanz von Methoden und Verfahren hängt immer auch stark davon ab, ob es Werkzeuge gibt und wie gut diese die Erledigung der Aufgaben unterstützen. Im Umfeld der modellbasierten Systementwicklung sind dies vor allem Softwarewerkzeuge, welche dafür sorgen, dass sich die Modelle einfach erstellen, warten und Informationen daraus ableiten lassen. Wichtig dabei ist, dass eine durchgängige Werkzeugkette verwendet wird oder im Rahmen des Einführungsprozesses entsteht. Nur wenn einmal eingegebene Daten auch für nachfolgende Entwicklungsaktivitäten weiter verwendet werden können, ohne diese in einem nachgeschalteten Werkzeug erneut manuell eingeben zu müssen, wird es eine Akzeptanz der Benutzer geben. Niemand möchte Arbeiten, die er schon einmal durchgeführt hat, ein zweites Mal machen, wenn es prinzipiell möglich ist, die bereits erstellten Arbeitsprodukte wieder zu verwenden.

Daher sollte, wo immer es möglich ist, eine Werkzeugunterstützung vorhanden sein. Nur so werden Sie die gewünschten Daten in die Modelldatenbank eingetragen bekommen. Ob Sie eine solche Werkzeugkette selbst durch Eigenentwicklungen oder durch am Markt erhältliche Softwareprodukte realisieren, muss ähnlich wie auch bei den Mitarbeiterschulungen von Fall zu Fall entschieden werden.

Da modellbasierte Entwicklung ein relativ neuer Ansatz ist, wird es vermutlich noch keine komplett durchgängige Werkzeugkette am Markt geben. Dies ändert sich vermutlich mit der Zeit. Von daher wird es zunächst sinnvoll sein, fehlende Glieder in der Kette selbst zu ergänzen. Später kann man dann ja immer noch darüber nachdenken, diese durch zugekaufte Software zu ersetzen.

Hier gelten die üblichen Kriterien von „Make or Buy" in Bezug auf mehr oder weniger interne Aufwände und mehr oder weniger Anpassung auf spezielle eigene Bedürfnisse.

■ 10.6 Praxiserfahrung ist wichtig

Wichtig in der Einführungsphase von modellbasierter Entwicklung ist auch die ständige Orientierung an der Praxis und die ständige Überprüfung der Praxistauglichkeit der definierten Arbeitsweisen und der ausgewählten Werkzeuge.

Ein Buch wie dieses kann zwar Hinweise geben wie modellbasierte Entwicklung aussehen soll – und die hier beschriebenen Verfahren wurden auch aus der Praxis heraus entwickelt – jedoch kann es in Ihrem konkreten Umfeld durchaus sein, dass die Verfahren sinnvollerweise an Ihre Bedürfnisse anzupassen sind.

Daher ist es immer notwendig, alle Verfahren mit den eingesetzten Werkzeugen an Beispielen durchzuspielen und damit deren Praxistauglichkeit zu überprüfen. Aus eigener Erfahrung heraus stellt der Einsatz von modellbasierter Entwicklung für die Projektbeteiligten zunächst eine Hürde dar, die überwunden werden muss. Mit zunehmender Vertrautheit mit Werkzeugen und Methoden werden sich die Anwender immer leichter tun, damit täglich zu arbeiten. Auch werden mit der Zeit wie von selbst Verbesserungsvorschläge und Hinweise zur Methodik und der Werkzeugkette aus den Reihen der Anwender kommen. In dieser Stufe ist das Verfahren dann akzeptiert.

Dies zu erreichen, muss das Ziel der Einführungsphase sein. Schaffen Sie Rahmenbedingungen, die den Einstieg in die modellbasierte Entwicklung möglichst erleichtern.

Wichtig dabei ist, bei Rückmeldungen von Anwendern zwischen konstruktiver und unkonstruktiver Kritik zu unterscheiden und die richtigen Schlüsse daraus zu ziehen. Unkonstruktive Kritik wird meist dann geäußert, wenn Anwender von vornherein das Verfahren der modellbasierten Entwicklung ablehnen.

Oftmals geschieht dies auch aus Unkenntnis, was modellbasierte Entwicklung eigentlich ist. Hier ist es notwendig, die Ziele genau bekannt zu machen und Missverständnisse auszuräumen. Beziehen Sie Kritiker mit ein und versuchen Sie, diese dazu zu bewegen, konstruktive

Beiträge zu leisten. Wer das Verfahren selbst einmal angewandt und vielleicht dabei gelernt hat, dass es hilfreich und einfacher anwendbar ist als gedacht, der wird vielleicht nicht gleich zum Beführworter, aber doch oft zum konstruktiven Kritiker.

11 Ausblick

Fragen, die dieses Kapitel beantwortet:
- Welche weitergehenden Kenntnisse sind für modellbasierte Entwicklung hilfreich?
- Welche heute noch nicht genutzten oder noch nicht nutzbaren Technologien könnten im Rahmen der modellbasierten Entwicklung zukünftig eine Rolle spielen?

In diesem abschließenden Kapitel möchte ich Sie noch auf ein paar Technologien und Trends hinweisen, die im Umfeld der modellbasierten Systementwicklung heute schon eine gewisse Rolle spielen oder auch zukünftig von Bedeutung sein könnten. Damit sind die folgenden Abschnitte auch ein Versuch, ein wenig in die Zukunft zu schauen und anzudeuten, wo der Weg mit modellbasierter Systementwicklung hingehen könnte. Natürlich ist es auch möglich, dass einige der angesprochenen Themen sich nicht etablieren werden. Sehen Sie es daher ein wenig als Denkanstoß an. Vielleicht entwickeln Sie beim Lesen ja auch eigene Ideen, die helfen können, modellbasierte Entwicklung weiterzuentwickeln.

Mit einigen der nun folgenden Themen lassen sich eigene Bücher füllen. Ich versuche daher nur, auf die Kernfaktoren einzugehen. Mit den entsprechenden Literaturhinweisen auf weitergehende Literatur können Sie sich bei Interesse dann tiefer in die jeweilige Thematik einarbeiten.

11.1 Metamodellierung

Das erste Thema, das ich Ihnen vorstellen will, ist die Metamodellierung. In Abschnitt 3.3 wurde bereits kurz angesprochen, was ein Metamodell ist. Ich möchte dies hier nun noch etwas ausführlicher beschreiben und Ihnen anhand von Beispielen einen kurzen Eindruck von der Metamodellierung geben.

In der modellbasierten Entwicklung setzt man grafische Modellierungssprachen wie die SysML oder im Softwareumfeld die UML ein. Diese Modellierungssprache bietet Elemente wie Blöcke, Properties, Ports, Aktivitäten und diverse Konnektoren, mit denen man ein SysML-Modell des Systems, welches man entwickelt, erstellen kann.

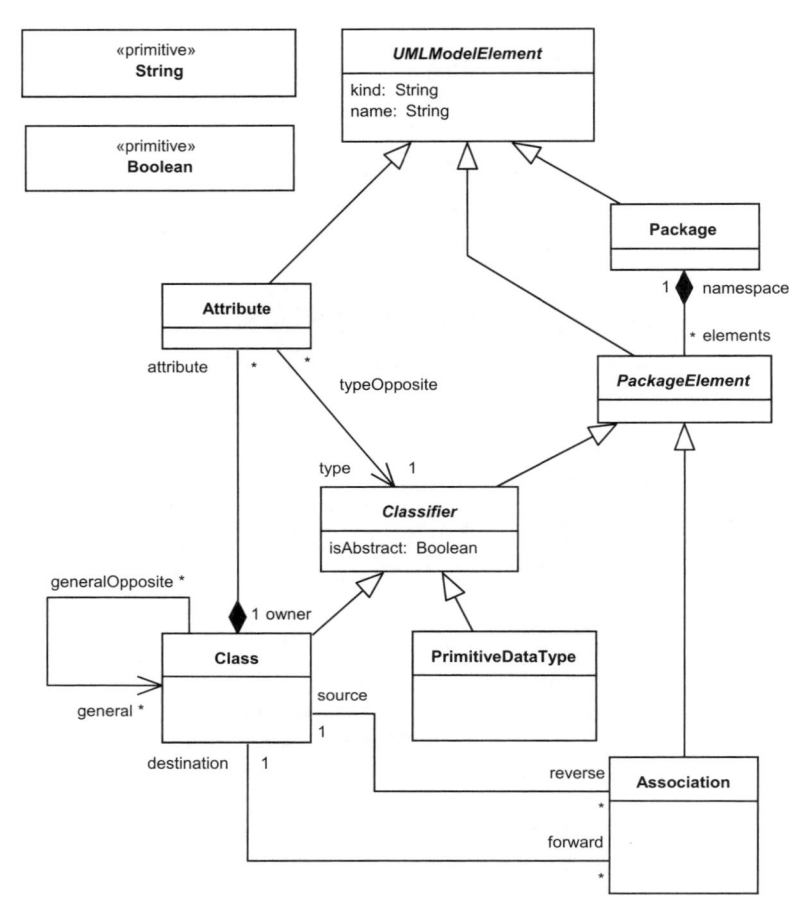

BILD 11.1 Das Simple-UML-Metamodell

Zur Definition, welche Modellelemente Sprachen wie SysML und UML bieten, kann man selbst wieder eine Modellierungssprache einsetzen, mit der man also das Modell eines Modells beschreibt. Eine solche Modellierungssprache bezeichnet man daher als Metasprache und das mit ihr erstellte Modell als Metamodell. Mit Hilfe eines Metamodells kann man also Modellierungssprachen wie SysML und UML definieren.

Ein Metamodell besteht als grafisches Modell aus Elementen und Konnektoren. Es hat sich gezeigt, dass die Klassendiagramme, wie man sie aus der UML her kennt, geeignet sind, um solche Metamodelle erstellen.

Bild 11.1 zeigt ein Beispiel eines Metamodells. Dieses Metamodell beschreibt eine als „Simple UML" bezeichnete Modellierungssprache, die eine Teilmenge der UML-Sprache darstellt. Das Metamodell beschreibt Elemente wie Pakete, Klassen und Assoziationen.

Eine Instanz dieses Metamodells ist dann ein Modell, erstellt in der Sprache „Simple UML", bestehend aus Paket-, Klassen- und Assoziationselementen. Das heißt, das Metamodell steht hierarchisch gesehen über dem Modell, das es definiert, und das Modell ist eine Instanz des Metamodells.

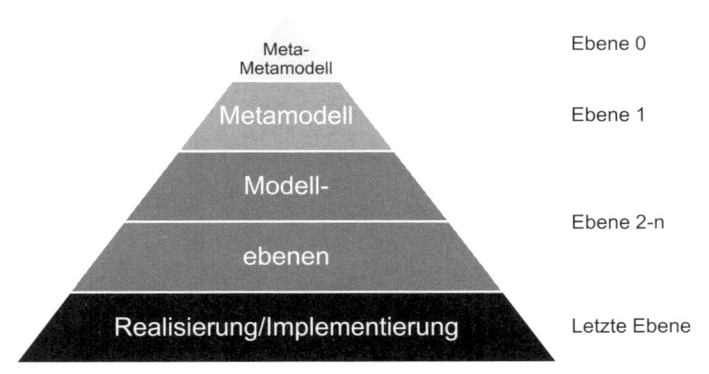

BILD 11.2 Hierarchie von Modellen und Metamodellen

Nun haben Sie ein erstes Beispiel für ein Metamodell gesehen. Die Sprache zur Erstellung des Metamodells ist wiederum eine Modellierungssprache. Daher kann man die Hierarchie weiter nach oben fortsetzen und ein Modell definieren, dessen Instanzen Metamodelle sind. Diese Ebene wird daher als Meta-Metamodell bezeichnet.

Es zeigt sich nun, dass man mit Hilfe von Meta-Metamodellen diese auch selbst definieren kann. Meta-Metamodelle sind Instanzen von sich selbst. Somit braucht man nach oben keine weitere Hierarchieebene einführen.

In Bild 11.2 ist die Hierarchie von Modellen und Metamodellen dargestellt. Die oberste und damit erste Ebene ist das Meta-Metamodell, über dem nichts mehr steht, da es sich selbst definieren kann. Dann folgt das Metamodell, mit dem man eine Modellierungssprache definiert. Die nächste bzw. nächsten Ebenen sind dann die Modelle (also z.B. UML oder SysML-Modelle). Diese habe ich mit Ebene 2-n gekennzeichnet.

Der Grund dafür ist, dass die Hierarchie zwischen Modellen und Metamodellen auf Instanziierung basiert. Nun ist es in Modellierungssprachen wie SysML und UML möglich, innerhalb des Modells selbst Instanzen zu bilden, also zum Beispiel Block-Properties als Instanzen von Blocks. Damit beinhaltet das Modell selbst schon zwei Hierarchieebenen. Auch das in Abschnitt 8.2 beschriebene Konzept der Referenzierung ist im Grunde nichts anderes als eine Instanzbildung. Damit ergibt sich eine weitere Ebene nach unten.

In den Standards der Object Management Group zum Thema Metamodelle und Metamodellierung findet sich eine genau umgekehrte Nummerierung. Das realisierte/implementierte System wird hier als *M0* bezeichnet, für Modelle gibt es nur eine Ebene (*M1*), das Metamodell ist dann *M2* und das Meta-Metamodell *M3*.

Diese Nummerierung von unten nach oben trägt meiner Meinung nach nicht der Tatsache Rechnung, dass es auf Seiten des Systemmodells mehr als eine Hierarchieebene geben kann, weshalb ich Ihnen hier eine Nummerierung von oben nach unten vorschlage.

Bild 11.3 zeigt ein zweites Beispiel eines Metamodells. Hierbei handelt es sich um einen Ausschnitt des Metamodells, welches intern vom Modellierungswerkzeug Enterprise Architect genutzt wird, um die Modellelemente zu repräsentieren. Dies ist auch eine der Kernanwendungen für Metamodelle: Sie können als Datenmodelle für Modellierungswerkzeuge genutzt werden.

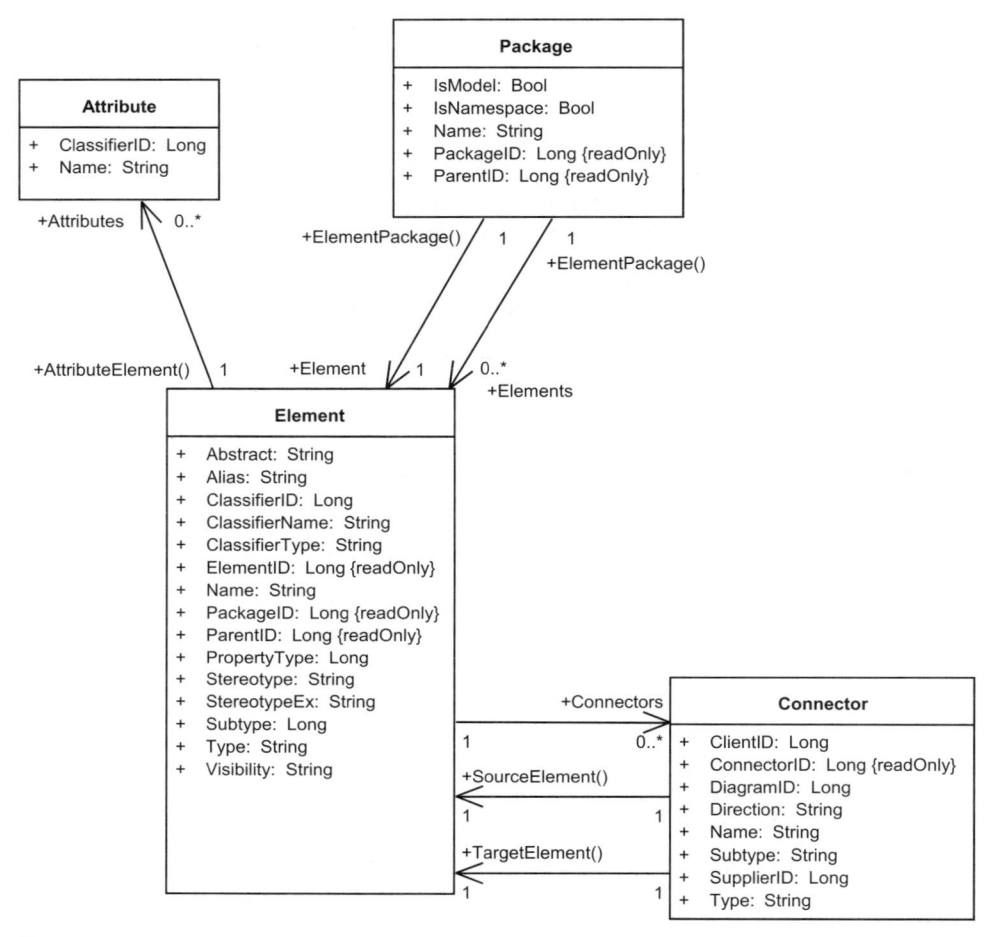

BILD 11.3 Ausschnitt aus dem Enterprise-Architect-Metamodell

Nun ist es so, dass es mit Enterprise Architect möglich ist, Modelle der Sprache „Simple UML", bestehend aus Klassen, Paketen und Assoziazionen zu erstellen – und das, obwohl sich die beiden Metamodelle aus Bild 11.1 und 11.3 unterscheiden. Trotzdem lassen sich alle Aspekte der „Simple UML"-Sprache mit Hilfe der beiden Metamodelle darstellen.

Ich möchte Ihnen anhand des Beispiels nun kurz die Unterschiede erläutern:

Das „Simple UML"-Metamodell macht starken Gebrauch von der Möglichkeit der Vererbung. So ist das Element *Class* abgeleitet von *Classifier*, welches wiederum von *Package Element* und dies wiederum von *UML Model Element* erbt. Man kann daher in einer Klasse die geerbten Eigenschaften Name und Art (*name* und *kind*) nutzen.

Das Metamodell von Enterprise Architect geht hier einen anderen Weg. Hier wird jedes Modellelement als Instanz des Metaelements *Element* repräsentiert. Um welche Art von Modellelement es sich handelt, wird nicht über Vererbungshierarchie, sondern über Attribute (speziell das Atribut *Type*) festgelegt.

Dies ist der Hauptunterschied in der Herangehensweise bei der Definition von Metamodellen. Man kann Eigenschaften und deren gemeinsame Herkunft über Vererbung explizit modellieren oder man kann die gleiche Information über Attribute definieren.[1]

Metamodellierung in der Praxis

Metamodelle werden heute in der Praxis bereits eingesetzt, um Modellierungssprachen zu definieren. Es haben sich dabei im Umfeld von UML und SysML die Standards der OMG mit der Meta-Metamodellsprache MOF (Meta Object Facility) [OMG04] etabliert.

Im Umfeld des Eclipse Modeling Frameworks (EMF) verwendet man eine ähnliche, aber leicht abgewandelte Form, die als *Ecore* [Ecl11] bezeichnet wird.

Mit Hilfe moderner Modellierungswerkzeuge lassen sich heute Metamodelle erstellen, zumal diese im Prinzip eine vereinfachte Form der UML-Klassendiagramme sind.

Zu erwähnen zum Thema Metamodellierung bleibt noch, dass es im Umfeld von textuellen Sprachen eine Analogie gibt: Was Metamodelle für grafische Modelle leisten, bieten (kontextfreie) Sprachgrammatiken – zumeist in Backus-Naur-Form – und Syntaxbäume für textuelle Sprachen. Eine Einführung in Metamodellierung und einen Vergleich mit den kontextfreien Grammatiken findet sich bei [GS04] in Kapitel 8.

■ 11.2 Modelltransformation

Modelltransformation, also die Umwandlung des Modells und der darin enthaltenen Daten in eine andere Form ist eine Schlüsselkomponente der modellbasierten Entwicklung (vgl. Abschnitt 3.2). Die Bandbreite von Modelltransformationen reicht dabei von einfacher Dokumentengenerierung für Dokumentationszwecke über Variantengenerierung bis hin zur Erstellung neuer Modelle und Implementierungen bzw. Codegenerierung.

Das Prinzip einer Modelltransformation ist dabei immer gleich: Es werden Daten aus dem Modell abgefragt und diese nach vorher definierten Regeln in eine andere Form gebracht.

Man kann dies beispielsweise dadurch erreichen, dass man eine Software geschrieben hat, die Daten abfragt und die Zieldaten daraus ableitet und speichert. Sofern dies alles in einem Programm integriert ist, hat man die Regeln, wie man die Daten transformieren will, fest im Programmcode eingebaut, d.h. es ist nicht möglich, ohne Änderung des Programms neue oder geänderte Transformationsregeln zu verwenden. In diesem Fall spricht man auch von einer Black-Box-Transformation.

Alternativ dazu kann man auch einen anderen Weg gehen: indem man die Transformationsregeln und das Programm, das diese ausführt, voneinander trennt, und zwar so, dass man als Benutzer selbst die Regeln ändern und festlegen kann. Das Programm, das diese Regeln einlesen und ausführen kann, bezeichnet man dann typischerweise als *Transformationsengine*.

Vielleicht ist Ihnen die Analogie zur Funktionsweise eines Compilers aufgefallen, der in der Softwareprogrammierung eingesetzt wird, um aus einem Programm in einer Hochsprache

---

[1] Dies gilt natürlich nicht nur für Metamodelle, sondern auch für Klassen- oder Blockmodelle (in SysML) auf der Modellebene (Ebene 2).

(z.B. C oder Java), ein für Rechner ausführbaren Maschinencode zu erzeugen. Genau dasselbe Prinzip verfolgen auch Modelltransformationsengines, nur dass man hier nicht nur die Eingangsdaten, also ein Modell hinein gibt, sondern auch noch die Regeln für die Umwandlung.

Wieder verglichen mit dem Compiler würde dies bedeuten, dass Sie nicht nur den C-Code vorgeben können, sondern auch noch die Regeln, wie dieser in Maschinensprache umzuwandeln ist.

Im Umfeld der modellbasierten Entwicklung werden normalerweise das Modell und die Transformationsregeln nicht von den gleichen Personen erstellt. Im Modell sind die Informationen über das System enthalten, welches entwickelt wird. Dies erfordert vor allem fachliches Know-how über solche Systeme.

Die Transformationsregeln hingegen erfordern Kenntnisse über Modelltransformationen und wie Modelldaten typischerweise zu transformieren sind. Daher sollte man beim Einsatz von Modelltransformationen die Rollen der Modellierer und der Ersteller der Transformationsregeln entsprechend trennen.

11.2.1 QVT

Die OMG definiert als einen ihrer Standards auch einen Standard für Modelltransformationen. Dieser Standard nennt sich Query/View/Transformation (QVT) [OMG08a]. Mit Hilfe von QVT lassen sich Modelltransformationen beschreiben und ausführen.

Leider gibt es von diesem Standard bislang nur unvollständige Implementierungen, also Werkzeuge, die QVT-Regeln lesen und ausführen können. Ich möchte Ihnen trotzdem QVT hier vorstellen, da ich glaube, dass es nur eine Frage der Zeit sein wird, bis eine Implementierung am Markt erhältlich ist. Nicht anders war es auch mit UML und SysML, wo die Standards den Werkzeugen zunächst vorausgeeilt sind.

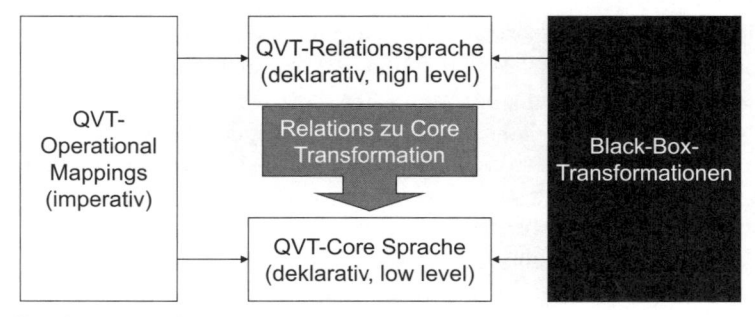

BILD 11.4 QVT-Spracharchitektur

In Bild 11.4 ist die Architektur des QVT-Modelltransformationsstandards zu sehen. QVT bietet mehrere Möglichkeiten, Modelltransformationen zu beschreiben. Zu unterscheiden ist hier die QVT-Operational-Mappings-Sprache und die QVT-Relationssprache, welche wiederum aus einem High-Level- und einen Low-Level-Teil (QVT-Core) besteht. Zur Beschreibung von Modelltransformationen wird allerdings durch die OMG die High-Level-QVT-Relationssprache präferiert.

Der Unterschied zwischen der Operational-Mappings- und der Relationssprache ist, dass die Operational-Mappings-Sprache imperativ und die Relationssprache deklarativ arbeitet.

Imperativ bedeutet, dass man ähnlich wie in einer Programmiersprache (z.B. Java) durch eine Reihe aufeinander folgender Befehle Modellelemente im Quellmodell sucht und in anderer Form im Zielmodell anlegt. Die Transformationsregeln werden Befehl für Befehl abgearbeitet. Die Operational-Mappings-Sprache kennt daher Konstrukte wie Schleifen, um über Modellelemente zu iterieren usw.

Im Gegensatz dazu arbeitet die Relationssprache deklarativ, d.h. man deklariert, was man hat und was man daraus machen will, und sagt nicht explizit, wie Modellelemente gefunden und angelegt werden sollen. Die Relationssprache nutzt das Konzept der mathematischen Relation. Quell- und Zielmodell werden in Relation zueinander gestellt. Die Transformationsengine hat nun die Aufgabe, Quell- und Zielmodell so anzupassen, dass die Relation erfüllt ist.

Hier noch eine Analogie aus einem anderen Bereich: Stellen Sie sich vor, Sie engagieren einen Handwerker und beauftragen ihn, Ihre Wohnung in einer anderen Farbe zu streichen. Der Handwerker wird basierend auf seiner Erfahrung und Ausbildung Farbe kaufen und diese mit Pinsel oder Rolle an die Wände bringen. Sie haben ihm also nur gesagt, was Sie wollen, und nicht, wie er es machen soll. Genau das machen auch Transformationsregeln, die deklarativ definiert werden.

Ein zweiter Grund, warum ich Ihnen hier QVT vorstelle, ist ein Alleinstellungsmerkmal, das im Vergleich mit anderen Modelltransformationsstandards nur QVT besitzt: Es gibt die Möglichkeit, Transformationsregeln selbst als Modell grafisch zu erstellen und darzustellen.

Um Transformationen zu definieren, werden Quell- und Zielseite in Relation gestellt. Dazu nutzt QVT die Metamodelle von Quell- und Zielmodell und außerdem Instanzen der Metamodellelemente (also Objekte), um die Transformationen zu definieren.

Ich möchte Ihnen nun die QVT-Relationssprache anhand eines Beispiels vorstellen. Als Beispiel sollen die Transformationsregeln beschreiben, wie ein Modell der SimpleUML-Sprache in ein Enterprise-Architect-Modell transformiert wird. Beide Metamodelle wurden bereits im vorigen Abschnitt erläutert.

Die erforderliche Transformationsregel, um aus einem SimpleUML- ein EA-Modell zu machen, besteht aus mehreren QVT-Relationen, die sich gegenseitig aufrufen. Bild 11.5 zeigt die sogenannte Top-Relation, gekennzeichnet durch den Stereotyp «top». Sie bildet den Einstieg in die Transformationsregel.

Eine grafische QVT-Relation besteht im Wesentlichen aus einem sechseckigen Symbol, dem sogenannten Relationsknoten. Von diesem Relationsknoten zeigen gestrichelte Pfeile zu Ele-

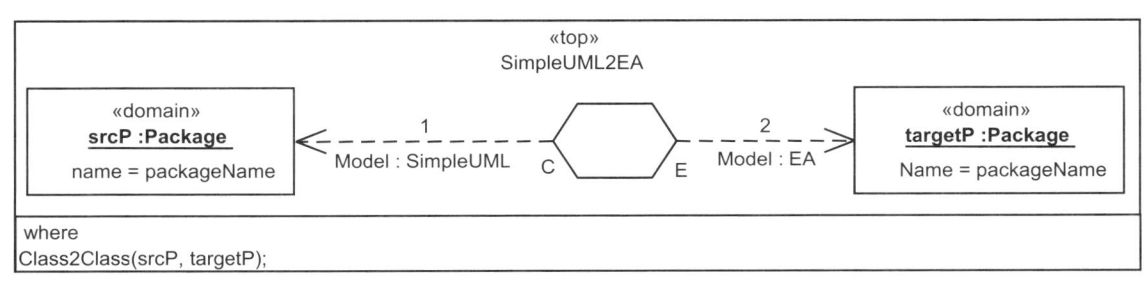

BILD 11.5 Top-Relation der Simple UML zu EA-Transformation

menten aus den jeweiligen Modellen, die in Relation gesetzt sind. Diese Elemente werden zusätzlich mit dem Stereotyp «domain» gekennzeichnet. Die gesamte Relation ist in einen rechteckigen Kasten eingeschlossen.

An den gestrichelten Pfeilen zwischen Relationsknoten und Domänenelement ist der Modellname und durch Doppelpunkt getrennt der Name des Metamodells angegeben, damit man weiß, welche Modelle in Relation zueinander stehen. Weiterhin sind am Relationsknoten Markierungen *C* für *Check Only* oder *E* für *Enforce* angegeben. Bei Check Only wird am angegebenen Modell nichts verändert, sondern lediglich überprüft, ob es das entsprechende Muster im Modell gibt. Enforce hingegen verändert das Modell, sodass am Ende das geforderte Muster im Modell vorhanden ist.

Die Elemente, die in Relation zueinander stehen, sind Instanzen der jeweiligen Metamodelle. Über Attribute werden Daten von einer Seite der Relation zur anderen übertragen.

In der Relation aus Bild 11.5 wird der Wert des Attributs name auf der Simple UML-Seite in einer Variablen mit dem Namen packageName gespeichert. Diese Variable taucht auf der Zielseite (EA) wieder auf und überträgt den Wert der Variablen dann in das Attribut Name des Elements targetP:Package.

Sie müssen sich eine solche Relation nun wie ein Suchmuster vorstellen. Zunächst wird nach Vorkommen des Musters auf der Quellseite (Check only) gesucht. Hier sind dies also alle Pakete im Quellmodell. Für jedes gefundene Paket wird dann auf der Zielseite (Enforce) entsprechend das Muster aus der Relation hergestellt. In unserem Fall werden im EA-Modell Paketelemente angelegt, und das Attribut Name wird entsprechend der Variablen gesetzt.

Was man in der Relation noch sieht, ist die sogenannte *WHERE-Klausel*. Dies kann man im Prinzip vergleichen mit einem Unterprogrammaufruf in einer Programmiersprache, nur dass hier keine Unterprogramme, sondern Unterrelationen aufgerufen werden. Als Parameter werden Verweise von Elementen übergeben, die in der Relation vorkommen, wo der Aufruf stattfindet.

Bild 11.6 zeigt die Unterrelation, die durch die Relation SimpleUML2EA aufgerufen wird. Diese Relation überträgt nun alle Klassen aus dem SimpleUML-Modell in Klassenelemente im EA-Modell. Hierzu werden die Daten der Namen und ob eine Klasse als abstrakt markiert ist über

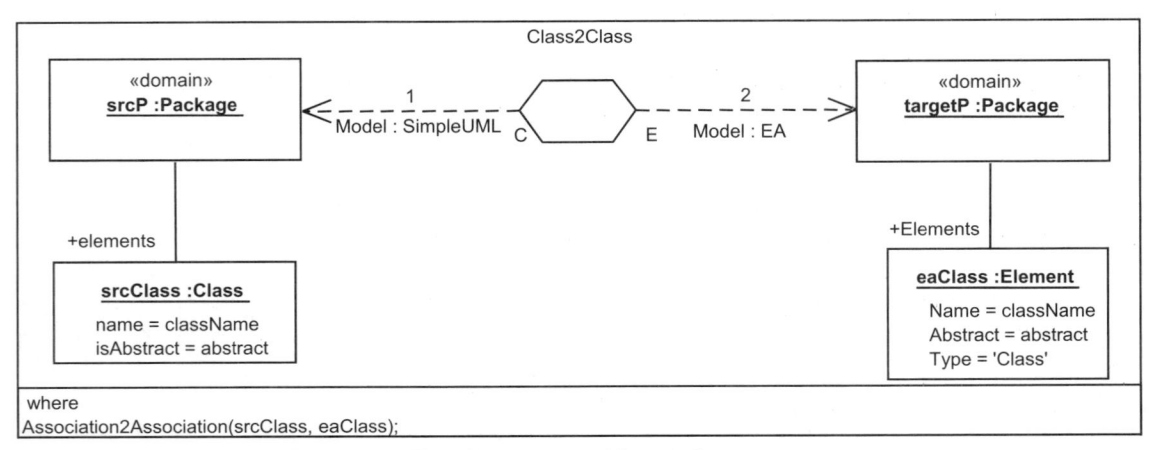

BILD 11.6 Relation zur Transformation von Klassenelementen

Variablen übertragen. Gleichzeitig erfolgt im Zielmodell über Zuweisung der in einfachen Anführungszeichen stehenden Konstanten 'Class' noch die Einstellung im Zielmodell, dass es sich bei dem EA-Element um eine Klasse handelt.

In QVT-Relationen findet man typischerweise entweder Zuweisungen von Variablen oder Konstanten. Auch komplexere Ausdrücke sind möglich, sodass auch eine weitergehende Datenveränderung zwischen Quelle und Ziel möglich ist. Der QVT-Standard definiert hier eine entsprechende Syntax.

Neben der grafischen Repräsentation bietet QVT für die Transformationen auch eine textuelle Form an. Diese ist äquivalent zur grafischen Form. Listing 11.1 gibt einen Eindruck von der textuellen Syntax der QVT-Transformationsregel aus unserem Beispiel.

LISTING 11.1 Textuelle QVT-Repräsentation

```
transformation SimpleUML2EA()
{
    top relation SimpleUML2EA
    {
        packageName: String;

        checkonly domain Model srcP:Package
        {
            name=packageName
        };

        enforce domain EaModel targetP:Package
        {
            Name=packageName
        };

        where
        {
            Class2Class(srcP, targetP);
        }

    }

    relation Class2Class
    {
        className: String;
        abstract: String;

        checkonly domain Model srcP:Package
        {
            elements=srcClass:Class
            {
                name=className,
                isAbstract=abstract
            }
        };
```

```
        enforce domain EaModel targetP:Package
        {
            Elements=eaClass:Element
            {
                Name=className,
                Abstract=abstract,
                Type='Class'
            }
        };

        where
        {
            Association2Association(srcClass, eaClass);
        }

    }

    // ...

}
```

11.2.2 Modell-zu-Text-Transformation

Modell-zu-Text-Transformation ist eine spezielle Form einer Modelltransformation. Die Zieldaten sind hier kein Modell mehr, sondern Text.

Die Anwendungen für Modell-zu-Text-Transformationen sind vielfältig. Die beiden wichtigsten sind sicherlich:

- Generierung von Dokumentation (z.B. eines Spezifikationsdokuments für einen Projektbeteiligten)
- Generierung von Programmcode aus dem Modell

Auch für die Beschreibung von Modell-zu-Text-Transformationen existiert ein Standard der OMG, die Sprache *Model to Text (M2T)* [OMG08b]. Leider gibt es hier bislang keine bekannte Implementierung dieses Standards, aber auch hier besteht die Hoffnung, dass es früher oder später Umsetzungen am Markt geben wird.

Die Model-to-Text-Sprache arbeitet nach dem Prinzip der Vorlagen. Diese definieren als Text die Bestandteile des Ergebnisses, das erreicht werden soll, und nutzen Platzhalter mit Verweisen auf Modelldaten, die während des Generierungsprozesses mit den Modelldaten ersetzt werden.

Ähnlich wie QVT auch benutzt auch Model to Text die Namen der Klassen und Attribute aus dem Metamodell, um auf Modelldaten zuzugreifen. Auch hier wird deklarativ gearbeitet, allerdings gibt es auch iterative Sprachanteile wie Schleifen, die man nutzen kann.

Listing 11.2 ist ein Beispiel, das sich im Standard von Model to Text findet. Dieses Template wandelt Klassen aus dem Modell in den Quellcode einer Java-Klasse um.

Sofern Sie mit der im XML-Umfeld gebräuchlichen XSLT-Transformationssprache (*Extensible Stylesheet Language Transformations*) [W3C99] zur Transformation von XML-Dokumenten vertraut sind, werden Sie gewisse Ähnlichkeiten zwischen beiden Standards sowohl in Syntax als auch Semantik feststellen.

Beide Sprachen definieren *Templates*, die sich gegenseitig aufrufen können. Innerhalb der Templates wird beschrieben, welcher Text erzeugt werden soll, wenn das Template aufgerufen wird.

LISTING 11.2 Model2Text-Beispiel

```
[template public classToJava(c : Class)]
class [c.name/]
{
  // Attribut Deklarationen
  [attributeToJava(c.attribute)/]

  // Konstruktor
  [c.name/]()
  {
  }
}
[/template]

[template public attributeToJava(a : Attribute)]
[a.type.name/] [a.name/];
[/template]
```

Listing 11.2 enthält zwei Templates. Das erste `class2Java` erzeugt den Text der Java-Klasse von Anfang bis Ende und nutzt dabei Daten aus dem Modellelement der Klasse, die als Attribut beim Aufruf des Template übergeben wird. Alle diese Verweise und Steuerkommandos stehen bei Model to Text in eckigen Klammern ([ ]).

Ein weiteres Untertemplate `attributeToJava` sorgt für die Erzeugung von Text für jedes gefundene Attribut der Klasse. Hier ist es genau wie bei QVT nicht notwendig, eine Schleife zu definieren, da die Template-Aufrufe implizit so oft angewendet werden, wie es entsprechende Elemente im Modell gibt.

LISTING 11.3 Ergebnis der Modell-zu-Text-Transformation

```
class Student
{
  // Attribut Deklarationen
  Nummer Fachsemester;
  Nummer Matrikel-Nr.;
  Text Name;
  Text Studienfach;
  Text Vorname;

  // Konstruktor
  Student()
  {
  }
}
```

Listing 11.3 zeigt das Endergebnis der Modell-zu-Text-Transformation angewendet auf die Klasse aus Bild 4.3. Das Ergebnis ist in dieser Form noch nicht für einen Compiler nutzbar, da im Attribut `Matrikel-Nr.` ein Bindestrich sowie ein Punkt vorkommt. Hier müsste man nun entweder die Transformationsregel so erweitern, dass diese Zeichen durch andere ersetzt werden, oder man muss das Modell selbst ändern und solche Zeichen im Rahmen einer Modellierungsregel verbieten.

Neben den OMG-Standards für Modell-zu-Modell- und Modell-zu-Text-Transformationen existieren momentan auch einige nicht standardisierte Verfahren für Modelltransformationen. Besonders zu erwähnen ist hier sicherlich das im Eclipse-Umfeld entstehende Rahmenwerk für modellbasierte Entwicklung *Open Architecture Ware (OAW)*. Ein guter Überblick über dieses Rahmenwerk und dessen Möglichkeiten findet sich in [SVE07].

■ 11.3 Object Constraint Language

Die Object Constraint Language (OCL) [OMG06] ist eine durch die OMG standardisierte Sprache zur Beschreibung von sogenannten Modellconstraints. Modellconstraints sind Zusatzbedingungen, die man Modellelementen ergänzend geben kann, um bestimmte Randbedingungen oder auch Modellierungsrichtlinien für diese Modellelemente zu beschreiben. Beispielsweise können Sie mit solchen OCL-Constraints definieren, dass der Wert eines Attributs in einem bestimmten Wertebereich liegen soll, oder Sie könnten definieren, dass eine Architekturkomponente eine maximale Anzahl von Schnittstellen eines bestimmten Typs haben darf. Die Möglichkeiten sind hier kaum beschränkt. Man kann dann diese Bedingungen bereits beim Erstellen des Modells überprüfen und dadurch im Vorfeld Modellierungsfehler vermeiden.

Eigentlich ist die OCL per Definition Bestandteil des Sprachstandards der UML und damit auch der SysML. In der Praxis ist es jedoch so, dass es erst sehr wenige Werkzeuge gibt, die mit OCL etwas anfangen können. Hinzu kommt, dass die Syntax der OCL-Sprache stark an die aus der mathematischen Algebra bekannten Konstrukte zur Beschreibung von Mengen und deren Zusammenhänge angelehnt ist. Daher ist es für Modellierer mit einem weniger tiefen Hintergrund in diesem Bereich eher schwierig, solche Constraints zu formulieren oder zu verstehen.

Interessanterweise beschreibt der OCL-Standard die Möglichkeit, für OCL auch vom Standard abweichende Syntax zu definieren. Hier wäre interessant zu beobachten, ob ein Werkzeughersteller diese Möglichkeit zukünftig nutzt und OCL in einer etwas „griffigeren" Syntax unterstützt. Einen tieferen Einstieg in OCL bietet [WK03].

11.4 Modellsimulation

Modellsimulation ist im Gegensatz zu einem Teil der zuvor beschriebenen Themen im Rahmen der modellbasierten Entwicklung schon im praktischen Einsatz. Viele der heute erhältlichen Werkzeuge können bereits Modelle simulieren oder entwickeln sich in diese Richtung weiter.

Was an einem SysML- oder auch UML-Modell simuliert wird, sind die Modellteile der Verhaltensmodellierung, also Zustandsdiagramme, Aktivitätsdiagramme und Sequenzdiagramme. Mit Hilfe der Modellsimulation ist es möglich, in einem frühen Stadium der Systementwicklung bereits auszuprobieren, ob das Modell auch das korrekt beschreibt, was beabsichtigt war. Dadurch können potenziell erhebliche Entwicklungskosten eingespart werden, wenn Fehler bereits in einer frühen Entwicklungsphase, im Modell, gefunden und korrigiert werden können, anstatt diese erst nach der Realisierung und Implementierung im realen System zu finden und dann zu beheben.

Einige Simulationswerkzeuge sind heute auch in der Lage, mit kombinierter Codegenerierung eine synchrone Modellsimulation mit paralleler Ausführung des Codes durchzuführen. Das heißt, man kann zum Beispiel im Modell sehen, in welchem Zustand sich das System gerade befindet, und wie man es beispielsweise von einem Debugger der Softwareentwicklung kennt, kann man dann in einzelnen Schritten die Ausführung weiterschalten. Im Modell wird dann grafisch angezeigt, welcher Zustand oder welche Aktivität gerade aktiv ist.

11.5 Modellbasiertes Testen

Beim modellbasierten Testen nutzt man das Systemmodell oder ein separates Testmodell für die Testtätigkeiten während der Systementwicklung. In [RBGW10] finden Sie eine umfassende Einführung in diese Thematik. Das Buch trifft auf Seite 8 folgende Definition für modellbasiertes Testen:

Modellbasiertes Testen umfasst mindestens einen der beiden folgenden Aspekte:

- Tests modellieren
- Tests aus Modellen generieren

Für beide Aspekte gibt es heute schon einige vielversprechende Werkzeuge zur Testausführung von in Modellen hinterlegten Tests oder auch zur Generierung von Testfällen aus einem Systemmodell (z.B. [UL07]).

Wichtig dabei ist, sofern im Rahmen von modellbasiertem Testen Testfälle aus einem Modell automatisch generiert werden sollen, dass man nicht dasselbe Modell verwendet, mit dem man auch Code generiert. Damit findet man nämlich keine Fehler im System, sondern lediglich im Codegenerator, da die selbe Basis für beide Generatoren verwendet wird.

Man braucht also für Testfallgenerierung ein separates Testmodell, welches auch organisatorisch unabhängig von einem anderen Team erstellt werden sollte – so wie das Systemmodell für die Entwicklung. Verknüpfende Elemente zwischen beiden sind dieselben Anforderungen und dieselbe Systemarchitektur.

11.6 Modellvisualisierung als Stadtplan

Ein aktuell in der Forschung kursierendes Thema ist die Nutzung neuer Darstellungsformen zur Anzeige von Strukturen der Software- und Systementwicklung. Ein interessanter Ansatz, der auch für die Darstellung von Systemaspekten aus einem Modell der modellbasierten Systementwicklung hilfreich sein kann, ist die Verwendung von Techniken, wie sie für Landkarten oder Stadtpläne verwendet werden.

In Bild 11.7 finden Sie ein Beispiel einer solchen Darstellung.

BILD 11.7 Visualisierungsbeispiel (Quelle: www.software-cities.org)

Man kann die dort sichtbaren Strukturen nun zur Darstellung für verschiedene Aspekte nutzen. Nutzbare Strukturen zur Visualisierung von Daten sind:

- Straßennetz
- Höhenlinien der Grundfläche (Topologie)
- Grundfläche der Gebäude
- Höhe der Gebäude
- Farben der Gebäude

Im Rahmen einer Visualisierung eines SysML-Modells, wie unserem Beispielmodell aus Kapitel 7 könnte folgende Zuordnung getroffen werden:

1. Der Dekompositionsbaum, also die Systemstruktur, wird als Straßennetz visualisiert
2. Als Gebäude könnte man nun die Architekturkomponenten oder auch ganze Abstraktionsebenen, die über «referenceOf»-Beziehungen verknüpft sind, visualisieren.

3. Über die Gebäudegrundfläche, -höhe und -farbe kann man dann je nach Anwendung verschiedene Parameter ausdrücken. Denkbar sind hier zum Beispiel Erfüllungsgrad von Modellierungsrichtlinien und Metriken (vgl. Abschnitt 8.6) oder Komplexitätsmetriken. Ein Gebäude könnte beispielsweise um so höher sein, je mehr Schnittstellen oder Unterkomponenten es hat usw.

Die Möglichkeiten bei einer solchen Visualisierung sind vielfältig. Vielleicht haben Sie beim Lesen bereits eigene Ideen entwickelt, was man mit so einem Verfahren alles visualisieren kann. An der Weiterentwicklung und kommerziellen Nutzung dieser Visualisierungstechnik wird momentan noch gearbeitet und geforscht. In Deutschland beschäftigen sich unter anderem die Abteilung für Computer Graphics Systems von Prof. Jürgen Döllner am Hasso Plattner Institut, sowie das Institut für Software-Systemtechnik der TU Cottbus von Prof. Claus Lewerentz mit diesem Thema.

■ 11.7 Starke Verknüpfung von Anforderungen und Architektur

In der modellbasierten Systementwicklung mit SysML arbeitet man innerhalb der Modelle mit Architekturelementen wie Komponenten und Schnittstellen und mit Anforderungen, die beschreiben, welche Eigenschaften die Systemelemente haben sollen.

In jeder Anforderung steckt im Text implizit ein Architekturverweis, wenn man schreibt *Das System muss...* oder *Der Sensor muss....* Damit kann man eigentlich keine Anforderung schreiben, ohne bereits ein Bild der Architektur (im Kopf) erstellt zu haben, und sei es zu Beginn nur ein Kasten, der mit *System* bezeichnet wird.

Die Anforderungen werden dann mit Hilfe der «satisfy»-Beziehung mit den Architekturelementen verknüpft. Wenn man nun noch einen Schritt weiterginge und beim Schreiben der Anforderungen die im Systemmodell bereits vorhandenen Informationen und Namen nutzt, dann kann man sich ein Werkzeug vorstellen, das dem Anforderungsingenieur, basierend auf den Daten aus dem Systemmodell, bereits eine Auswahl an Textbausteinen für eine Anforderung anbietet.

Ganz ähnlich wie moderne Code-Editoren eine sogenannte Intelli-Sense-Funktion mitbringen, die hilft, die Namen von Verweisen auf Objekte und Methoden richtig und schnell einzufügen, so könnten Editoren für Anforderungen zukünftig Daten aus dem Modell nutzen, um eine Art Intelli-Sense für Anforderungen anzubieten.

Als Resultat bekäme man Anforderungstexte, die genau gleich lautende Architekturkomponenten oder -schnittstellennamen beinhalten. Dies erleichtert zum einen die Zuordnung zu den Architekturkomponenten per «satisfy»-Beziehung[2] und bringt zum anderen eine stärkere Verzahnung zwischen formaler Modellierung und informellen Anforderungstexten mit sich. Dies wirkt sich positiv auf die Nachverfolgbarkeit aus und führt zu insgesamt konsistenteren Modellierungen.

---

[2] Vielleicht lassen sich diese Beziehungen dann sogar werkzeuggestützt automatisch ziehen.

■ 11.8 Nutzung neuer Benutzerschnittstellen

Als letzten Punkt möchte ich Ihnen noch einen Trend vorstellen, wie er momentan überall in der Computertechnik zu beobachten ist: die Verwendung und Verbreitung von Touch-Bedienung für Computer.

Den Anfang für diesen Trend machte sicherlich die Firma Apple mit der Einführung des iPone-Mobiltelefons. Inzwischen sind die Technik der Bedienung durch Finger und Fingergesten auch in vielen anderen Geräten wie Tablet-Computer oder Computer mit Touch-Screens integriert.

Dass der Trend sich langsam allgemein etabliert, zeigt sich auch daran, dass so gut wie alle heutigen Betriebssysteme und Geräteplattformen Touch-Bedienung unterstützen. Zu nennen sind hier Google mit Android, Apple mit iOS und Microsoft mit Windows. Die zukünftige Windows-Version, dessen erste Vorabversion im September 2011 vorgestellt wurde, soll nun auch komplett auf Touch-Bedienung ausgelegt sein und eine neue Art von Anwendungen (Metro-Style-Applikationen) mit sich bringen.

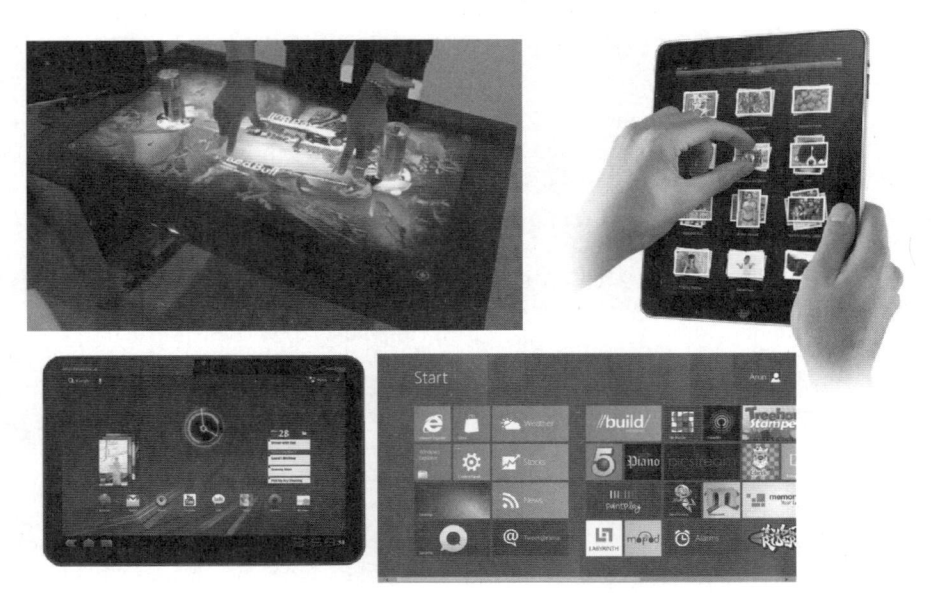

BILD 11.8 Touch-Bedienung als Zukunftstrend

Eine weitere interessante Anwendung in diese Richtung ist das Konzept des Tischcomputers Microsoft Surface. Ein Surface-Computer kann mehrere Dutzend Touch-Punkte von mehreren Benutzern gleichzeitig erkennen. Diese können dann auf sehr intuitive Weise mit den Objekten auf dem Bildschirm interagieren. Zusätzlich ist die Surface-Hardware in der Lage, auch Objekte, die auf die Bildschirmoberfläche gelegt werden, zu erkennen und daraufhin Aktionen zu starten.

Bild 11.8³ zeigt einige der zur Zeit am Markt erhältlichen Geräte mit Touch-Bedienung. Oben links sieht man den Microsoft Surface daneben das Apple iPad, unten links einen Android Tablet Computer und daneben die Startseite der Windows 8 Developer Preview.

Viele der Anwendungen solcher Geräte beschränken sich zur Zeit noch auf Technologie-Demonstrationen, Spiele, Werbezwecke oder spezialisieren sich schwerpunktmäßig auf den Abruf vorhandener Daten. Dies kann beispielsweise der Aufruf von Webseiten oder auch der Abruf von Informationen wie Stadt- oder Gebäudeplänen sein.

Kaum ausgereizt wird momentan noch die Möglichkeit, solche Geräte und die zugehörige Software für Aufgaben zu nutzen, bei der Daten entstehen und Daten gleichzeitig visualisiert werden. Modellbasierte Entwicklung mit SysML ist genau so ein Fall. Hier könnte ein solches Gerät genutzt werden, um SysML-Modelle und deren Inhalte im Team interaktiv und intuitiv zu bearbeiten und zu erstellen. Stellen Sie sich vor, Sie haben ein Gerät wie zum Beispiel den Surface in Ihrem Besprechungsraum, und nutzen dies, um produktiv Architektursichten im Team zu erstellen oder auch Anforderungen zu verlinken.

Hier sind die Werkzeughersteller gefragt, neue Arten von Benutzerschnittstellen und Interaktionsmöglichkeiten zu nutzen und zu unterstützen. Dies könnte auch zu einer besseren Akzeptanz solcher Verfahren bei Neueinsteigern auf dem Gebiet der modellbasierten Entwicklung führen, da die Erstellung der Modelle einfach und intuitiv auf „natürlichere Weise" passiert.

■ 11.9 Schlussbemerkung

Sie sehen, das Gebiet der modellbasierten Entwicklung ist noch längst nicht am Ende der Entwicklung und an der Grenze der Einsatzmöglichkeiten angelangt. Es bleibt spannend zu sehen, was die Zukunft auf dem Gebiet bringen mag und ob die Automatisierung und Standardisierung im Rahmen der Systementwicklung weitere Fortschritte macht und Vorteile bringt. Ich hoffe, dass ich Ihnen in diesem Kapitel und in diesem Buch einen Einblick geben konnte, was heute schon möglich ist und wo die Reise noch hingehen könnte. Für den Einsatz von modellbasierter Entwicklung mit SysML wünsche ich Ihnen viel Freude und Erfolg und hoffe, dass sich diese Technologien auf lange Sicht in der Systementwicklung als selbstverständliches und täglich eingesetztes Werkzeug etablieren werden.

---

³ Bildnachweise: http://www.ubergizmo.com/wp-content/uploads/2011/01/microsoft-surface-2-01.jpg
http://www.chip.de/ii/7/8/8/8/9/7/2/a62fb15de752dd6e.jpg
http://blazomania.com/wp-content/uploads/2011/01/Motorola_Xoom_Android_3.0_Tablet_BlazoMania-5.jpg
http://www.ashout.com/wp-content/uploads/2011/09/windows-8-developer-preview-desktop.jpg, alle zuletzt besucht am 12.11.2011

A Modellierungsregeln

Um mit modellbasierter Entwicklung im Team mit mehreren Projektbeteiligten zu arbeiten, bedarf es gewisser Regeln und Konventionen. So bleibt das Modell zum einen wartbar und leicht verständlich, und zum anderen ist die Einhaltung dieser Regeln aber auch notwendig, wenn mit Hilfe von Werkzeugen Daten aus dem Modell extrahiert werden sollen. Dies kann im Rahmen von Dokumentengenerierung, aber auch bei Variantenmanagement und -generierung der Fall sein. Hat das Modell nicht die vorher festgelegte Struktur, können Werkzeuge das Modell nicht wie geplant verarbeiten. Folglich entsprechen die mit diesen Werkzeugen generierten Arbeitsprodukte nicht den Erwartungen.

So wie man es schon lange von der Softwareentwicklung oder der Konstruktion kennt, wo Codierungsrichtlinien oder Vorgaben für technische Zeichnungen gemacht werden, kann man auch Regeln und Vorgaben für ein SysML-Modell finden und anwenden.

Diese Regeln lassen sich mit Hilfe von Werkzeugen auf ihre Einhaltung hin überprüfen. Wichtig dabei ist, dass solche Regeln nur etwas über die formale Korrektheit und nichts über die inhaltliche Korrektheit eines Modells aussagen. Auch hier sei wieder auf die Analogie der Softwareentwicklung verwiesen. Ein Compiler kann nur die syntaktische Korrektheit eines Programms überprüfen, aber nicht, ob das Programm auch das tut, was es soll.

Genauso verhält es sich auch mit den Modellierungsregeln. Ein Modell kann alle Modellierungsregeln zu 100 % erfüllen. Trotzdem kann der Inhalt des Modells falsch oder nicht umsetzbar sein. Dies zu überprüfen, ist Aufgabe der inhaltlichen Qualitätssicherung und kann für die Architektur und die Anforderungen beispielsweise durch Reviews erfolgen.

Im Folgenden sind Modellierungsregeln aufgelistet, die den Rahmen für die Modelle abstecken, wie sie in diesem Buch und insbesondere in Kapitel 6 und 7 verwendet werden. Diese Liste lässt sich sicherlich noch weiter ausbauen. Jedoch geben die unten definierten Regeln zumindest einen Eindruck davon, was durch solche Modellierungsregeln vorgegeben und überprüft werden kann.

A.1 Namenskonventionen für Modellelemente

- Jedes Modellelement muss einen Namen haben.
- Alle Namen für Modellelemente beginnen mit einem Großbuchstaben.
- Besteht ein Name aus mehreren Worten, werden diese durch Leerzeichen getrennt, und jedes Wort beginnt wieder mit einem Großbuchstaben.
  Der Vorteil dieser Regel besteht darin, dass solche Namen durch das Modellierungswerkzeug umbrochen werden können und damit die Diagrammgröße bei Elementen mit langen Namen nicht übermäßig ansteigt. Sofern Code oder andere Arbeitsprodukte generiert werden sollen, die nicht mit Leerzeichen umgehen können, muss man diese einfach z.B. durch entsprechende Füllzeichen ersetzen.
- Unterstriche oder andere Sonderzeichen in Modellelementnamen sind nicht erlaubt.
- *Für gemeinsam in der Modellierung genutzte Elemente, wie Blöcke und Porttyp-Elemente wie Value-Types oder Flow-Specifications gilt außerdem:*
  Abkürzungen in Namen solcher Elemente sind nicht erlaubt.
- Instanznamen dürfen Abkürzungen verwenden, da eine ausgeschriebene Form zumeist durch den Classifier (z.B. einen Block) bereits beim Modellelement angezeigt wird.
- Abkürzungen sollen, sofern verwendet, ausschließlich aus Großbuchstaben bestehen.

A.2 Architekturkomponenten

- Jedes Architekturelement muss eine kurze textuelle Beschreibung haben (typischerweise einen Satz).
- Architekturkomponenten sind immer Instanzen von Blöcken, Software-Blöcken, Chain-Blöcken oder Funktionalen-Blöcken.
- Eine Architekturkomponente eines bestimmten Stereotyps muss immer den richtigen zugehörigen Block als Classifier verwenden.
  Erlaubt: blockProperty → block, verboten: softwareProperty → block; richtig wäre softwareProperty → softwareBlock.
- Jedes Architekturelement muss mindestens eine Anforderung erfüllen («satisfy»-Beziehung vom Element zur Anforderung).
- Sofern das Element eine Referenz ist (vgl. Abschnitt 8.2), muss es einen «referenceOf»-Connector zum Original geben, und der Element-Classifier muss mit dem des Originals übereinstimmen.

A.3 Architekturschnittstellen (Flow Ports)

- Jede Schnittstelle muss vom Stereotyp «flowPort» sein.
- Jeder Port muss eine kurze textuelle Beschreibung haben (typischerweise einen Satz).
- Jeder Port muss einen Typ zugewiesen bekommen, der die Schnittstelle durch ein Porttyp-Element wie z.B. Flow Specification oder Value Type genauer definiert.
- Jeder Port muss mindestens eine Anforderung erfüllen («satisfy»-Beziehung vom Port zur Anforderung).
- Zwei verbundene Ports benutzen immer einen ItemFlow-Connector als Verbindung.
- Zwei verbundene Ports müssen typkompatibel sein.
  Man darf also beispielsweise kein Temperatursignal am Ausgang mit einem Drucksignal am Eingang verbinden.
- Zwei verbundene Flow Ports müssen kompatible Richtungsangaben (Richtungspfeile) aufweisen.
- Ports in bestimmten Kontexten dürfen nur bestimmte Porttypen verwenden.
  (siehe Tabelle A.1)

TABELLE A.1 Einsatzzwecke der Porttypen

Porttyp	Verwendung für	Schnittstelle von
Value Type	• physikalische Signale (z.B. Druck, Temperatur etc.) • primitive Datentypen (z.B. int, double, string)	allen Arten von Properties als physikalische oder Softwareschnittstellen
Flow Specification	logische und zusammengesetzte Signale (z.B. SPI-Bus, Elektrische Energieversorgung)	allen Propertytypen
Enumeration	diskrete Signale, Zustandswerte (z.B. An/Aus, etc.)	allen Propertytypen

- Sofern ein Port eine «referenceOf»-Beziehung hat und selbst die Referenz ist, müssen dessen Name und Typ mit Name und Typ des Originals übereinstimmen.

A.4 Verknüpfungen

- Alle Elemente im Modell dürfen nur durch im SysML-Standard definierte Verbindungen oder eine durch ein weiteres Profil definierte Menge aus diesen miteinander verknüpft werden.
- Jede Anforderung im Modell muss mindestens einem Architekturelement oder Port durch eine «satisfy»-Beziehung zugewiesen werden.

A.5 Modellstruktur

- Die Modellstruktur nutzt zur Gliederung die Struktur der Abstraktionsebene *(vgl. Abschnitt 6.6)*.
- Die Modellelemente werden in einer Abstraktionsebene von den Sichten getrennt. Es dürfen damit keine Modellelemente in den «view»-Paketen vorkommen.
- Alle Architektur- und Verhaltenselemente müssen in die dafür vorgesehenen Pakete in den Abstraktionsebenen einsortiert werden.
- Außer zu Allokationszwecken dürfen in den Sichten der Abstraktionsebenen nur die Elemente dargestellt werden, die auch in dieser Abstraktionsebene definiert sind.
- Alle «view»-Pakete müssen über eine «conform»-Beziehung einem Viewpoint-Element zugeordnet werden.
- In einer funktionalen Architektur dürfen ausschließlich «functionalProperty»-Elemente als Architekturkomponenten verwendet werden.
- In einer Wirkkettenarchitektur dürfen «chainProperty»-, «blockProperty»- und «softwareProperty»-Elemente verwendet werden.
- In der physikalischen Architektur dürfen ausschließlich «blockProperty»-Elemente als Architekturkomponenten verwendet werden.
- Sollen Elemente einer Wirkkette gekapselt werden, die eine Mischung aus verschiedenen Elementtypen darstellen («chainProperty», «blockProperty», «softwareProperty»), so benutzt man hierfür als Kapsel (umschließendes Element) ein «chainProperty»-Element.

B Einordnung in SPICE

Die Einführung von modellbasierter Entwicklung in einem Projekt oder im ganzen Unternehmen, hat weitreichenden Einfluss auf die Entwicklungsprozesse. Am Beispiel der SPICE-Prozesse [WSHG10] wird daher hier gezeigt, welche Prozesse durch modellbasierte Entwicklung wie beeinflusst werden.

In Bild B.1 sind die durch SPICE definierten Prozesse in der Übersicht dargestellt. Die Norm ordnet die Prozesse zunächst in Kategorien und unterteilt diese noch einmal in Prozessgruppen, um inhaltlich zusammenhängende Prozesse zu gruppieren.

Die einzelnen Prozesse selbst sind durch eine Identifikationsbezeichnung, bestehend aus einem Buchstabenkürzel und einer durch Punkt getrennten Nummer, eindeutig identifizierbar. Insgesamt orientiert sich SPICE am V-Modell und ordnet zumindest die Entwicklungsprozesse (**ENG**) in ihrer Reihenfolge nach dem V-Modell.

Welche Prozesse beeinflusst nun die Umsetzung von modellbasierter Entwicklung mit SysML?

Zuerst wirkt sich modellbasierte Entwicklung natürlich direkt auf die Engineering-Prozesse aus. An die Stellen, wo bisher vorwiegend dokumentenbasiert gearbeitet wurde, tritt nun das SysML-Modell. Augenscheinlich direkt betroffen sind natürlich die Architektur- und Designprozesse wie Systemarchitekturdesign (**ENG.3**) und Softwaredesign (**ENG.5**). Mit SysML lassen sich ja hervorragend Architektursichten des zu entwickelnden Systems erstellen: sei es für das Gesamtsystem oder für die Software. Je nachdem, wie weit man in der Verfeinerung der SysML-Modellierung geht, kann man damit auch bis hinunter ins Softwarefeindesign bzw. die Softwareerstellung (**ENG.6**) und deren Dokumentation gehen.

Jede Art von Architektur- und Designspezifikation ist natürlich notwendig, um im Rahmen der Integration Teile erfolgreich zu einem größeren Ganzen zusammenzuführen. Damit unterstützen die Modelle auch die Intergrationsprozesse Softwareintegration (**ENG.7**) und Systemintegration (**ENG.9**). Auch bei Softwareinstallation (**ENG.11**) und Software- und Systemwartung (**ENG.12**) helfen die Modelle, da diese wichtige Spezifikationsdaten enthalten, die hilfreich sind, um diese Prozesse erfolgreich durchzuführen.

Im Rahmen der modellbasierten Entwicklung mit SysML wird das Modell aber nicht nur für Architektur- und Designentwicklung genutzt, sondern es werden die Anforderungen und eventuell weitere Verhaltensbeschreibungen ins Modell integriert und untereinander verknüpft. Damit unterstützt die modellbasierte Entwicklung direkt die Anforderungsprozesse (Requirements Engineering), die Anforderungserhebung (**ENG.1**), die Systemanforderungsanalyse (**ENG.2**) und die Softwareanforderungsanalyse (**ENG.4**). Dies gilt insbesondere auch

B Einordnung in SPICE

ISO 15504 (SPICE) Prozesse

Kategorie Organisatorische Prozesse im Lebenszyklus

Managementprozessgruppe (MAN)
- MAN.1 Organisatorische Ausrichtung
- MAN.2 Organisationsmanagement
- MAN.3 Projektmanagement
- MAN.4 Qualitätsmanagement
- MAN.5 Risikomanagement
- MAN.6 Messung und Metriken

Prozessverbesserungsprozessgruppe (PIM)
- PIM.1 Prozesseinführung
- PIM.2 Prozessüberprüfung
- PIM.3 Prozessverbesserung

Ressourcen- und Infrastrukturprozessgruppe (RIN)
- RIN.1 Personalmanagement
- RIN.2 Schulung
- RIN.3 Wissensmanagement
- RIN.4 Infrastruktur

Wiederverwendungsprozessgruppe (REU)
- REU.1 Asset-Management
- REU.2 Wiederverwendungsprogrammmanagement
- REU.3 Domänen-Engineering

Kategorie Unterstützende Prozesse im Lebenszyklus

Gruppe der unterstützenden Prozesse (SUP)
- SUP.1 Qualitätssicherung
- SUP.2 Verifikation
- SUP.3 Validierung
- SUP.4 Joint Review
- SUP.5 Audit
- SUP.6 Produktevaluierung
- SUP.7 Dokumentation
- SUP.8 Konfigurationsmanagement
- SUP.9 Problemlösung
- SUP.10 Änderungsmanagement

Kategorie Primäre Prozesse im Lebenszyklus

Akquisitionsprozessgruppe (ACQ)
- ACQ.1 Beschaffungsvorbereitung
- ACQ.2 Lieferantenauswahl
- ACQ.3 Vertragsvereinbarung
- ACQ.4 Lieferantenüberwachung
- ACQ.5 Kundenabnahme

Lieferprozessgruppe (SPL)
- SPL.1 Angebotsabgabe des Lieferanten
- SPL.2 Produktfreigabe
- SPL.3 Unterstützung der Produktakzeptanz

Engineering-Prozessgruppe (ENG)
- ENG.1 Anforderungserhebung
- ENG.2 Systemanforderungsanalyse
- ENG.3 Systemarchitekturdesign
- ENG.4 Softwareanforderungsanalyse
- ENG.5 Softwaredesign
- ENG.6 Softwareerstellung
- ENG.7 Softwareintegration
- ENG.8 Softwaretest
- ENG.9 Systemintegration
- ENG.10 Systemtest
- ENG.11 Softwareinstallation
- ENG.12 Software- und Systemwartung

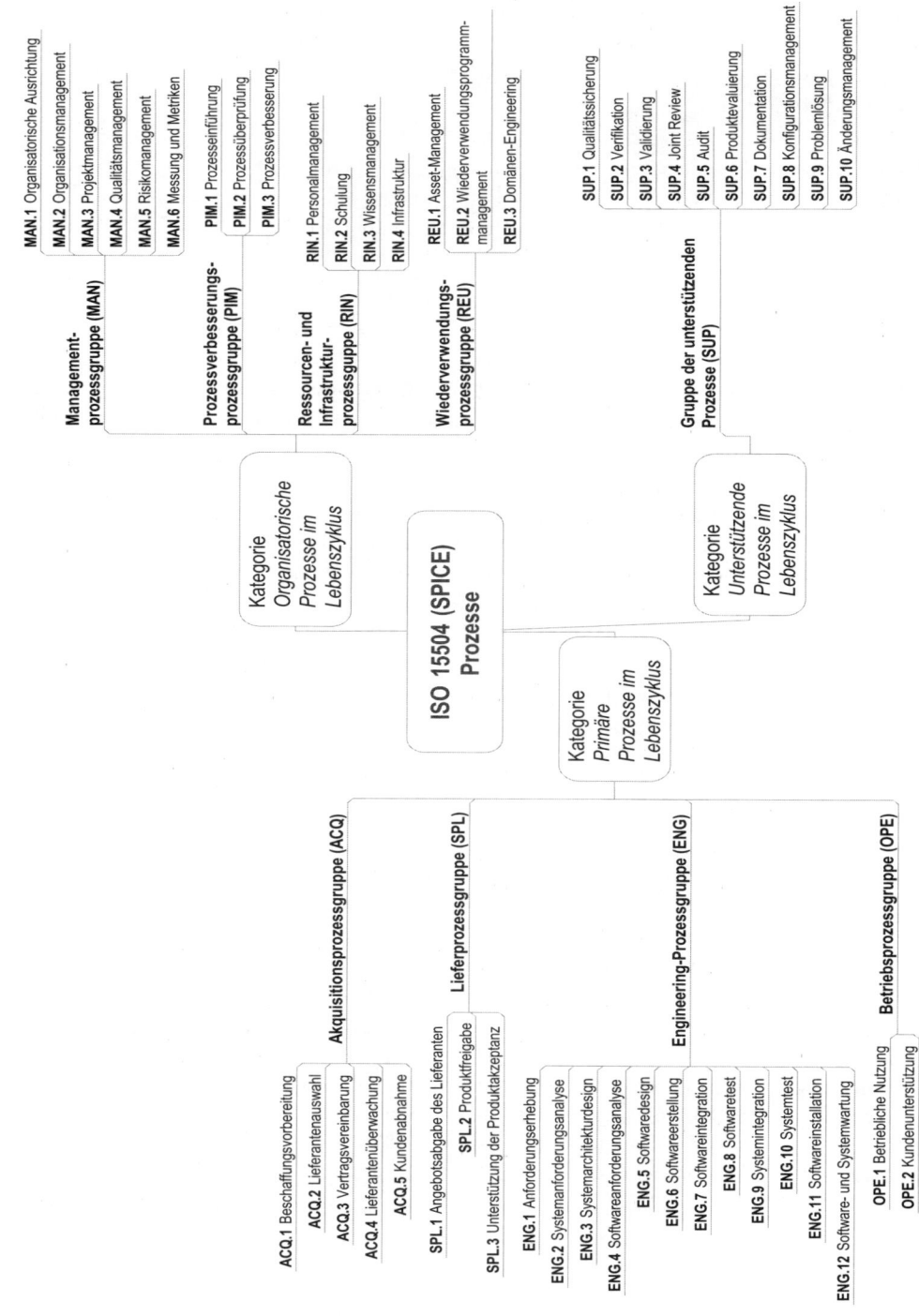

Betriebsprozessgruppe (OPE)
- OPE.1 Betriebliche Nutzung
- OPE.2 Kundenunterstützung

BILD B.1 Prozesse definiert in SPICE

dann, wenn von der in Abschnitt 7.3.3 beschriebenen Methode der architekturbasierten Anforderungsfindung Gebrauch gemacht wird. Ist dies der Fall, werden die in der SPICE-Norm getrennt dargestellten und abgegrenzten Prozesse des Requirements-Engineering und der Architektur intuitiv gemeinsam bearbeitet, und die innerhalb des SysML-Modells entstehenden Arbeitsprodukte decken inhaltlich die in der Norm geforderten Arbeitsprodukte, ab.

Mit der Integration von Testdaten, Testmodellen oder der umfassenden Nutzung von modellbasiertem Testen mit Hilfe von SysML können letztendlich auch noch die Testprozesse innerhalb der Engineering-Prozessgruppe durch modellbasierte Entwicklung mit SysML unterstützt oder ganz abgedeckt werden. Dies sind die Prozesse Softwaretest (**ENG.8**) und Systemtest (**ENG.10**).

Neben den Engineering-Prozessen hat die modellbasierte Entwicklung aber auch noch Einflüsse in weitere Prozesse aus anderen Prozessgruppen:

Man kann und sollte das Modell und die darin enthaltenen Daten wie Architektur und Verhaltensbeschreibung für Managementaktivitäten nutzen. Beispielsweise ist es möglich, anhand der Architektur Arbeitspakete abzuleiten, zu planen und zu überwachen. Dies betrifft dann den Prozess des Projektmanagements (**MAN.3**). Auch für das Risikomanagement (**MAN.5**) lassen sich Daten aus dem Modell nutzen. Beispielsweise können Risiken anhand der Architektur abgeschätzt werden. Eine Komponente mit mehreren Dutzend Schnittstellen und diversen Unterkomponenten ist sicherlich schwieriger zu realisieren, als eine mit einer simplen Architektur. Dies kann man nutzen, um Projektrisiken einzuschätzen.

Modellierungsregeln und deren automatische Überprüfung, sowie der Erstellung von Metriken, wie in Abschnitt 8.6 beschrieben, unterstützen die Projektkontrolle und -steuerung und den Prozess Messung und Metriken (**MAN.6**).

Sofern modellbasierte Entwicklung organisationsweit eingeführt und verwendet werden soll, spielt dies natürlich auch in die Prozesse der Managementprozessgruppe hinein, die einen organisationsweiten Fokus haben (**MAN.2**, **MAN.4** und **MAN.5**).

Die Prozesse aus der Prozessgruppe mit unterstützenden Prozessen (**SUP**) werden im Rahmen eines modellbasierten Entwicklungsumfeldes nun auf das Modell angewandt bzw. durch dieses abgedeckt. Diese Prozesse helfen dabei, die Qualität des Modells und die Nachvollziehbarkeit der Arbeitsprodukte zu sichern. Wie eine solche Umsetzung aussehen kann, ist in Abschnitten des Kapitels 8 beschrieben.

Das ebenfalls dort beschriebene Konzept der Wiederverwendung und des Variantenmanagements mit Hilfe von Featuremodellen betrifft die Prozesse der Wiederverwendungsprozessgruppe (**REU**).

Die Prozesse der Gruppe Ressourcen- und Infrastruktur sind essenziell, wenn es um Einführung und Unterstützung der Durchführung von modellbasierter Entwicklung mit SysML geht (siehe auch Kapitel 10). Sei es die Auswahl und Schulung von Mitarbeitern (**RIN.1** und **RIN.2**) oder die Bereitstellung der Infrastruktur wie Datenbanken und Modellierungswerkzeuge bzw. Werkzeugdatenintegration (**RIN.4**). Modellierungsregeln und Guidelines, soweit sie das Modell selbst betreffen, beeinflussen dann noch den Prozess des Wissensmanagement (**RIN.3**).

Um modellbasierte Entwicklung im Projekt oder Unternehmen zu verankern, benötigt man die Prozesse der Prozessverbesserungsprozessgruppe: Prozesseinführung (**PIM.1**), Prozessüberprüfung (**PIM.2**) und Prozessverbesserung (**PIM.3**).

Wie man sieht, hat die Einführung von modellbasierter Entwicklung mit SysML weitreichende Einflüsse auf die Arbeitsprozesse und Arbeitsweisen. Man sollte dies genau planen und die Umsetzung schrittweise durchführen, sowie durch offene Kommunikation und Information begleiten, damit die Umstellung auf modellbasierte Entwicklung am Ende erfolgreich ist und von den Mitarbeitern als Hilfe für die tägliche Arbeit akzeptiert und angewandt wird.

C Schnellreferenz Systemmodellierung

Die Diagramme auf den folgenden Seiten sollen als Schnellreferenz dienen, um in der praktischen Arbeit mit der im Buch vorgestellten SysML-Methodik nachschlagen zu können, welche Modellelemente wo und wie verwendet werden.

Dabei wird selbst SysML verwendet, um diese Schnellreferenz zu modellieren. Die Diagramme in Bild C.1 bis C.6 nutzen dabei die in Abschnitt 4.7.4 beschriebenen Note- und Boundary-Elemente, um Bedeutungen und Zusammenhänge von Elementen und Konnektoren zu erklären.

Zusätzlich können Sie an den umgebenden Diagrammrahmen den Diagrammtyp ablesen, den Sie verwenden sollen, um solche Modellelemente zu nutzen und mit diesen zu modellieren.

bdd Elemente der gemeinsam genutzten Typ-Bibliothek

Komponententypen

> Die Blockelemente werden benötigt und gemeinsam als "Classifier" benutzt, um daraus für die Architektur Instanzen (Properties) zu bilden.

«block»
Temperatursensor

«chainBlock»
Temperatursensorsignalkette

«softwareBlock»
Sensorsignalverarbeitungssoftware

«functionalBlock»
Zeitbestimmung

Physikalische Wertdefinitionen

«unit»
Volt — Physikalische Einheiten

«quantityKind»
Spannung — Physikalische Größen (Dimensionen)

> Diese Elemente werden **nicht als Porttyp verwendet**, sondern nur indirekt für die Definition von «valueType»-Elementen!

Schnittstellentypen

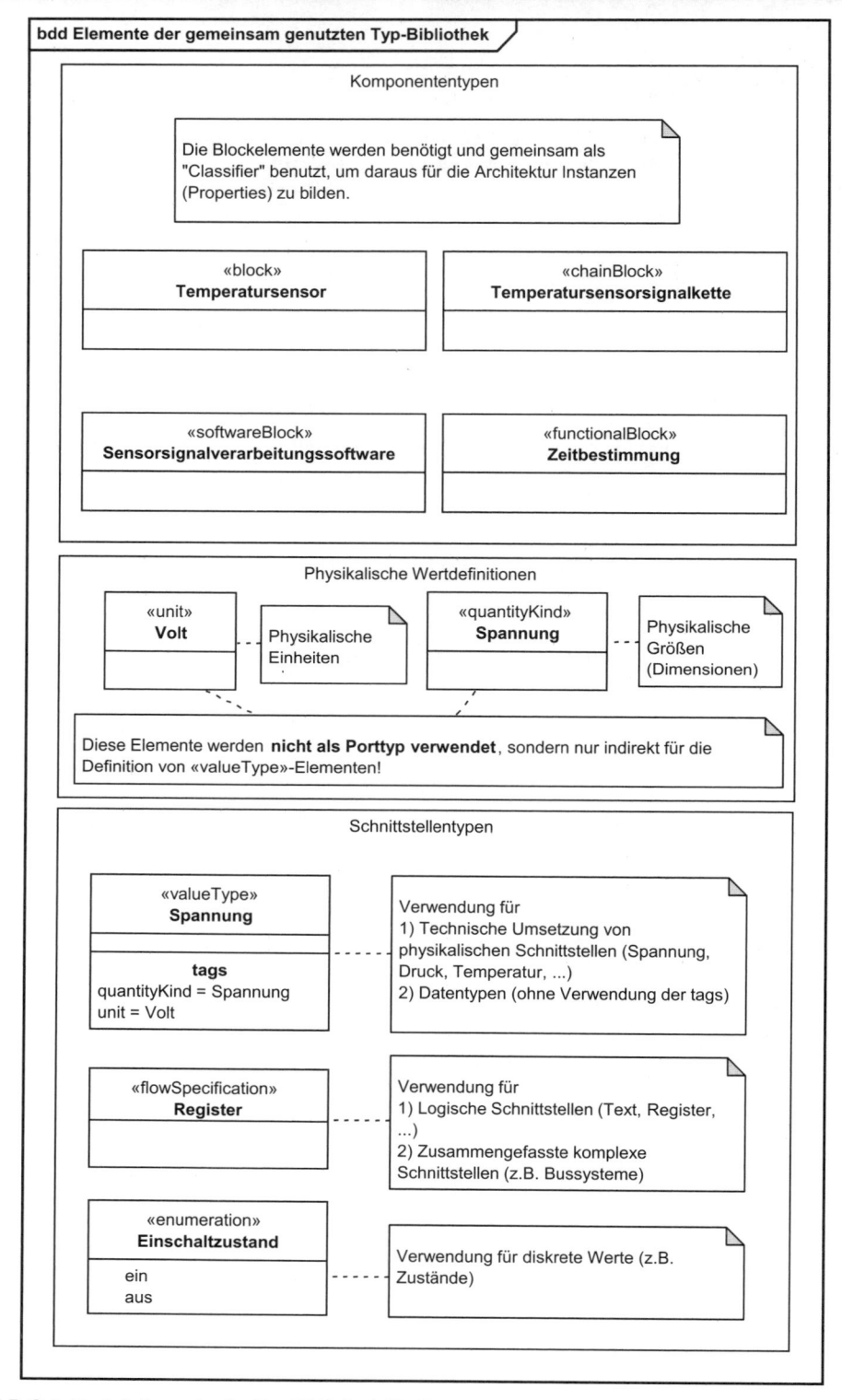

«valueType»
Spannung

tags
quantityKind = Spannung
unit = Volt

> Verwendung für
> 1) Technische Umsetzung von physikalischen Schnittstellen (Spannung, Druck, Temperatur, ...)
> 2) Datentypen (ohne Verwendung der tags)

«flowSpecification»
Register

> Verwendung für
> 1) Logische Schnittstellen (Text, Register, ...)
> 2) Zusammengefasste komplexe Schnittstellen (z.B. Bussysteme)

«enumeration»
Einschaltzustand

ein
aus

> Verwendung für diskrete Werte (z.B. Zustände)

BILD C.1 Modellelemente der Typ-Bibliothek für Komponenten und Schnittstellen

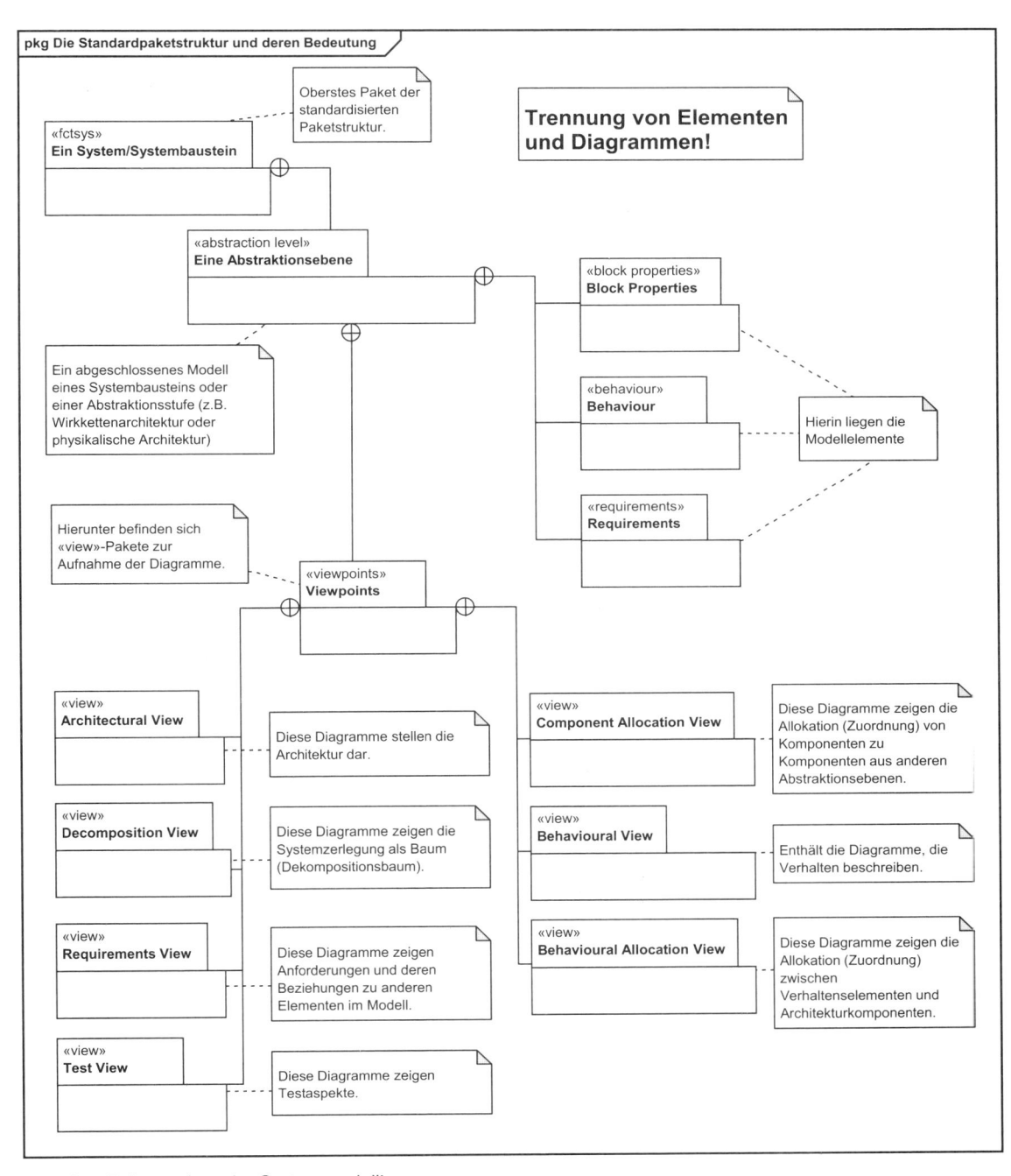

BILD C.2 Paketstruktur der Systemmodellierung

ibd Architekturmodellierung

Architekturkomponententypen

«functionalProperty»
ZB :Zeitbestimmung

Modellierung von lösungsunabhängigen, funktionalen Architekturen.

Verwendung in: Ausschließlich funktionaler Modellierung

«chainProperty»
TSSK :Temperatursensorsignalkette

Logische Kapsel zum funktionalen Kapseln von Hardware- und Softwareelementen oder weiteren Chain Properties.

Verwendung in: Ausschließlich Wirkkettenarchitektur

«blockProperty»
TS :Temperatursensor

Modellierung von Hardware (Elektronik, Mechanik).

Verwendung in: Wirkkettenarchitektur, physikalischer Architektur

«softwareProperty»
SW :Sensorsignalverarbeitungssoftware

Modellierung von Software(komponenten).

Verwendung in: Ausschließlich Wirkkettenarchitektur

Architekturbeispiel (Architektursicht)

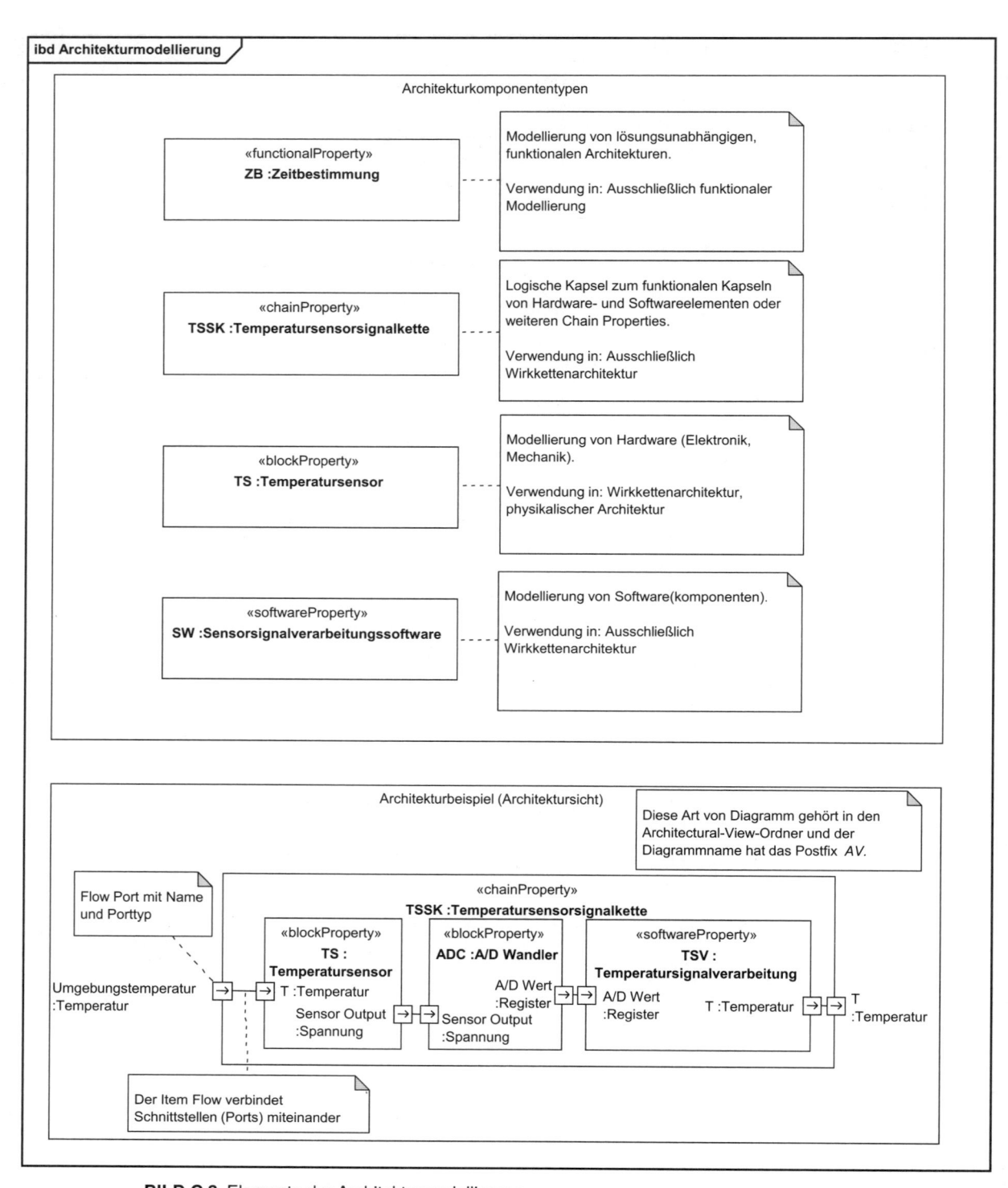

Diese Art von Diagramm gehört in den Architectural-View-Ordner und der Diagrammname hat das Postfix *AV*.

Flow Port mit Name und Porttyp

«chainProperty»
TSSK :Temperatursensorsignalkette

«blockProperty»
**TS :
Temperatursensor**
T :Temperatur
Sensor Output :Spannung

«blockProperty»
ADC :A/D Wandler
A/D Wert :Register
Sensor Output :Spannung

«softwareProperty»
**TSV :
Temperatursignalverarbeitung**
A/D Wert :Register
T :Temperatur

Umgebungstemperatur :Temperatur

T :Temperatur

Der Item Flow verbindet Schnittstellen (Ports) miteinander

BILD C.3 Elemente der Architekturmodellierung

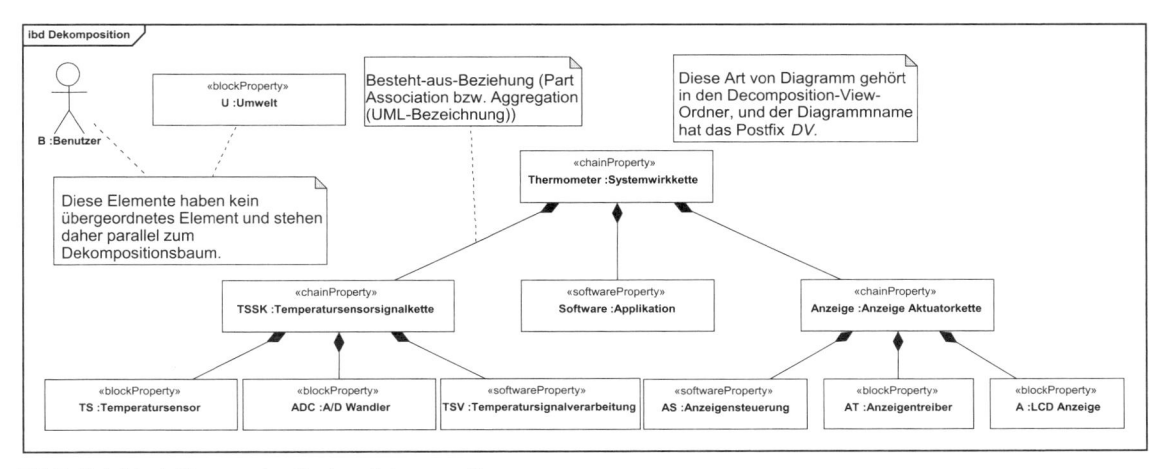

BILD C.4 Modellierung der Systemdekomposition

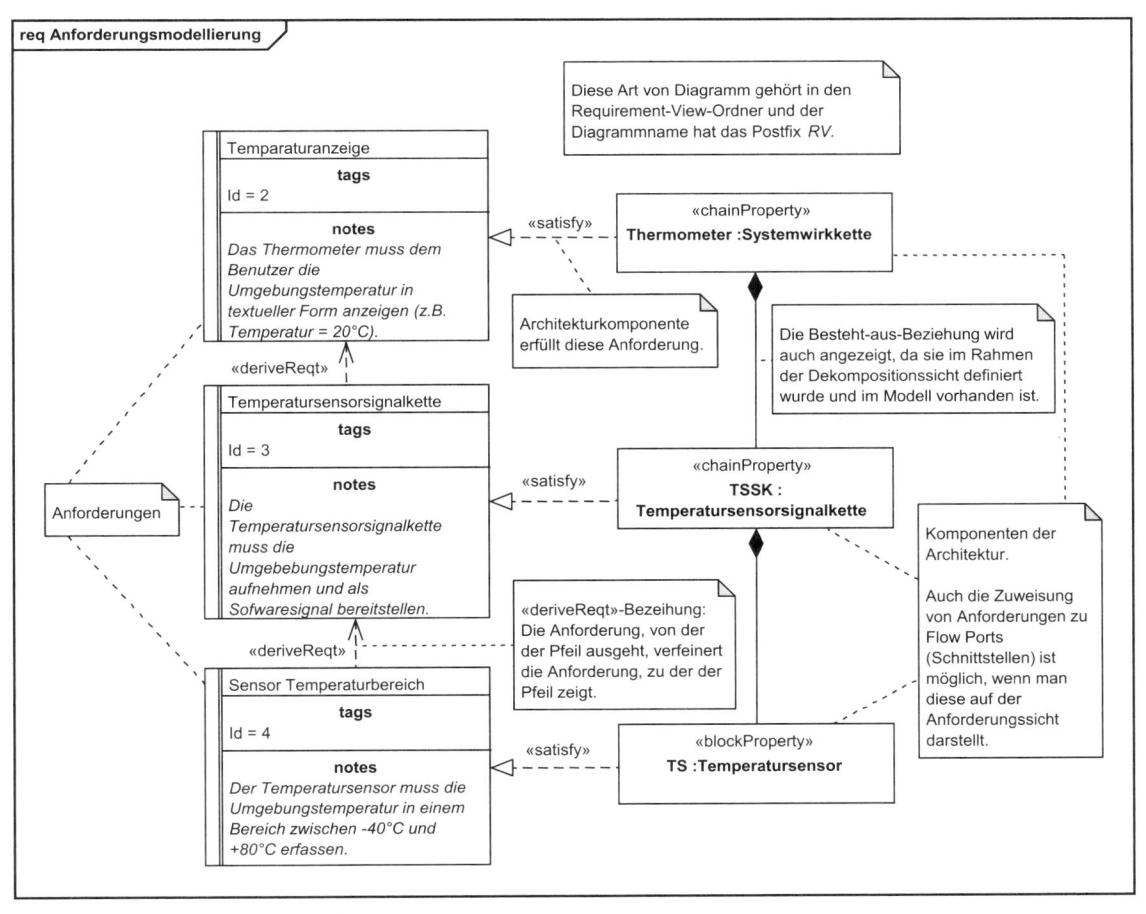

BILD C.5 Modellierung mit Anforderungen

ibd Komponentenallokation

Diese Art von Diagramm gehört in den Ordner Component Allocation View, und der Diagrammname hat das Postfix *CAV*.

Die Komponentenallokationssicht ist die einzige Sicht, auf der Elemente aus mehreren Abstraktionsebenenpaketen gemeinsam vorkommen dürfen.

---

1. Anwendung: Allokation (Zuordnung) von Elementen der Wirkkettenarchitektur (oben) auf Elemente der physikalischen Architektur (unten)

«blockProperty»
TS :Temperatursensor

«softwareProperty»
TSV :Temperatursignalverarbeitung

«softwareProperty»
AS :Anzeigensteuerung

«blockProperty»
A :LCD Anzeige

«blockProperty»
ADC :A/D Wandler

«softwareProperty»
Software :Applikation

«blockProperty»
AT :Anzeigentreiber

Allocate- und Deploy-Beziehungen zeigen immer von abstrakt → konkret.

«allocate», «deploy», «allocate», «deploy», «deploy», «allocate», «allocate»

«blockProperty»
PT100 : Temperatursensor

«blockProperty»
MB90F330 :Mikrocontroller

«blockProperty»
LCD :LCD Anzeige

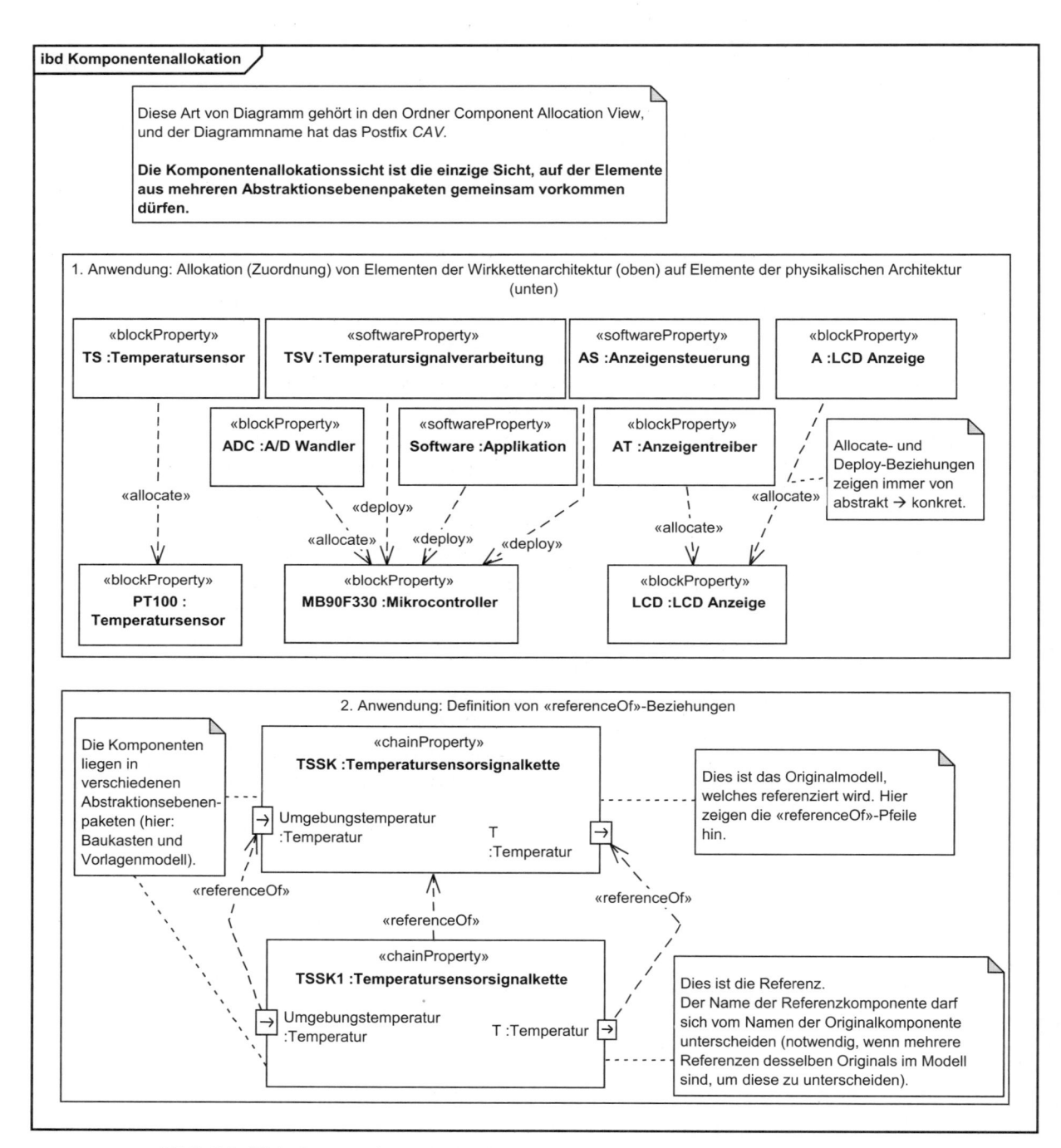

2. Anwendung: Definition von «referenceOf»-Beziehungen

Die Komponenten liegen in verschiedenen Abstraktionsebenenpaketen (hier: Baukasten und Vorlagenmodell).

«chainProperty»
TSSK :Temperatursensorsignalkette

→ Umgebungstemperatur :Temperatur

T :Temperatur →

Dies ist das Originalmodell, welches referenziert wird. Hier zeigen die «referenceOf»-Pfeile hin.

«referenceOf» «referenceOf» «referenceOf»

«chainProperty»
TSSK1 :Temperatursensorsignalkette

→ Umgebungstemperatur :Temperatur

T :Temperatur →

Dies ist die Referenz. Der Name der Referenzkomponente darf sich vom Namen der Originalkomponente unterscheiden (notwendig, wenn mehrere Referenzen desselben Originals im Modell sind, um diese zu unterscheiden).

BILD C.6 Allokation zwischen verschiedenen Abstraktionsebenen

Literatur

[Alt09]   ALT, Oliver: *Car Multimedia Systeme Modell-basiert testen mit SysML.* Vieweg + Teubner, 2009 (Vieweg + Teubner Research)

[API11]   APIS INFORMATIONSTECHNOLOGIEN GMBH: *Homepage zum FMEA-Werkzeug APIS IQ-RM*, 2011. – http://www.apis.de/de/software, zuletzt besucht am 19.12.2011

[Bec04]   BECK, Kent: *Extreme Programming – Das Manifest.* Addisson-Wesley, 2004

[BM98]   BEHME, H. ; MINTERT, S.: *XML in der Praxis.* Addison-Wesley, 1998

[Boe81]   BOEHM, B.: *Software Engineering Economics.* London : Prentice-Hall Inc., 1981

[DHM$^+$07] DEMARCO, Tom ; HRUSCHKA, Peter ; MCMENAMIN, Steve ; ROBERTSON, James ; ROBERTSON, Suzanne: *Adrenalin Junkies & Formular Zombies – Typisches Verhalten in Projekten.* Hanser, 2007

[Ecl11]   ECLIPSE.ORG: *Homepage des Eclipse Modeling Framework Project (EMF)*, 2011. – http://www.eclipse.org/modeling/emf/, zuletzt besucht am 19.12.2011

[ETA11]   ETAS GMBH ; ETAS GMBH (Hrsg.): *Homepage zu ASCET SD.* ETAS GmbH, 2011. – http://de.etasgroup.com/products/ascet/, zuletzt besucht am 19.12.2011

[Fis05]   FISCHER, Joachim: Codegenerierung, automatisch und fehlerfrei: OLIVANOVA – die Programmiermaschine validiert und transformiert Modelle. In: *Objekt Spektrum* 2 (2005), Nr. 2, S. 1–8

[FMS08]   FRIEDENTHAL, Sanford ; MOORE, Alan ; STEINER, Rick: *A Practical Guide to SysML: The Systems Modeling Language.* San Francisco, CA, USA : Morgan Kaufmann Publishers Inc., 2008

[Glo11]   GLOGER, Boris: *Scrum – Produkte zuverlässig und schnell entwickeln.* 3. Auflage. Hanser, 2011

[GS04]   GREENFIELD, Jack ; SHORT, Keith: *Software Factories: Assembling Applications with Patterns, Models, Frameworks, and Tools.* 1st edition. Willey, 2004

[Har87]   HAREL, David: Statecharts: A Visual Formalism for Complex Systems. In: *Science of Computer Programming* 8 (1987), S. 231–274

[HB03]   HERING, E. ; BLANK, H.P.: *Qualitätsmanagement für Ingenieure.* Springer, 2003 (VDI-Buch Series)

[HDHM06]   HÖRMANN, K. ; DITTMANN, L. ; HINDEL, B. ; MÜLLER, M.: *SPICE in der Praxis: Interpretationshilfe für Anwender und Assessoren.* dpunkt Verlag, 2006

[HR02]   HRUSCHKA, Peter ; RUPP, Chris: *Agile Softwareentwicklung für embedded real time systems mit der UML*. Hanser, 2002

[HSDZ+09]   HÖHN, H. ; SECHSER, B. ; DUSSA-ZIEGLER, K. ; MESSNARZ, R. ; HINDEL, B.: *Software Engineering nach Automotive SPICE*. dpunkt Verlag, 2009

[KCH+90]   KANG, K. C. ; COHEN, S. G. ; HESS, J. A. ; NOVAK, W. E. ; PETERSON, A. S.: Feature-Oriented Domain Analysis (FODA) Feasibility Study / Software Engineering Institute Carnegie Mellon University Pittsburgh, Pennsylvania. 1990. – Forschungsbericht

[Kne03]   KNEUPER, Ralf: *CMMI – Verbesserung von Softwareprozessen mit Capability Maturity Model Integration*. 1. Auflage. dpunkt Verlag, 2003

[Kor08]   KORFF, Andreas: *Modellierung von eingebetteten Systemen mit UML und SysML*. Heidelberg : Spektrum, 2008

[MM03]   MILLER, Joaquin ; MUKERJI, Jishnu ; OMG (Hrsg.): *MDA Guide Version 1.0.1*. OMG, Juni 2003. (omg/2003-06-01)

[OMG04]   OMG ; OMG (Hrsg.): *Meta Object Facility (MOF) 2.0 Core Specification*. ptc/04-10-15. OMG, 10 2004

[OMG05]   OMG ; OMG (Hrsg.): *UML Testing Profile, Version 1.0, formal/05-07-07*. 1.0. OMG, 07 2005

[OMG06]   OMG ; OMG (Hrsg.): *Object Constraint Language OMG Available Specification Version 2.0*. OMG, 5 2006

[OMG08a]   OMG ; OMG (Hrsg.): *Meta Object Facility (MOF) 2.0 Query/View/Transformation Specification Version 1.0*. formal/2008-04-03. OMG, 4 2008

[OMG08b]   OMG ; OMG (Hrsg.): *MOF Model to Text Transformation Language, v1.0*. OMG, 2008. (formal/2008-01-16)

[OMG10]   OMG ; OMG (Hrsg.): *OMG Systems Modeling Language (OMG SysML), v1.2*. OMG, 1 2010. (formal/2010-06-01)

[OMG11a]   OMG ; OMG (Hrsg.): *Unified Modeling Language: Infrastructure 2.4.1*. formal/2011-08-05. OMG, 8 2011

[OMG11b]   OMG ; OMG (Hrsg.): *Unified Modeling Language: Superstructure version 2.4.1*. formal/2011-08-06. OMG, 8 2011

[OOS11]   OOSE INNOVATIVE INFORMATIK: *Liste aktueller Modellierungswerkzeuge mit SysML-Unterstützung*, 2011. – http://www.oose.de/service/sysml-werkzeuge.html, zuletzt besucht am 19.12.2011

[Pet62]   PETRI, Carl A.: *Kommunikation mit Automaten*, Universität Bonn, Diss., 1962

[Pic07]   PICHLER, Roman: *Scrum – Agiles Projektmanagement erfolgreich einsetzen*. dpunkt.Verlag, 2007

[Poh08]   POHL, Klaus: *Requirements Engineering – Grundlagen, Prinzipien, Techniken*. 2. Auflage. dpunkt Verlag, 2008

[PR09]   POHL, Klaus ; RUPP, Chris: *Basiswissen Requirements Engineering: Aus- und Weiterbildung nach IREB-Standard zum Certified Professional for Requirements Engineering Foundation Level*. dpunkt Verlag, 2009

[PS06]   PINEDA, M.M. ; SIEBEN, J.: *Professionelle XML-Verarbeitung mit Word: WordML und SmartDocuments.* dpunkt Verlag, 2006

[pur11]   PURE-SYSTEMS GMBH ; PURE-SYSTEMS GMBH (Hrsg.): *Homepage zum Featuremodellierungswerkzeug pure::variants.* pure-systems GmbH, 2011. – http://www.pure-systems.com/pure_variants.49.0.html, zuletzt besucht am 19.12.2011

[R+09]   RUPP, Chris u. a.: *Requirements-Engineering und -Management: Professionelle, iterative Anforderungsanalyse für die Praxis.* 5. Auflage. Nürnberg : Hanser, 2009

[RBGW10]   ROSSNER, Thomas ; BRANDES, Christian ; GÖTZ, Helmut ; WINTER, Mario: *Basiswissen Modellbasierter Test.* dpunkt Verlag, 2010

[RQd12]   RUPP, Chris ; QUEINS, Stefan ; DIE SOPHISTEN: *UML 2 glasklar – Praxiswissen für die UML-Modellierung.* 4. Auflage. Hanser, 2012

[SDL11]   SDL FORUM SOCIETY ; ETSI (Hrsg.): *Homepage zu SDL.* ETSI, 2011. – http://www.sdl-forum.org/, zuletzt besucht am 19.11.2011

[SE 11]   SE HANDBOOK WORKING GROUP ; INCOSE (Hrsg.): *Systems Engineering Handbook.* Version 3.2.1. INCOSE, 2011

[Spa11a]   SPARX SYSTEMS PTY LTD.: *Enterprise Architect Version 9.x User Guide – The Automation Interface,* 2011. – http://www.sparxsystems.com/enterprise_architect_user_guide/8.0/automation_and_scripts/automationinterface.html, zuletzt besucht am 19.12.2011

[Spa11b]   SPARX SYSTEMS PTY LTD.: *Homepage zu Enterprise Architect,* 2011. – http://www.sparxsystems.com, zuletzt besucht am 19.12.2011

[SVE07]   STAHL, Thomas ; VÖLTER, Markus ; EFFTINGE, Sven: *Modellgetriebene Softwareentwicklung. Techniken, Engineering, Management.* 2. Auflage. dpunkt Verlag, 2007

[The11]   THE MATHWORKS INC. ; THE MATHWORKS INC. (Hrsg.): *Homepage zu Matlab/Simulink.* The MathWorks Inc., 2011. – http://www.mathworks.com/products/, zuletzt besucht am 19.12.2011

[UL07]   UTTING, M. ; LEGEARD, B.: *Practical Model-Based Testing. A Tools Approach.* Morgan Kaufmann, 2007

[Uni11]   UNIVERSTÄT MAGDEBURG ; WORKGROUP DATABASES (Hrsg.): *Homepage des Featuremodellierungswerkzeuges FeatureIDE der Universität Magdeburg, Workgroup Databases.* Workgroup Databases, 2011. – http://fosd.de/fide/, zuletzt besucht am 19.12.2011

[Ver96]   VERBAND DER AUTOMOBILINDUSTRIE E.V.: *Sicherung der Qualität vor Serieneinsatz Teil 2 – System FMEA.* VDA, 1996

[VS07]   VIGENSCHOW, U. ; SCHNEIDER, B.: *Soft Skills für Softwareentwickler.* dpunkt Verlag, 2007

[W3C99]   W3C: *XSL Transformations (XSLT) Version 1.0,* November 1999. – http://www.w3.org/TR/xslt, zuletzt besucht am 19.12.2011

[Wei08]   WEILKIENS, Tim: *Systems Engineering mit SysML/UML : Modellierung, Analyse, Design.* 2. Auflage. dpunkt Verlag, 2008

[Wik11a] WIKIPEDIA.ORG ; DE.WIKIPEDIA.ORG (Hrsg.): *Deutsche Wikipedia-Seite zu System.* de.wikipedia.org, 2011. – http://de.wikipedia.org/wiki/System, zuletzt besucht 19.12.2011

[Wik11b] WIKIPEDIA.ORG ; EN.WIKIPEDIA.ORG (Hrsg.): *Englische Wikipedia-Seite zu Featuremodellierung.* en.wikipedia.org, 2011. – http://en.wikipedia.org/wiki/Feature_model, zuletzt besucht 19.12.2011

[WK03] WARNER, J. ; KLEPPE, A.: *The Object Constraint Language Second Edition – Getting Your Models Ready for MDA.* 2nd edition. Addison-Wesley, 2003

[WSHG10] WENTZEL, P.R. ; SCHMIED, J. ; HEHN, U. ; GERDOM, M.: *SPICE im Unternehmen einführen: Ein Leitfaden für die Praxis.* dpunkt Verlag, 2010

Stichwortverzeichnis

A
Abstraktion 19
Abstraktionsebene 16, 102, 153
Aktion 54
Aktivität 54
Aktivitätsdiagramm 54, 75
– Tokenkonzept 56
Aktuatorkette 98
Allokation 60, 123
– von Verhaltenselementen 130
Anforderung 10, 51, 145
– funktionale 10
– nichtfunktionale 11
Anforderungsdiagramm 51
Anforderungssicht 105, 156, 199
Anwendungsfall 49, 52, 92
Anwendungsfalldiagramm 49
Architektursicht 103, 155, 199
ASCET SD 15

B
Baselining 134
Baukasten 102, 136, 140, 157
Blockdefinitionsdiagramm 42
Boundary 62, 193

C
CMMI 87
Conform-Beziehung 62
Constraint 143
Constraint Block 47
Constraint Property 47

D
Dekompositionssicht 104, 116, 155, 199
Dokumentengenerierung 69

E
Enterprise Architect 72
– Add-ins 79
Entscheidungsknoten 56
Entwicklungsprozess 83
Enumeration 44
EVA-Architektur 94

F
fctsys-Paket 105
Featuremodellierung 140
Flow Specification 44
Flussrelation 76
FMEA 145
funktionale Entwicklung 93
Funktionsentwicklung
– grafische 15, 148

I
INCOSE 90
Internes Blockdiagramm 46
ISO 26262 91
ISO 61508 91
Item Flow 47

K
Kapselung
– funktionale 114
Klasse 33
Komponentenallokationssicht 104, 156, 199
Kontrollfluss 55
Kontrolloperator 130

M
MDA 22
Metamodell 24, 167
Metrik 151
Model2Text 176
Modell 20
– domänenspezifisches 25

– plattformabhängiges 23
– plattformunabhängiges 23
modellbasiertes Testen 179
modellgetriebene Architektur → MDA
Modellierungsregeln 150, 185
Modellsimulation 69, 179
Modelltransformation 22, 171
Modellvisualisierung als Stadtplan 180

N
Nachverfolgbarkeit → Traceability
Note-Element 62, 193

O
Object Constraint Language → OCL
Object Management Group → OMG
Objekt 33
Objektfluss 55
Objektorientierung 32
OCL 178
OMG 22

P
Paketdiagramm 41
parametrisches Zusicherungsdiagramm →
   Zusicherungsdiagramm
Petri-Netz 15, 75
physikalische Architektur 95, 102, 121, 126, 154
Produktlinie 139
Profil 26, 32, 62, 75
Prozess → Entwicklungsprozess
Prozessnormen 84, 86

Q
Quantity Kind 44
QVT 172

R
Referenz 137, 158
Requirements → Anforderungen
Review 106

S
SDL 15
Sequenzdiagramm 53
Shape Script 77
Sicht 20, 38
Signalkette 98
Simulink 15
Specification and Description Language → SDL
SPICE 87, 189
Stereotyp 26
SysML 29

– Block 36
– Diagrammrahmen 41, 193
– Kontrolloperator 58
– Properties 36
System 7
– sicherheitskritisches 91
Systemarchitektur 9
Systementwicklung
– dokumentenzentrierte 1
– modellbasierte 2, 19
Systemkontext 7, 23, 110
Systems Engineering 8, 30
Systems Modeling Language → SysML
Systems-Engineering-Schema 16

T
Tagged Value 27
technische Entwicklung 94
Token 56
Traceability 31, 107, 181
Transition 59, 75

U
UML 32
Unified Modeling Language → UML
Unit 44
Use Case → Anwendungsfall

V
V-Modell 85
Validierung 106
Value Type 44
Variantengenerierung 141
Variantenmanagement 139
Variantenmodell 140
Vererbung 34
Verhaltensallokationssicht 157
Verhaltenssicht 104, 157
Verhaltenszuordnungssicht 104
Verifikation 106
Versionierung 134
View 61, 103
Viewpoint 61, 103

W
Werkzeugdatenintegration 23, 144
Wiederverwendungskonzepte 136
Wirkkettenarchitektur 96, 102, 112, 125, 154
– Schichtenmodell 100

Z
Zusicherungsdiagramm 47
Zustandsdiagramm 59, 128

HANSER

Anforderung gut, alles gut.

Chris Rupp & die SOPHISTen
Requirements-Engineering und -Management
Professionelle, iterative Anforderungsanalyse für die Praxis
5., aktualisierte u. erweiterte Auflage
569 Seiten. Vierfarbig
ISBN 978-3-446-41841-7

Softwareentwickler müssen die Anforderungen (Requirements) an ein Software-System kennen, damit sie und auch die späteren Anwender sicher sein können, dass das richtige System entwickelt wird. Die Anforderungsanalyse entscheidet über den Erfolg von Projekten oder Produkten.

In ihrem Bestseller beschreiben die SOPHISTen, ausgewiesene Requirements-Experten, den Prozess, Anforderungen an Systeme zu erheben und ihre ständige Veränderung zu managen. Sie liefern innovative und in der Praxis vielfach erprobte Lösungen. Zahlreiche Expertenboxen, Beispiele, Templates und Checklisten sichern den Know-how-Transfer in die Projektarbeit.

Mehr Informationen zu diesem Buch und zu unserem Programm unter **www.hanser.de/computer**

HANSER

Glasklar: Das „Standardwerk"!

Java SPEKTRUM

Rupp/Queins/Zengler
UML 2 glasklar
568 Seiten.
ISBN 978-3-446-41118-0

Die UML 2.0 ist erwachsen und in der Version 2.1 nun auch tageslichttauglich. Daher haben die Autoren diesen Bestseller in Sachen UML aktualisiert. Dieses topaktuelle und nützliche Nachschlagewerk enthält zahlreiche Tipps und Tricks zum Einsatz der UML in der Praxis. Die Autoren beschreiben alle Diagramme der UML und zeigen ihren Einsatz anhand eines durchgängigen Praxisbeispiels. Folgende Fragen werden u.a. beantwortet

- Welche Diagramme gibt es in der UML 2?
- Wofür werden diese Diagramme in Projekten verwendet?
- Wie kann ich die UML an meine Projektbedürfnisse anpassen?
- Was benötige ich wirklich von der UML?

Mehr Informationen zu diesem Buch und zu unserem Programm unter **www.hanser.de/computer**

HANSER

Qualität ist unverzichtbar!

Wallmüller
Software Quality Engineering
Ein Leitfaden für bessere
Software-Qualität
438 Seiten
ISBN 978-3-446-40405-2

Die Erstellung und Wartung von Software ist eine Schlüsselkompetenz des 21. Jahrhunderts. Quer durch alle Branchen basiert der Geschäftserfolg von Unternehmen zu einem ganz erheblichen Teil auf dem Einsatz von Software in ihren Produkten, Anlagen und Systemen. Keine Frage also, dass Unternehmen davon abhängig sind, dass die von ihnen eingesetzte oder entwickelte Software eine exzellente Qualität aufweisen muss.

Ernest Wallmüller zeigt in seinem Praxisleitfaden, wie Sie bessere Software-Qualität erzielen können. Dafür nimmt er sich das Dreieck der Einflussfaktoren 'Mensch - Prozess - Technik' vor. Er erläutert, mit welchen Methoden Sie die Qualität der Entwicklungs- und Serviceprozesse in den Griff bekommen. Sie erfahren, wie Sie sicherstellen können, dass die Produktqualität stimmt. Und es geht um wichtige organisatorische und menschliche Aspekte. Außerdem erfahren Sie, wie Sie Qualität messen und verbessern, Sie lernen organisationsweite Qualitätsmanagementsysteme, Best-Practice-Modelle und Standards kennen. Berücksichtigt werden erstmals die internationalen Bodies of Knowledge (BoK) für Software Quality Engineering des ASQ sowie des JSQC.

Mehr Informationen zu diesem Buch und zu unserem Programm
unter **www.hanser.de/computer**

Für Steuermänner

Schwab
Projektplanung mit Project 2010
Das Praxisbuch für
alle Project-Anwender
567 Seiten
ISBN 978-3-446-42397-8

Dieses Praxisbuch stellt die Methoden des Projektmanagements und deren Umsetzung mit Microsoft Project 2010 dar. Josef Schwab wendet sich darin an Projektleiter und deren Mitarbeiter, die Projekte unterschiedlicher Art und Größe entweder lokal oder serverbasiert mit Hilfe von MS Project planen und steuern.

Zunächst werden Sie in klassische Projektplanung eingeführt, die auf der Netzplantechnik basiert und als Grundlage unverzichtbar ist. Dann lernen Sie, wie durch den Einbau fester Zeitfenster Planungen »gekapselt« und damit beherrschbarer und gleichzeitig flexibler werden. Dies kommt den Methoden des agilen Projektmanagements entgegen. In allen Bereichen, in denen es darum geht, den Einsatz hochspezialisierter, schwer ersetzbarer Mitarbeiter zu planen, stößt man an die Grenzen der vorgangsgetriebenen Planung und benötigt eine ressourcengetriebene Planung. Sie erfahren, wie Sie diese mit den Mitteln von Project umsetzen können, insbesondere mit dem neuen Programmteil »Teamplaner«.

Mehr Informationen zu diesem Buch und zu unserem Programm unter **www.hanser.de/computer**

GUT AUFGELEGT
ICH BLEIBE OFFEN LIEGEN ;-) DANK SPEZIAL-
FORMAT UND PATENTIERTER BINDUNG

Kösel FD 351 · Patent-No. 0748702